"十四五"职业教育国家规划教材

中国轻工业"十三五"规划教材

第四届中国轻工业优秀教材

食品安全与质量控制实训教程

SHIPIN ANQUAN YU ZHILIANG KONGZHI SHIXUN JIAOCHENG

主　编　苏来金　任国平

副主编　陈志兵　林胜利　曲春波

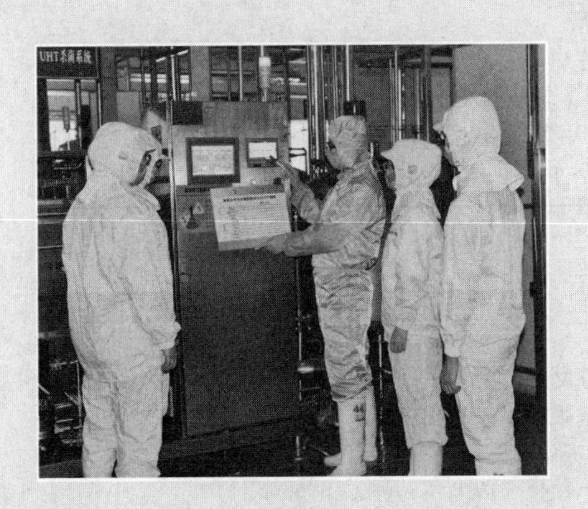

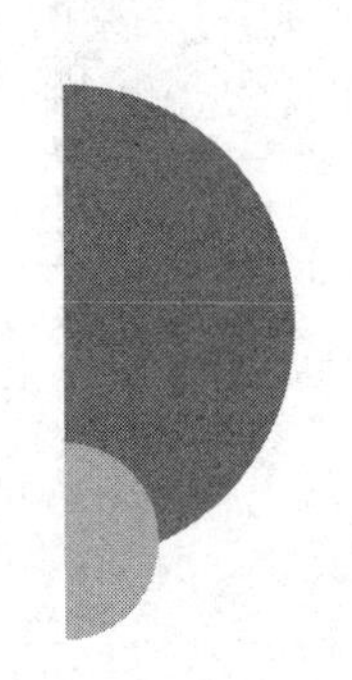

北京师范大学出版集团
BEIJING NORMAL UNIVERSITY PUBLISHING GROUP
北京师范大学出版社

图书在版编目(CIP)数据

食品安全与质量控制实训教程/苏来金，任国平主编．—北京：北京师范大学出版社，2024.7
（“十四五”职业教育国家规划教材）
ISBN 978-7-303-22799-0

Ⅰ．①食…　Ⅱ．①苏…②任…　Ⅲ．①食品安全－高等职业教育－教材 ②食品安全－质量控制－高等职业教育－教材
Ⅳ．①TS201.6 ②TS207.7

中国版本图书馆 CIP 数据核字(2017)第 215922 号

图书意见反馈：gaozhifk@bnupg.com　010-58805079
营销中心电话：010-58806880　58801876

出版发行：北京师范大学出版社　www.bnupg.com
北京市西城区新街口外大街 12-3 号
邮政编码：100088
印　　刷：河北品睿印刷有限公司
经　　销：全国新华书店
开　　本：787 mm×1092 mm　1/16
印　　张：19.75
字　　数：416 千字
版　　次：2021 年 5 月第 2 版
印　　次：2024 年 7 月第 8 次印刷
定　　价：45.00 元

策划编辑：周光明　　　责任编辑：周光明
美术编辑：焦　丽　　　装帧设计：焦　丽
责任校对：陈　民　　　责任印制：马　洁　赵　龙

《食品安全与质量控制实训教程》编委会

主　　编　苏来金(温州大学)

　　　　　任国平(杭州万向职业技术学院)

副 主 编　陈志兵(威海海洋职业学院)

　　　　　林胜利(温州科技职业学院)

　　　　　曲春波(上海健康医学院)

参　　编　吕占富(浙江一鸣食品股份有限公司)

　　　　　孟秀梅(江苏食品药品职业技术学院)

　　　　　徐仰丽(温州科技职业学院)

　　　　　姚　微(黑龙江农垦职业学院)

序

食品安全，已成为21世纪的热门话题，它不仅关系到消费者的权益和健康，而且涉及国际贸易和国家的声誉问题。2015年，习近平总书记强调：要切实加强食品药品安全监管，用最严谨的标准、最严格的监管、最严厉的处罚、最严肃的问责，加快建立科学完善的食品药品安全治理体系，严把从农田到餐桌、从实验室到医院的每一道防线。李克强总理也要求，“食品安全是关系人民群众身体健康和生命安全的一件大事。一定要坚决执行食品安全法，以对人民群众高度负责的精神，加大监管力度，严把食品安全关，确保广大群众都能吃上放心的食品。”如何有效地监管食品安全和质量，科技和法制是有效解决食品安全问题的两大利器和基础。所谓科技就是发展创新好的适合国情的各种食品检测技术和方法，而法制则是最根本的食品安全和质量的保障方式。

党的二十大报告中指出：“积极发展社会主义先进文化，突出保障和改善民生”，食品安全问题就是一个关乎社会稳定的典型的民生工程，要解决好这一问题，近年来，政府从制度、法制、人员配备等方面制定了多项食品安全保障措施，如2015年修订的《中华人民共和国食品安全法》规定：“食品生产经营企业应当配备食品安全管理人员，加强对其培训和考核，经考核不具备食品安全管理能力的，不得上岗。”随着食品行业的发展进步和社会对安全食品的关注，企业食品安全管理和品质控制的岗位需求将会不断增加，但是作为食品的生产和经营者，如何有效地进行食品质量与安全的保障，是当前继续解决的关键问题，也是食品行业对于食品从业人员的迫切需求。当前，我国的高职院校培养的学生已经占全国高等教育学生的50%以上，绝大多数食品类高职的毕业生都是在食品行业的第一线从事食品的生产、检验、质控和销售的工作，因此培养高职食品类专业学生的“食品安全管理能力”对于提升生产一线的质量保证和控制能力至关重要，而食品安全与质量控制类课程则是高职食品类学生养成食品安全管理能力的重要载体，《食品安全与质量控制实训教程》的实训内容和效果更是不容忽视。

本书主编苏来金老师是我国食品质量与安全控制领域的青年杰出代表，他从事食品安全和质量控制工作的教学和科研10余年，可谓孜孜不倦，勤勤恳恳。本书中收录了他多年的教学科研经验和国内外最新科研成果，包括“食品安全基础、农产品安全与质量控制、加工食品安全与质量控制、食品储运安全与追溯体系”4个模块的训练，内容丰富涉及面广，较为系统地介绍了GMP、SSOP、HACCP、ISO 22000、SC、5S等先进管理方法和体系进行实践训练，较为务实地解决了应用过程中可能出现的常见问题，较为详尽地阐述了技术支撑体系的建设和管理，是一本有价值、可参考的好书，特推荐给大家。

广东省珠江学者、国家特支计划领军人才

苏新国

前　言

近年来，食品安全已经逐渐成为政府重视、群众关心、决定企业命运的头等大事。2021年修订的《中华人民共和国食品安全法》被称为史上最严食安法，其中第44条规定：“食品生产经营企业应当配备食品安全管理人员，加强对其培训和考核。经考核不具备食品安全管理能力的，不得上岗。”随着食品行业的发展进步和社会对安全食品的关注，企业食品安全管理和品质控制的岗位需求将会不断增加。作为国家职业教育人才培养的重要组成部分，高职食品类专业肩负着为未来食品行业培养卓越工程师、大国工匠、高技能人才的重要使命。全国高职食品类专业大部分都将“食品安全管理能力”作为本专业学生的核心职业技能来进行培养，质量保证(QA)和质量控制(QC)也是食品行业的重要岗位。《食品安全与质量控制》课程作为培养学生食品安全管理能力的重要载体，课程的实训内容和效果更是不容忽视。

本书以训练食品质量控制管理能力为目标，通过“模块—项目—任务”的模式开展实训。全书包括“食品安全基础、农产品安全与质量控制、加工食品安全与质量控制、食品储运安全与追溯体系”4个模块的训练，全面提升学生对食品安全控制的理解和应用能力，其中重点针对“加工食品安全与质量控制”模块的GMP、SSOP、HACCP、ISO 22000、SC、5S等先进管理方法和体系进行实践训练。

本书是多个学校教师、企业一线人员共同努力的成果。编写具体分工为：模块一由苏来金、吕占富编写，模块二由林胜利、徐柳丽编写，模块三由任国平、孟秀梅、林胜利编写，模块四由陈志兵编写，模块五由曲春波、姚微编写，最后由苏来金统稿。本书2014年出版后深受行业教师、同学的好评，同时也收到了诸多宝贵的建议，编委会多次研讨修订最后形成此版。本书参考了许多文献、资料，并受到了广州食品药品职业技术学院副校长苏新国教授、凯新认证(北京)有限公司副总经理柯林平高级工程师的悉心指导，在此一并致谢。

本书可作为高职高专食品类专业食品安全课程的实训教材，也可作为食品企业生产、管理人员能力训练和企业质量控制的训练教材和参考书。由于编者学识水平所限，本实训教程在内容、编排、图表等方面可能存在疏漏与错误之处，恳请读者与同行们指正。

本书部分资源以二维码的形式供读者使用。扫描以下二维码关注公众号可使用部分资源，另外一些资源也可扫描书中二维码直接使用。

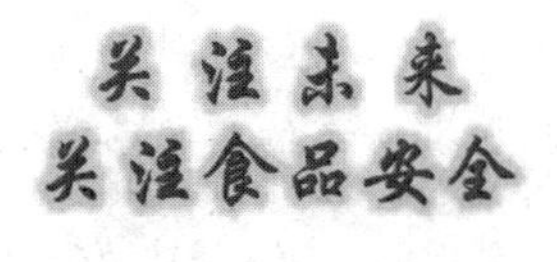

更多精彩食品安全知识 关注食品质量与安全公众号

目 录

模块一 食品安全基础 …… 1
项目一 食品中的危害因素 …… 2
任务1 食品中物理性、化学性、生物性危害的区别与讨论 …… 2
任务2 校园周边食品中的危害调查与分析 …… 4
任务3 食品添加剂与非法食品添加物的调研和分析 …… 6
项目拓展 食品中危害因素案例 …… 7
项目二 食品安全监管体系 …… 9
任务 我国食品安全监管部门调查 …… 9
项目拓展 豆芽的故事 …… 10
项目三 食品标准与法规体系 …… 12
任务1 识别收集某食品企业涉及的法律法规和标准 …… 12
任务2 模拟制定食品企业标准 …… 13
项目四 食品质量检验体系 …… 19
任务 我国食品检验机构组成调研 …… 19
项目拓展 …… 20
项目五 食品认证认可体系 …… 21
任务 食品的认证类型和认证机构调研 …… 21
思政实践课堂 …… 22

模块二 农产品安全与质量控制 …… 23
项目一 种养殖产品安全控制 …… 24
任务 根据良好农业规范(GAP)要求，开展现场检查 …… 24
项目二 农产品安全认证 …… 26
任务1 无公害农产品的认证准备 …… 26
任务2 绿色食品认证准备 …… 27
任务3 有机食品认证准备 …… 28
思政实践课堂 …… 28

模块三 加工食品安全与质量控制 …… 29
项目一 良好操作规范(GMP) …… 30
任务1 按照GMP的要求，规划某食品厂车间布局 …… 30
任务2 模拟开展食品现场GMP执行情况的检查 …… 33
项目拓展 GMP不符合项审查 …… 38
项目二 卫生标准操作程序(SSOP) …… 40
任务1 模拟企业制定SSOP …… 40
任务2 模拟开展食品现场SSOP执行情况的检查 …… 54
项目三 危害分析与关键控制点(HACCP) …… 59
任务1 模拟企业制订HACCP计划书 …… 59
任务2 模拟HACCP现场审核 …… 102
项目四 食品质量与安全管理体系 …… 111
任务1 常见食品质量管理体系调研 …… 111
任务2 常见食品质量管理体系的区别与联系 …… 113
任务3 模拟企业编制食品安全管理体系(ISO 22000)文件 …… 115
任务4 模拟开展食品安全管理体系(ISO 22000)内部审核 …… 122
项目拓展 职业岗位QA和QC介绍 …… 127
项目五 食品生产许可(SC)认证 …… 128
任务 模拟开展食品生产许可证申请与辅助审核 …… 128
项目六 食品生产现场质量管理 …… 130
任务 食品企业红牌作战计划 …… 130
项目拓展 数字游戏中的5S理论 …… 132
项目七 食品安全应急管理 …… 133
任务1 食品安全问题鱼骨图分析 …… 133
任务2 食品安全事件分析处理 …… 134
思政实践课堂 …… 136

模块四 食品储运、追溯与消费安全 …… 137
项目一 食品储藏、运输安全 …… 138
任务1 食品的储藏隐患与实例分析 …… 138
任务2 食品运输与物流安全调研 …… 139
项目二 食品安全追溯体系 …… 141
任务1 食品安全追溯体系调研与案例分析 …… 141

任务 2 全程追溯体系策略——二维码食品追溯的设计 …… 142
任务 3 产品可追溯性演练 …… 143
项目三 餐饮服务食品安全管理 …… 151
任务 1 餐饮服务单位食品安全状况调查 …… 151
任务 2 模拟开展餐饮服务许可检查 …… 152
思政实践课堂 …… 159

模块五 综合性大实训 …… 160
任务 1 协助企业开展 HACCP 计划制订 …… 160
任务 2 食品安全调研、对策与宣传 …… 161
思政实践课堂 …… 162

附 录 …… 164
附录 1 实训课程立体评价体系 …… 164
附录 2 食品安全监管相关网站地址 …… 166
附录 3 《食品安全法》全文 …… 169
附录 4 无公害农产品认证资料 …… 196
附录 5 绿色食品认证资料 …… 204
附录 6 有机食品认证资料 …… 223
附录 7 食品安全管理体系——食品链中各类组织的要求 …… 242
附录 8 食品安全管理体系(ISO 22000)内部审核员考试模拟试题 …… 275
附录 9 食品生产许可证申请书 …… 280
附录 10 食品生产许可(SC)审查记录表 …… 288
附录 11 《农产品质量安全法》 …… 305

模块一

食品安全基础

本模块实践目标

1. 了解食品安全的现状及发展方向。
2. 熟悉与食品安全控制相关的控制体系。
3. 把握食品安全隐患预防和控制的整体思路。
4. 坚定我国食品安全领域的道路自信、理论自信、制度自信、文化自信。

本模块知识构架

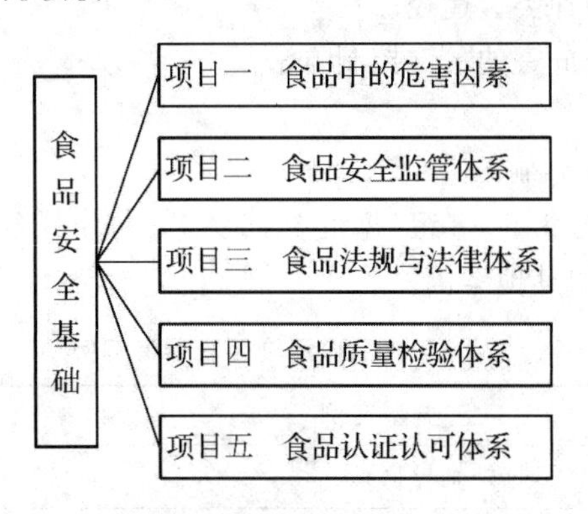

项目一 食品中的危害因素

学习目标

1. 能够正确区分食品中不同的危害因素类型。
2. 熟悉食品安全调查研究的主要流程，初步了解身边的食品安全状况。
3. 能够区分食品添加剂和非法食品添加物与食品安全的关系。

问题驱动

1. 食品中有哪些危害会导致食品安全问题？这些危害可分为几类？
2. 我们校园周边食品安全状况如何？如何开展调查？
3. 曾经有食品广告称“本产品不含有任何防腐剂”，那么是否有食品企业称“本产品不含有任何食品添加剂”？有很多人谈到食品添加剂就会联想起食品的不安全，你知道食品添加剂和非法食品添加物质的区别吗？

任务1 食品中物理性、化学性、生物性危害的区别与讨论

参考实训地点：教室/电教室　　建议学时：2学时

一、技能目标

(1)培养“通过现象看本质，科学分析食品安全问题”的能力。

(2)联系生活中食品污染案例，学会食品危害归类，掌握主要控制策略。

(3)文本构思、PPT制作、汇报、语言表达等能力。

二、理论准备

(1)学习食品安全相关概念和现状。

(2)学习食品安全污染种类、途径。

(3)针对不同食品安全危害的关键控制方法。

三、实训内容

1. 分组与任务布置(实训前)

根据班级人数，参考分为6～8组(每组4～6人)，每组任务可参照表1-1的典型案例，也可以自行选择相关类型的其他案例。

表1-1 食品中污染因素参考案例

序号	典型案例	分 类
1	早餐面包发现有钢丝球(外来异物)	
2	鱼糜制品中发现鱼骨(过程处理)	
3	鸡蛋沙门氏菌中毒(致病菌)	
4	上海毛蚶中甲肝病毒大流行(病毒)	

续表

序号	典型案例	分　类
5	广州福寿螺管圆线虫(寄生虫)	
6	海南毒豇豆事件(农药残留)	
7	多宝鱼风波(鱼药残留)	
8	瘦肉精中毒(非法添加药物)	
9	贝类中镉超标(重金属超标)	
10	日本核辐射污染的蔬菜、转基因食品等	

注：请在“分类”栏填写食品污染的类型(生物性、化学性、物理性、其他)。

2. 讨论分析、准备汇报文稿

各组根据给定的食品污染案例，自行查询相关内容，组内讨论分析，并制作 PPT 文稿。

3. 课堂汇报

课堂每组随机抽取 1～2 名同学上台汇报，结合所学的知识，对本组题目进行案例分析。

4. 汇报要求

汇报至少包括：案例的食品安全危害因素、类型(属于物理、生物、化学性危害的哪一种)、主要原因、控制措施、体会等。每位同学都要准备 PPT 文稿，PPT 汇报时间为 5～7 min。汇报者完成汇报后，至少提 1 个问题，检查其他组的学习状况，可指定人员回答。

5. 其他组要求

其他组认真听取汇报组汇报，每组至少需要提 1 个问题，由汇报者解答。

6. 教师总结指导

教师对每组汇报进行点评和分析。

四、参考评价方法

根据实训评价体系(附录 1)，确定相应比例，进行团队评、组间评、自评、组内评、教师评的立体性评价，确定个人本次实训成绩。

五、技能拓展

危害区分：请将下列因素，按照可能形成的危害区分为生物性危害、化学性危害、物理性危害，或列入其他危害。

(1)生长激素类　(2)沙门氏菌　(3)辐照残留　(4)肉毒梭菌　(5)砷　(6)碎骨　(7)金黄色葡萄球菌　(8)清洁剂　(9)单增里斯特菌　(10)一片塑料薄膜　(11)有机氯农药　(12)碎玻璃　(13)猪绦虫　(14)铅　(15)木屑　(16)旋毛虫　(17)肝炎病毒　(18)鲭鱼毒素　(19)抗生素类　(20)大肠杆菌　(21)有机磷农药　(22)黄曲霉毒素　(23)石块　(24)消毒剂　(25)驱虫剂　(26)钢丝　(27)贝类毒素　(28)一根头发　(29)线头　(30)河豚　(31)酒精过敏　(32)龙葵素

生物性危害：________________________________

化学性危害：________________

物理性危害：________________

其他危害：________________

任务2　校园周边食品中的危害调查与分析

参考实训地点：实(验)训室＋校园周边　　　　参考学时：4学时

一、技能目标

(1)树立食品安全意识。

(2)从生活中寻找、识别食品安全隐患。

(3)实验操作能力。

(4)一切从实际出发，解放思想、实事求是、与时俱进、求真务实，着眼解决调研过程中遇到的实际问题。

二、理论准备

(1)学习食品污染种类、途径。

(2)学习食品安全快速检测技术。

(3)学习食品安全控制体系。

三、实训内容

1. 分组与任务布置

根据实训室条件可选择较快速检测食品中污染因素的方法(如试剂盒、金属检测仪等)，主要的调查方案可参考表1-2，也可自行设定。

表1-2　食品中污染因素快速调查方案

序号	调查对象	测定污染指标	检测方法
1	水发食品	工业碱	水发食品工业碱快速检测(试剂盒)
2	水发食品	甲醛	食品中甲醛快速检测试纸
3	果蔬	农药残留	农药速测卡
4	食品	亚硝酸盐	食品中亚硝酸盐快速检测试纸
5	面粉及面制品	过氧化苯甲酰	面粉过氧化苯甲酰速测盒
6	乳品	蛋白质	牛奶中尿素快速检测试纸
7	深色食醋	游离矿酸	深色食醋中游离矿酸快速检测试纸
8	肉制品	瘦肉精	盐酸克伦特罗检测卡
9	预包装食品	异物	X射线探测仪
10	预包装食品	金属	金属探测仪

2. 采样任务

参考食品抽样方法、抽样标准(如SC/T 3016—2004等)的要求，针对校园周边调查超市、农贸市场、小摊贩、食堂、小饭店等场所要求检测的产品，对5～10种相关产品进行适量购买，并记录采样对象的名称、数量等，记录表格见表1-3。

3. 实验室检测

实训室内对各组采集的样品，利用速测盒、仪器等(参照快速检测试剂盒说明书、仪器手册)进行快速检测，并记录检测结果，记录表格见表1-3。

表1-3 “校园周边食品中危害调查与分析”实训记录表

班级：	组别：	成员签名：			
序号	调查对象名称	数量/价格	检测指标	检测结果	分析
1					
2					
3					
4					
5					
6					
7					
8					
9					
10					

4. 检测结果的讨论和分析

(1)检测结束后，以各组为单位组织讨论分析结果。

(2)每组选派1名代表，描述实训过程和实训结果，对结果进行讨论。

(3)其他组提出问题和讨论。

(4)教师总结和指导。

四、参考评价方法

以组为单位，撰写本次实训的调研报告，调研报告作为主要实训成果进行评价，占小组评价的50%，小组其余评价及个人评价方法见附录1，调研报告的格式统一如下。

题　目

班级：　　　　组别：　　　　组员：

一、背景(背景、主要存在的问题，可以查资料)

二、调研目的(了解校园周边食品安全状况)

三、采样情况(抽样是否科学、是否具有代表性、其他说明)

四、检测情况(检测数量、有无阳性样品、分析讨论情况)

五、总结(本次调研结果及建议)

注意：以上内容应当简明扼要，说清问题。

任务3 食品添加剂与非法食品添加物的调研和分析

参考实训地点：教室+超市　　　参考学时：2学时

一、技能目标

(1)正确认识食品添加剂在食品工业中的作用。

(2)区分食品添加剂和非法食品添加物。

(3)科学分析问题能力。

二、理论准备

(1)食品添加剂的概念和主要分类。

(2)食品添加剂标准(GB 2760—2011)。

(3)食品添加剂的不当使用与非法食品添加物的危害。

三、实训内容

1. 分组与任务布置

分组开展超市、农贸市场等销售场所食品中的主要食品添加剂调查，调查食品种类可参考表1-4，也可自行设定种类。每组承担一类食品的调查。

表1-4 食品中食品添加剂种类调查

序号	食品类型	食品添加剂
1	焙烤食品	
2	饮料	
3	乳制品	
4	腌制食品	
5	肉制品	
6	调味品	
7	方便食品	
8	罐头食品	
9	食用油	
10	特殊膳食	

2. 方案制定

每组按照一类食品开展调查，每个成员进行分工，调查本类产品的不同产品，每组总计调查不少于10个产品，组内不得有重复。调查产品需记录产品名称、生产厂家、食品添加剂名称等信息。

3. 数据库的建立

每组根据调查结果，用Excel格式整理食品添加剂的数据库，主要内容包括：食品名称、食品状态、食品生产厂家、保质期、添加剂名称等。

针对每种食品添加剂，查询GB 2760—2011，看是否可以在此食品中使用，并查找其使用限量。数据库的建立参见表1-5。

表 1-5　常见食品添加剂数据库(部分实例)

组别	序号	名称	状态	厂家	保质期	食品添加剂
焙烤食品	1					
	2					
	3					
	4					
	5					
	6					

4. 对比分析非法食品添加物

查询 GB 2760—2011 看是否有苏丹红、孔雀石绿、甲醛、漂白粉等常见的食品安全危害品；正确认识不符合食品添加剂标准的被添加到食品中的有毒有害物质，其都可以称为非法食品添加物。

5. 食品添加剂造成危害的主要因素

(1)超量使用。

(2)超范围使用。

6. 非法食品添加物的危害

按照分组，针对非法食品添加物展开讨论。

四、参考评价方法

(1)各组提交食品添加剂数据库。

(2)各组提交“食品添加剂科学认识”的宣传海报设计方案。

(3)教师根据提交的上述作业作为主要实训成果(50%)，参照附录 1 进行打分。

项目拓展　食品中危害因素案例

任务：根据以下案例，分析造成食品安全事件的主要危害因素。

案例 1：2006 年上海多宝鱼风波

2006 年 11 月上、中旬，上海市食品药品监督管理局组织对上海市部分批发市场、卖场超市、宾馆饭店销售和供应的多宝鱼进行了专项抽检，检测结果显示，除重金属指标检测结果合格外，30 件样品全部检出硝基呋喃类代谢物，同时，部分样品还检出了恩诺沙星、环丙沙星、氯霉素、孔雀石绿、红霉素等禁用鱼药残留。上海市食品药品监督管理局紧急召开专家咨询会，一方面对相关企业单位的违法销售行为依法予以查处，另一方面向社会发出预警，提醒广大市民谨慎购买和食用药物残留超标的多宝鱼。

案例 2：2008 年三鹿婴幼儿奶粉三聚氰胺事件

2008 年 6 月开始，陕西、宁夏、湖南、湖北、山东、安徽、江西、江苏等地都报告有类似婴幼儿疾患发生。事件起因是很多食用三鹿集团生产的奶粉的婴儿被发现患有肾结石，随后在其奶粉中发现化工原料三聚氰胺。事件引起中央及各地政府的高度关注和对乳制品安全的担忧。全国有 22 家婴幼儿奶粉生产企业 69 批次产品检出含量不等的三聚氰胺。据不完全统计，受三聚氰胺污染的奶粉在全国范围内造成6名婴儿死亡、30万名婴幼儿患病的严重后果。9月24日，国家质检总局表示，问题牛奶事件已得到控制，9月14日以后新生产的酸孔、巴氏杀菌乳、灭菌乳等主要品种的液态奶样本的三聚氰胺抽样检测中均未检出三聚氰胺。

案例3：2011年某高校食源性诺如病毒感染暴发

超市售卖熟食如今已不鲜见，开放式的加工和销售方式给食源性致病菌污染食品增加了机会。2011年11月中旬，Z市某高校60余名学生出现恶心、呕吐、腹泻等症状，经对13名患病学生采集肛状检验，诺如病毒核酸检验呈阳性，提示为诺如病毒感染。经流行病学调查，发现学校内一家学生超市出售的凉菜可能为导致学生感染诺如病毒的危险因素，并通过病例对照研究对该假设进行了验证。经现场调查，超市内有一个凉菜专柜，2名工作人员每天在学校外的出租房加工好熟食后送入校内超市，在超市现场加调料拌制后售卖给学生；对2名工作人员采集肛拭进行实验室检验，诺如病毒核酸检测阳性，且与患病学生分离的诺如病毒基因序列相同，但是2名工作人员均无疾病表现。在该起校园诺如病毒感染暴发事件中，超市销售的凉菜被确认为导致事故暴发的因素，其污染可能来源于运输和开放式的售卖环境，或食品加工人员加工过程造成的污染。

案例4：2017年日本核污染地区违规食品在国内的违规流通和销售

2017年3月15日，央视3·15晚会报道，产自日本核污染地区的日本食品在国内市场上悄悄出现，深圳市有棵树旗下的深圳海豚跨境科技有限公司，为国内众多的电商提供货源。在上述公司的网上商城里，有来自日本的核污染地区禁止销售的卡乐比麦片。

在无印良品超市，一些日本食品的外包装上都被贴上了产地为日本的中文标签，但是当揭开中文标签后，露出信息显示这些产品的真实产地为东京都，名列禁止进口名单。在一家永旺超市，执法人员也发现了同样的问题，一款外包装标注原材料为日本北海道产大米的白米饭，揭开中文标签后真实产地竟然为核污染区的日本新泻县。

深圳市市场稽查局发现，国内涉嫌销售日本核污染食品的网上商家初步统计已达13000多家。

根据《中华人民共和国食品安全法》(以下简称《食品安全法》)的要求，经营者在发现出现食品安全风险的时候，应采取控制措施，事件曝光后，全国各地食药监督管理部门对本区域开展了排查，如果发现核辐射区的食品，立即对产品进行下架并进行查处。

项目二　食品安全监管体系

学习目标

1. 了解我国食品安全监督管理的主要机构。

2. 在进行不同食品安全问题分析时，能了解它们对应的职能管理部门。

问题驱动

1. 我们国家的食品安全问题由哪些机构进行监管？

2. 当我们身边出现了食品安全问题时，应该找哪些部门进行反映和维权？

任务　我国食品安全监管部门调查

参考实训地点：电教室、市区相关监管执法中心、监管部门　　　参考学时：2学时

一、技能目标

(1)能够了解国家、省、市食品安全监管部门。

(2)了解不同的食品安全监管部门职责。

(3)资料收集与归纳能力。

二、理论准备

本实训不需要理论知识准备，由教师直接布置实训任务，通过亲自查询、调研，了解后再由教师对部分内容进行讲解。

三、实训内容

1. 分组与任务布置

分组：按照班级人数共分成5组，第6组作为备用或老师讲解，每组同学按照本组人数进行分工或通力合作，完成调查内容和任务，并最终形成PPT并进行讲解。

表1-6　项目分组及任务表

组别	调查对象	调查内容和任务
1	卫生部门	国家、省、市各级(省市以本地为例)卫生部门的名称、网站、食品安全相关职责、特点、地址等
2	农业部门	国家、省、市各级(省市以本地为例)农业部门的名称、网站、食品安全相关职责、特点、地址等
3	市场监管部门	国家、省、市各级(省市以本地为例)质监部门的名称、网站、食品安全相关职责、特点、地址等
4	其他食品安全部门	国家、省、市各级(省市以本地为例)其他食品安全监管部门的名称、网站、食品安全相关职责、特点、地址等

2. 实训过程

(1)1学时：在多媒体实训室根据分工任务，完成对国家、省、市各级食品安全监管

部门的名称、网站、职责、地址等信息的整理，形成PPT。

(2)1学时：各组派(或随机选取)1名代表讲解本组所了解到的食品安全监管机构的相应信息及特色，每组汇报要求在5分钟之内，其他组可以提出问题，教师点评和补充。

四、参考评价方法

根据实训评价体系(附录1)，以汇报过程和PPT成果为主要评价指标，确定相应比例，进行团队评、组间评、自评、组内评、教师评的立体性评价，确定个人本次实训成绩。

五、技能拓展

请根据实训开展的我国食品安全主要监管部门的调查，用图的形式描述它们之间的关系。

项目拓展　豆芽的故事

任务：根据以下案例，分析造成中国食品安全监管的发展与变化的原因。

案例1：4个“大盖帽”为何管不了一棵豆芽菜?

《食品安全法》已实施近两年，可4个“大盖帽”竟管不了一棵豆芽菜！“好管的时候大家都管，不好管的时候大家都不管”——

4个“大盖帽”为何管不了一棵豆芽菜?

多头监管往往是有利抢着管无利都不管

沈阳市发现了“药水豆芽”，记者举报投诉，打了一圈电话，竟被4个部门推了回来：质监部门称自己负责食品生产加工环节，市场上的豆芽归工商部门管理；工商部门称豆芽是初级农产品，应该归农业部门管；农业部门称没有拘留资格，很多违法商贩在检验结果出来前就逃跑了；食品药品监督管理部门则称，自己只负责检测饭店或食堂里做好的饭菜……4个“大盖帽”管不了一棵豆芽菜?　(人民日报，2011.04)

案例2：一个芽农的“罪恶”

王峰(化名)的悲剧从去年秋收后的一天开始。

这天午后，他刚走出家门，一个身影不知从哪里冒出来。“大哥，种豆芽吧?试试我这药怎么样，十斤豆一瓶药。”那人塞给他两只小瓶，便不见了。

握着两瓶眼药水一样的东西，王峰心里有些忐忑。他返回屋内，看到瓶子上写着“无根剂”字样，心里如同打翻了五味瓶。

早些年，他在外做建筑工，因为讨薪困难，便另谋他路。十年来，跑过各种行当，并不顺遂，直至半年前，他买回这组豆芽机，开始在自家院里生产豆芽。经过一段时间摸索，王峰总算掌握了豆芽的生长习性。可豆芽卖相不好，一些顾客看到他的豆芽长短不齐，扭头便走，这让他心里暗自着急。

陌生人送来的药水真有效吗?次日，他犹豫再三，惴惴不安地跑到市场向同行询问，“放心用吧，都使着哩!”

折回家里，他试着按比例用水稀释无根剂，然后喷洒在豆芽上。

从那时起，王峰的豆芽变得白胖水嫩、整齐无脚，产量也有较大提升，一瓶药水才几分钱，他大喜过望。

只有小学文化的王峰窃喜于自己的新发现时，他的举动也纳入了隆尧县公安局食品药品安保大队视线。这个成立时间不长的机构，正酝酿一次打击有毒有害食品的专项行动。

今年3月15日凌晨，王峰像往常一样出芽，几位干警出现在他面前，作坊内还散落着无根剂和漂白剂瓶。一同接受检查的还有南楼东村人周素坡，另一家作坊主闻风藏匿了各种生产工具，去向不明。

经河北出入境检验检疫局检验检疫技术中心检测，送检的绿豆芽样品中分别含有4-氯苯氧乙酸钠、6-苄基腺嘌呤成分。

8月22日，王峰站在了法院被告席上，他被控生产销售有毒有害食品。“生产销售有毒食品具有严重的社会危害性，无根素是激素类农药，它能促进细胞分裂，超量使用会使儿童早熟、女性生理周期紊乱、老人骨质疏松……”听到公诉人的宣读，一种罪恶感包裹了王峰，当法官问他有什么要求时，他嗫嚅着，只吐出一句话，“请求法院从轻从快判决。”

依照《中华人民共和国刑法》第144条之规定，王峰被判处有期徒刑6个月，并处罚金一万元。

服刑归来的王峰依然离不开豆芽。他和妻子做饼丝，但少不了豆芽这个最佳拍档。只是王峰自己不再生产豆芽，邻县一家工厂给他配送。偶尔，他也上街看看，发现无根豆芽并未绝迹。

项目三　食品标准与法规体系

●●●● 学习目标

1. 系统了解我国食品相关的法律、法规和标准体系，理解推进科学立法、民主立法、依法立法相关政策。

2. 学会根据某一食品领域，查找相应的法律法规和标准。

3. 掌握食品企业标准的制定过程。

●●●● 问题驱动

1. 如果你想开一个食品公司，应该如何收集相关领域的法律、法规及标准？

2. 如果企业让你牵头制定一个食品标准，应该如何着手？

任务 1　识别收集某食品企业涉及的法律法规和标准

参考实训地点：电教室/信息查询室　　　参考学时：1 学时

一、技能目标

(1)能够识别相应的法律法规和标准。

(2)能够收集食品生产相关的法律法规和标准。

二、理论准备

(1)学习我国主要食品法律法规。

(2)学习我国食品标准的种类和特点。

三、实训内容

1. 分组与任务布置

分组：按照班级人数平均分成 6 组，按照表 1-7 列出的食品企业，每组分别扮演一个食品企业(亦可以教师给出其他类别的食品企业)，有针对性地在多功能实训室查询相应的法律、法规，并进行阅读和分析。

表 1-7　模拟食品企业分组表

组　别	模拟企业
1	黄桃罐头企业
2	冷冻虾仁企业
3	速冻水饺企业
4	鱼香肠企业
5	葡萄酒企业
6	五香牛肉干企业

2. 实训实施

(1)根据布置的任务，查找有无对应的法律、法规、国家标准、行业标准或地方标准，并填写表1-8。

表1-8　法律、法规和标准收集记录表

组别	题目	相应法律法规(法律名称、年份)	相关标准(标准号、名称)

四、参考评价方法

各组提交法律、法规和标准收集记录表，教师根据各小组收集的法律、法规和标准的全面性(50%)、系统性(20%)、匹配性(30%)进行成果评价。其他方面按照附录1进行立体性评价，确定学生实训成绩。

任务2　模拟制定食品企业标准

参考实训地点：电教室　　　参考学时：3学时

一、技能目标

(1)能够了解企业标准制定程序。

(2)能够根据企业生产工艺、结合高级别的食品标准，制定食品企业标准。

二、理论准备

(1)学习我国食品标准的种类、特点。

(2)学习我国食品标准的编制过程。

三、实训内容

1. 分组与任务布置

分组：根据表1-7的分组进行，为每一个模拟的企业制定食品的产品标准。

2. 实训实施

(1)根据布置的任务，以任务1中对应的法律、法规和标准作为重要依据。

(2)针对所分任务的产品，查找国家标准中的限量，确定关键的产品指标。

(3)到各地区质检局或标准管理部门查找“企业标准备案”相应的要求，模拟进行申请备案流程。

(4)根据企业标准制定模板，制定企业标准。

(5)将所有准备好的文本提交给教师审核，通过审核的可以盖相应的备案(模拟)章，不能通过审核的指出相应的修改意见，返回重新修改。

四、参考评价方法

根据以下评价标准进行本次实训的实训成果(占团队60%)进行评价：

(1)有无查找到高级别的标准并进行了引用，有无违背现象(30%)。

(2)企业标准制定的规范程度(30%)。

(3)提交备案的文件是否全面，且符合要求(40%)。

团队其他评价按照附录1中的方式进行。

注：对团队评价分数达到80分以上的团队，直接对其标准进行备案。

对团队评价分数达到60～80分的团队，可以进行适当修改后进行备案。

对低于60分的团队，不给予企业标准备案。

个人评价：按照附录1中的方式进行评价。

五、企业标准编制文本

ICS

备案号：

备案日期：　　年　　月　　日

有效日期：　　年　　月　　日

Q/______

______有限公司企业标准

标准号：Q/____ —20__

____

20__ __发布　　　　　　　　　　20__ __实施

______________有限公司　发布

前 言

本标准在本企业中全文强制。

根据《中华人民共和国食品安全法》《食品安全企业标准备案办法》制定本标准。

本标准严格按照GB/T 1.1《标准化工作导则》第1部分：标准的结构和编写规则的要求进行编写。

本标准由__________________有限公司提出并起草。

本标准主要起草人：__________________________。

本标准自发布之日起有效期限3年，到期复审。

1. 范围

本标准规定了_______的技术要求、生产加工过程卫生要求、检验方法、检验规则、标志、包装、运输与储存。

本标准适用于以_________为主要原料，经过______________________________而成的__________。

2. 规范性引用文件

下列文件中的条款通过本标准的引用而成为本标准的条款。凡是注日期的引用文件，其随后所有的修改单(不包括勘误的内容)或修订版均不适用于本标准，然而，鼓励根据本标准达成协议的各方研究是否可使用这些文件的最新版本。凡是不注日期的引用文件，其最新版本适用于本标准。

GB 5749《生活饮用水卫生标准》

____

____

____

____

____

____

____

____

____

……

3. 技术要求

3.1 原料要求

3.1.1 水源要求

应符合__________________________的规定。

3.1.2 原料和辅料

原料__________________应符合__________________标准的要求；

原料________________应符合________________标准的要求；
原料________________应符合________________标准的要求；
……

3.2 生产工艺

____

____

3.3 感官指标

感官指标应符合样表1的要求。

样表1 感官指标

项目	指标

3.4 理化指标

理化指标应符合样表2的要求。

样表2 理化指标

项目	指标

3.5 净含量及允许短缺量

应符合______________________________________规定。

4. 生产加工过程卫生要求

生产加工过程卫生要求应符合__________________________规定。

5. 检验方法

5.1 感官检验

按__________________________________规定的方法检验。

5.2 理化检验

5.2.1 指标________________按____________规定的方法测定。
5.2.2 指标________________按____________规定的方法测定。
5.2.3 指标________________按____________规定的方法测定。
5.2.4 指标________________按____________规定的方法测定。

……

5.3　净含量

按____规定的方法进行。

6. 检验规则

____

____。

6.1　抽样

按样表3开展抽样，抽样规则________________________________。

样表3　抽样表

批量范围(箱)	抽样量(箱)

6.2　出厂检验

出厂检验项目包括____。

6.3　型式检验

6.3.1　型式检验项目为本标准中规定的全部项目。

6.3.2　型式检验正常生产时每半年进行一次，有下列情况之一时应进行型式检验：

a)____;

b)____;

c)____;

d)____;

e)____;

……

6.4　判定规则

6.4.1　当检验结果中，______________________不合格时，判整批产品为不合格。

6.4.2　当检验结果中，__________________________________检验项目不合格时，应重新自同批产品中抽取两倍量样本进行复检，以复检结果为准。

6.4.3　若复检结果中仍有一项(或一项以上)不合格时，则判整批产品为不合格。

7. 标志、标签、包装、运输与储存

7.1　标志、标签

7.1.1　外包装标志

____

____

7.1.2 标签

____

____

7.2 包装

____

____

7.3 运输

7.3.1 运输工具

____

____

7.3.2 运输过程

____

____

7.4 储存

____

____

____

____

项目四　食品质量检验体系

●●●● 学习目标

1. 了解我国食品质量检验的体系构成。
2. 掌握食品中抽样的几种方法。

●●●● 问题驱动

1. 如果你有一些食品样品需要检测，应该送到哪些机构进行检测？
2. 如果你要对食品进行检测，应该如何去市场或者企业抽检产品？

任务　我国食品检验机构组成调研

参考实训地点：电教室　　　参考学时：2 学时

一、技能目标

(1)能够了解国家、省、市食品检验机构的主要部门、概况。

(2)能够区分不同食品检验机构的检测范围、职能的差别。

二、理论准备

本部分不需要进行理论知识学习，学生通过本实训的开展及调查和整理归纳，最终填写调查表格，这对认识我国食品检验机构的组成更具有直观性。

三、实训内容

1. 分组与任务布置

分组：根据表 1-9 分组对国家、省、市食品相关检验机构进行调研。

表 1-9　食品检验机构调研分组表

序号	食品类别	序号	食品类别
1	冠名“食品”检验机构	5	乳、饮料、酒类
2	冠名“农产品”检验机构	6	果蔬产品
3	水产品(海产品、海洋食品)	7	农副产品(茶叶、添加剂等)
4	肉、蛋制品(畜禽类)	8	其他类的检测机构

2. 实训实施

(1)根据布置的任务，通过网络查询国家级(部级)、本省、本市检测机构名称。

(2)填写实训记录表 1-10。

四、参考评价方法

针对学生完成任务的全面性、准确性、规范性等方面进行实训成果评分，实训成果占 50％进行团队评价。

个人评分根据附录 1 中的评价方法进行评分。

表 1-10 我国食品类检测机构调查记录表

组别	分类	国家级/部级检测机构名称(城市)	省级检测机构名称(城市)	市级检测机构名称

项目拓展

任务：根据以下信息简图，理解我国目前食品安全体系。

我国食品安全信息简图

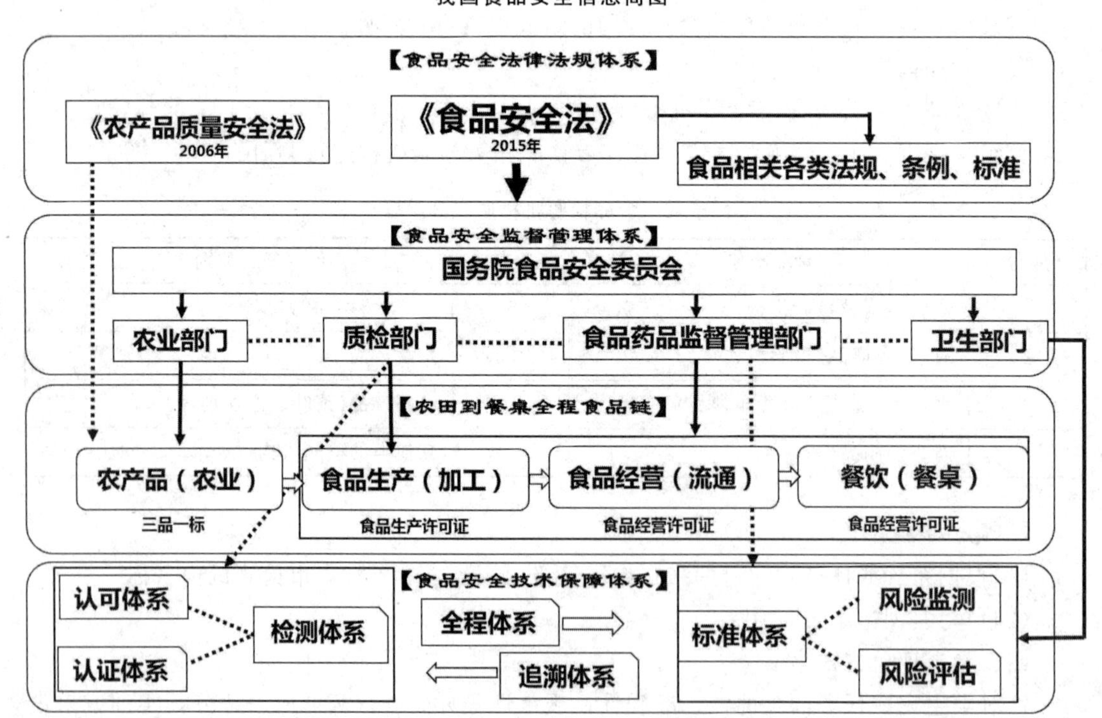

项目五　食品认证认可体系

学习目标

1. 了解我国食品认证、认可的主要类型。
2. 针对不同的认证类型，能够找到相应的认证程序和认证管理机构。

问题驱动

如果公司要对本企业生产的产品进行认证，应该如何进行申请？

任务　食品的认证类型和认证机构调研

参考实训地点：电教室　　　参考学时：2学时

一、技能目标

(1)了解我国食品认证的主要类型。

(2)针对不同的认证类型，能够找到相应的认证程序和认证管理机构。

二、理论准备

本部分不需要进行理论知识学习，可直接开展实训，通过调查和整理归纳，加强学生的动手能力，能够更直观地了解认证的过程。

三、实训内容

1. 分组与任务布置

分组：根据表1-11分组，对我国与食品有关的主要的认证进行查询。

表1-11　主要食品相关认证及过程分组表

组别	认证内容	目的/背景	强制性	认证主管机构	认证主要流程
1	SC认证				
2	无公害食品				
3	绿色食品				
4	有机食品				
5	HACCP体系认证				
6	ISO 22000体系认证				
7	农产品地理标志认证				
8	其他				

2. 实训实施

(1)根据布置的任务，通过网络进行查询，了解不同认证的目的或背景、主管单位、认证流程等。

(2)填写调查表1-11。

(3)各组派1名代表进行所分任务的认证过程介绍。

(4)其他组进行提问或讨论。

(5)教师进行点评。

四、参考评价方法

每组填写的表格、汇报内容等作为主要实训成果进行评价，参考附录1采取团队评价、组间评价、个人评价三方面进行评分。

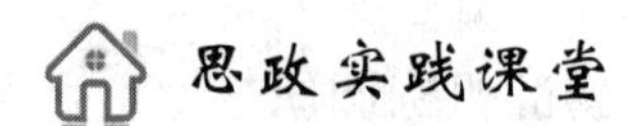

习近平总书记关于食品安全重要论述

模块二

农产品安全与质量控制

●●●● 本模块实践目标

1. 能够按照良好农业规范(GAP)要求，指导农产品种养殖安全生产。

2. 理解无公害农产品、绿色食品、有机食品的区别和联系。

3. 能够掌握无公害农产品、绿色食品、有机食品认证过程，并能独立填写认证材料。

4. 深刻理解农产品是乡村振兴的重要因素，树立推动乡村产业、人才、文化、生态、组织振兴的意识。

●●●● 本模块知识构架

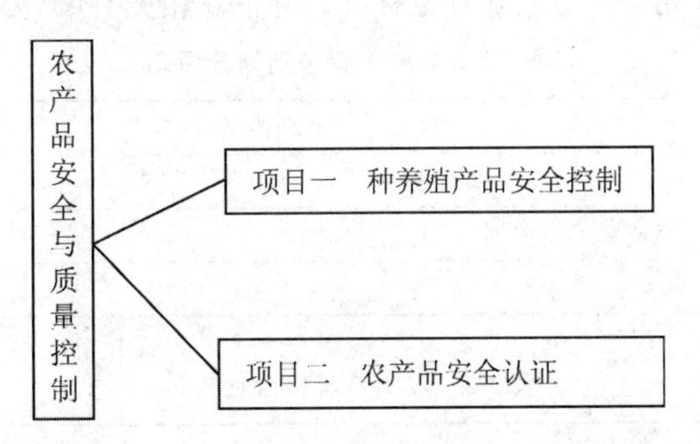

项目一 种养殖产品安全控制

学习目标

1. 能够按照良好农业规范(GAP)的要求进行标准化生产。
2. 掌握良好农业规范相关标准，并能对生产过程是否符合要求做出判断。
3. 针对生产现场存在的问题，能够提出建设性意见。

问题驱动

1. 企业通过 GAP 认证有什么意义?
2. GAP 跟 HACCP 有什么关系?

任务 根据良好农业规范(GAP)要求，开展现场检查

参考实训地点：电教室和农业企业　　　参考学时：4 学时

一、技能目标

(1)能够发现企业生产过程中存在的不符合 GAP 要求的控制点。
(2)根据存在的问题，科学分析，并提出对策。

二、理论准备

(1)学习良好操作规范的理论知识。
(2)了解关键控制点的内涵。
(3)查一查 GAP 的相关标准。

三、实训内容

1. 分组与任务布置(实训前)——相关 GAP 的标准收集

明确将要参观的农业企业(农业基地)，各小组根据该企业的生产内容，登录相关标准下载网站，下载、阅读相关良好农业规范标准，并汇总相关 GAP 要求(表 2-1 和表 2-2)。

表 2-1 标准条款级别划分原则

等级	级别内容
1	
2	
3	

表 2-2 控制点与符合性规范

序号	控制点	符合性要求	等级

2. 现场考察

参观企业的现场生产过程，依据以上整理的标准条款，从食品安全危害管理、环境保护、员工的职业健康安全和动物福利等方面观察，发现问题记录在表 2-3 中，时间控制在 2 课时。

表 2-3　符合性规范检查表

章节/条款号	控制点	水平	符合性（是/否/不适用）	判定依据

注：1.“控制点”是指良好农业规范相关技术规范中规定的“控制点”条款要求。
2.“水平”是良好农业规范相关技术规范中规定的“控制点”级别水平，如一级控制点、二级控制点和三级控制点。
3.“符合性”是指检查中对“控制点”是否满足良好农业规范相关技术规范的要求，以及本条款是否适用于被检查对象的判断。
4.“判定依据”栏应填写符合性判定的理由与检查的证据。

3. 课堂分析讨论

针对企业现场发现的问题，各小组整理判断依据，展开分析讨论如何改进不符合项，形成结论。老师最后总结和指导。时间控制在 1 课时。

四、参考评价方法

表 2-1 和表 2-2 为个人作业，表 2-3 为小组作业，该实训项目的评价是以个人和小组相结合的方式进行。

项目二　农产品安全认证

学习目标

1. 掌握无公害农产品、绿色食品和有机食品认证过程。

2. 掌握无公害农产品、绿色食品和有机食品相关标准，并能对生产过程是否符合要求做出判断。

3. 针对生产现场存在的问题，能够提出建设性意见。

问题驱动

1. 无公害农产品、绿色食品和有机食品之间的共同点和区别是什么？

2. 怎样的产地环境才可以进行无公害农产品、绿色食品和有机食品的生产？

任务1　无公害农产品的认证准备

参考实训地点：电教室＋农业企业　　　参考学时：6学时

一、技能目标

(1)能掌握《无公害农产品认证申请书》的填写。

(2)能开展无公害农产品的现场检查。

二、理论准备

学习《无公害农产品管理办法》《无公害农产品认证程序》。

三、实训内容

1. 分组与任务布置(实训前)——无公害农产品相关知识储备

(1)根据班级人数，参考分成6～8组(每组4～6人)，登录“中国农产品质量安全网”等相关网站，搜索资料，明确以下信息(表2-4)。

表2-4　无公害认证基础资料查询

问题	依据文件(填写文件号或网址)
哪些产品可以进行无公害认证？	
申请主体应满足什么资质？	
产地规模应达到多少？	
你所在地省级工作机构有哪些？	
你所在地无公害产地环境检测机构有哪些？	
你所在地无公害农产品检测机构有哪些？	

(2)明确考察农业基地，登录“中国农产品质量安全网”等相关网站，搜索下载《无公害农产品产地认证与产品认证申请书》和产品相关标准，并学习其填表说明和申请无公害农产品认证需要提交的文件清单，在此基础上作出考察方案。

2. 现场考察

考察农产品生产基地，收集《无公害农产品产地认证与产品认证申请书》相关信息。

3. 课堂填表和讨论

根据考察结果，填写《无公害农产品产地认证与产品认证申请书》(附录 3)，并在全班汇报学习成果。

四、参考评价方法

教师根据小组《无公害农产品产地认证与产品认证申请书》(附录 3)填写情况给予评分。

任务 2　绿色食品认证准备

参考实训地点：电教室＋绿色食品生产基地　　　参考学时：6 学时

一、技能目标

(1)掌握绿色食品认证的全过程。

(2)掌握绿色食品认证申报表格的填写。

二、理论准备

(1)了解绿色食品标准体系。

(2)掌握绿色食品产地选择与环境质量评价方法。

(3)熟悉绿色食品生产技术。

三、实训内容

1. 分组与任务布置(实训前)

根据班级人数，参考分成 6～8 组(每组 4～6 人)，登录“中国农产品质量安全网”等相关网站，搜索资料，明确以下信息。

(1)明确你所在省市绿色食品工作和检测机构(表 2-5)。

表 2-5　绿色食品工作和检测机构收集记录表

组别	工作机构	检测机构(包括产品和环境)

(2)列出绿色食品认证过程涉及的法律法规和标准文件(表 2-6)。参考网站：食品伙伴网、绿色食品发展中心。

表 2-6　绿色食品相关法律法规和标准收集记录表

组别	相应的法律法规(名称、年份)	相应标准(标准号、名称)

(3)下列哪些产品能、哪些不能够申请绿色食品？

①甜玉米；②速溶型咖啡；③颗粒型花生酱；④婴幼儿配方奶粉；⑤无籽西瓜；⑥人造奶油；⑦大蒜；⑧鸡骨架；⑨熟咸蛋；⑩冻干海参；⑪金华火腿；⑫瓶装饮用纯净水；

⑬烤鸭；⑭油炸薯条；⑮熏鸡；⑯泡菜；⑰辐照牛肉；⑱精制盐

能：________________

不能：________________

2. 现场考察

考察绿色食品生产企业，收集《绿色食品标志使用申请书》和《调查表》上的相关信息，并根据相关绿色食品标准要求，找出不符合项，并记录存在的问题。

3. 课堂填表和讨论

根据考察结果，完善填写《绿色食品标志使用申请书》和《调查表》，并在全班汇报学习成果。

四、参考评价方法

教师根据小组《绿色食品标志使用申请书》和《调查表》(附录 4)填写情况给予评分。

任务 3　有机食品认证准备

参考实训地点：　　　　参考学时：2 学时

一、技能目标

(1)掌握有机食品认证的全过程。

(2)掌握有机食品认证申报表格的填写。

二、理论准备

(1)熟悉标准《有机产品生产和加工认证规范》。

(2)有机食品认证程序。

三、实训内容

1. 分组与任务布置(实训前)

明确考察的有机食品生产企业，根据班级人数，参考分成 6～8 组(每组 4～6 人)，登录有资质进行有机产品认证的公司网站，下载一份《有机产品认证申请书》，列出你所需要要的信息，学习其有机产品认证申请时所需文件清单，并进行初步准备。

2. 现场考察

考察有机食品生产企业，收集《有机产品认证申请书》和《调查表》上的相关信息，并根据相关有机食品标准要求，找出不符合项，并记录存在的问题。

3. 课堂填表和讨论

根据考察结果，根据企业实际完善填写《有机产品认证申请书》和《调查表》(附录 6)，针对不符合项提出改进措施，并在全班汇报学习成果。

四、参考评价方法

教师根据小组《有机产品认证申请书》和《调查表》(附录 6)填写情况给予评分。

思政实践课堂

确保"舌尖上的安全" 守护"舌尖上的幸福"

模块三
加工食品安全与质量控制

本模块实践目标

1. 能够建立食品企业的GMP，运行过程中能发现问题，并且采取措施改进。
2. 能够建立食品企业的SSOP，运行过程中能发现问题，并且采取措施改进。
3. 能够对具体的产品进行危害分析，确定关键控制点，并制订HACCP计划。
4. 能够编制食品安全管理体系文件并实施。
5. 能够进行食品安全管理体系的内部审核。
6. 能够进行食品生产现场的5S管理。
7. 通过本部分的操练，能够考取“食品安全管理体系内部审检员”证书。
8. 了解食品加工行业主要的就业岗位，体验就业劳动过程。

本模块知识构架

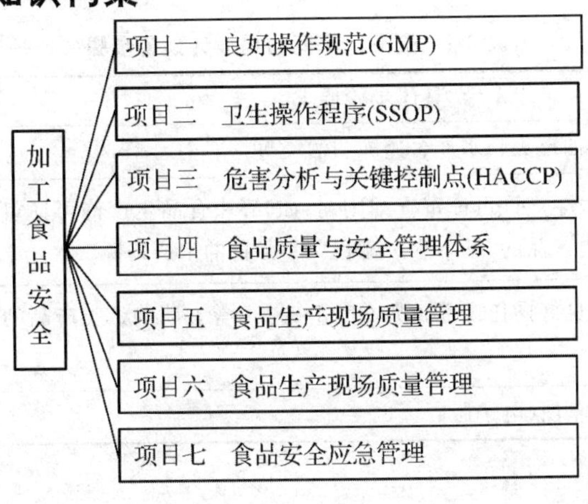

项目一 良好操作规范(GMP)

学习目标

1. 能够按照良好操作规范(GMP)的要求进行合理的生产布局设计。
2. 掌握某一类食品良好操作规范的要求，并能对生产现场是否符合要求做出判断。
3. 针对生产现场存在的问题，能够提出建设性意见。

问题驱动

1. 食品企业申报QS认证、HACCP认证、ISO 22000认证、出口食品注册时，都要求提供该企业的车间布局图，原因何在?

2. 质量技术监督局、出入境检验检验局、ISO 22000和HACCP认证机构来企业检查的时候，他们依据什么?

3. 食品企业要管理好卫生安全，有捷径吗?

任务1 按照GMP的要求，规划某食品厂车间布局

参考实训地点：电教室　　　参考学时：2～4学时

一、技能目标

(1)能够根据生产工艺流程对车间布局作出合理规划。

(2)能够作出满足GMP的要求的车间布局。

二、理论准备

(1)学习食品加工工艺。

(2)学习良好操作规范的理论。

(3)学习中国食品质量安全市场准入制度。

三、实训内容

1. 分组与任务布置(实训前)

根据班级人数，参考分成6～8组(每组4～6人)，每组任务可参照表3-1的预备步骤进行。

表3-1 食品厂车间布局设计预备步骤

步骤	具体步骤要求	备 注
1	选定某类食品，如罐头、水产、速冻、酒类等	
2	查找该类食品的《生产许可证审查细则》，如《罐头食品生产许可证审查细则》，明确该类产品的“基本生产流程”和“必备的生产资源”	
3	查找该类食品的良好操作规范，如GB/T 20938等，明确该类产品的车间布局设计要求	
4	小组讨论，画出草图(电子版)	

2. 制作设计图纸

各组根据预备步骤的要求，讨论画出草图(电子版)，编制说明并制作 PPT 文稿。

3. 课堂汇报及讨论

课堂每组由 1 名同学上台汇报，说明布置图设计的思路，同组其他同学准备回答其他组同学对本组设计思路的提问。

汇报要求至少包括：车间布局图设计依据、设计原则、布局合理性及布局上还难以处理的不足之处。PPT 汇报时间 5～7 min。汇报者完成汇报后，其他组至少提问 1 个问题。

其他组认真听取汇报组汇报，每组需要提问至少 1 个问题，可指定汇报组某个人员回答。

教师对每组汇报进行点评和分析。

4. 课后完善定稿

根据课堂上的汇报讨论、其他组的指正及老师的指导，各组完善各自的设计图，并上交最终设计图。

四、参考评价方法

根据实训评价标准，进行立体性评价(组间评价、教师评价)，本次任务效果记录表见表 3-2。

表 3-2　“食品厂车间布局设计”实训记录表

制作小组		
图纸设计内容		
图纸设计的合理性	组间评价：	教师评价：
小组汇报表现	组间评价：	教师评价：
分　数		

五、能力提升作业

图 3-1、图 3-2 是肉类罐头加工车间布局，请指出布局不合理之处。

车间机修室 车间检验室 空罐消毒间 配汤间 真空泵房

传递窗

粗加工车间

传递窗

精加工车间

杀菌车间

传递窗

消毒池 消毒池

冷库

女更衣室 衣柜 更衣区

更衣区 男更衣室 衣柜

办公室

包装

学号：3 15 24 35
食品092班

罐头车间布局图

图 3-1 肉类罐头加工车间平面布局图

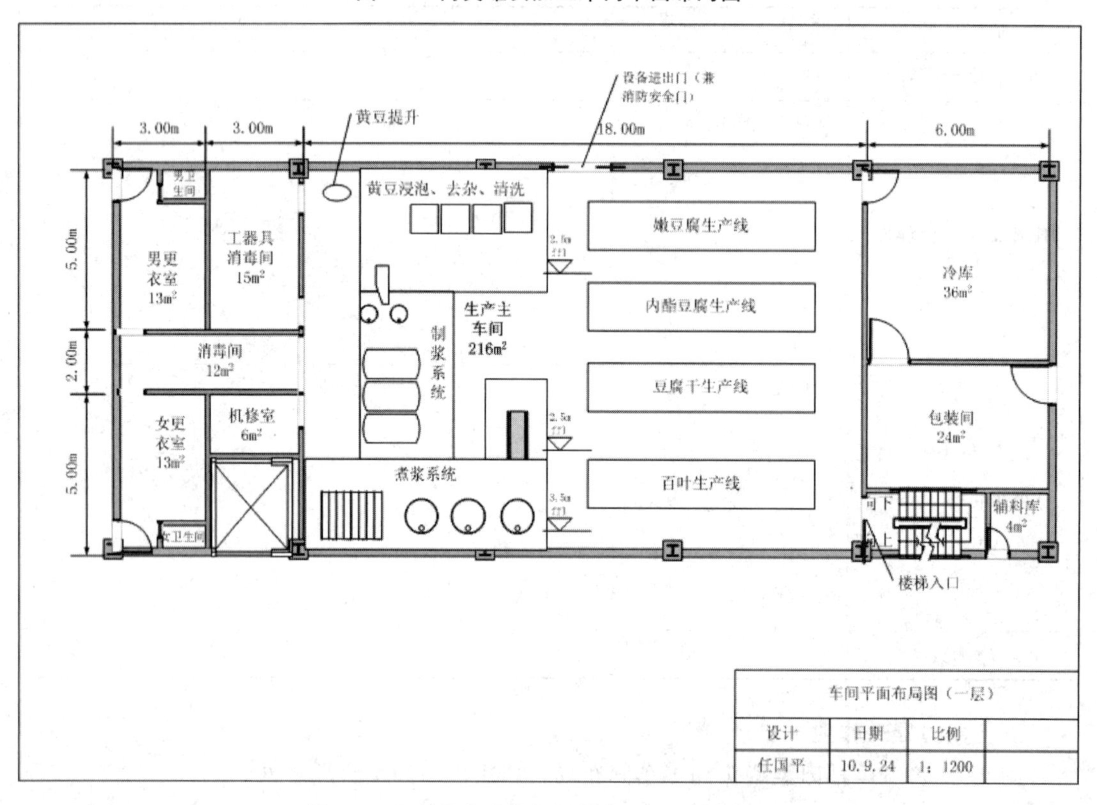

图 3-2 豆制品生产车间平面布局图(合理布局)

任务 2　模拟开展食品现场 GMP 执行情况的检查

参考实训地点：食品企业/生产性食品中试基地　　参考学时：4 学时

一、技能目标

(1)能够发现食品生产现场存在的不符合 GMP 要求的地方。

(2)根据存在的问题，科学分析，并根据 GMP 要求，提出对策。

二、理论准备

(1)学习食品加工工艺。

(2)学习良好的操作规范的理论。

(3)学习中国食品质量安全市场准入制度。

三、实训内容

1. 分组与任务布置(实训前)——设计检查记录表

明确将要参观的食品加工厂(或食品中试基地)，各小组根据该类工厂的 GMP 要求，编制生产现场 GMP 执行情况检查记录表，可参考表 3-3，也可自行设定。

表 3-3　生产现场 GMP 执行情况检查记录表

小组：	得分：
企业名称：	产品名称：
企业地址：	

第一部分：现场评审记录

(1)厂区设计和环境卫生(表 3-4)

表 3-4

核查项目	客观描述
厂区周围环境有碍食品安全卫生的因素：如化工厂、水泥厂、医院、养殖场、污水池塘或污染河流、相邻的居民生活区、餐厅厨房等	
厂区布局：厂区平面图的核实，生产区与生活区的隔离，厂区内兼营、生产和存放有碍食品卫生的其他产品情况	
厂区卫生：路面、地面、厂区卫生间、鼠或虫滋生地及防鼠、防虫设施和布点，生产中的废水(污水)废料的排放或处理，原料、辅料、化学物品、包装物料储存的辅助设施，废物、垃圾暂存设施，无害化处理	

(2)车间更衣室、卫生间及人员洗手、鞋靴消毒(表 3-5)

表 3-5

核查项目	客观描述
更衣室、卫生间和淋浴室：更衣室的设置，与更衣室相连的卫生间和淋浴室的设置，清洁卫生的保持，设施和布局对车间造成潜在污染的风险，淋浴器能否正常使用	

续表

核查项目	客观描述
更衣室：私人物品与工作服的分开存放	
卫生间：门、窗朝向，洗手、消毒、干手设施，排气通风设施，防蝇虫设施，有无遗留大小便	
生产人员个人卫生：更衣、穿戴、洗手、消毒、干手、鞋靴消毒	
工作服、帽：清洗、消毒、发放、更换 不同卫生要求的生产区域或工种、岗位人员的区分：穿戴的不同颜色或标志	
洗手设施：位置、数量，清洁消毒和干手设备或用品，洗手水龙头的非手动开关	
鞋靴消毒设施：结构、功能	
消毒剂：配置、使用、保管	

（3）生产车间（表 3-6）

表 3-6

核查项目	客观描述
车间布局：面积与生产能力匹配，防止人流、物流、水流、气流交叉的设计与设施，排水和通风系统的设计与设施，车间进出口及与外界相连的排水、通风处的防鼠、防蝇、防虫设施	
地面：材料、污渍、杂物、积水、破损、坡度	
墙面：材料、污渍、积尘、破损、墙角、地角、顶角	
门窗：材料、结构、内窗台斜度	
天花板：材料、残渣、污渍、冷凝水、霉变、破损、封闭	
车间通道：材料、污渍、杂物、积水、破损，防止人流、物流交叉的措施	
生产线上方管道及设备设施：清洁卫生状况、锈蚀、渗漏、滴漏	
冷凝水：天花板、生产线上方、墙、冷热交换区	
排水：通畅性、水流方向、排水沟清洁状况	
通风：通畅性、不良气味、蒸汽滞留、防尘装置	
照明：设施、照度、防爆装置、死角、被加工物的本色	
温度：温度控制设施、环境温度、产品温度、温度测量显示装置、温度自动记录装置	
电、气供给：供给设施、供给能力、运行状态、维修保养	
设备、设施和工器具的食品接触面：材料、清洁卫生、缝隙、背面	
生产设备：布局合理性、清洁程度、运行状态、维修保养	
工器具和容器清洗消毒场所：清洗方法、消毒剂使用、水温、整洁程度、上下水的位置、工器具清洗后存放的情况	

续表

核查项目	客观描述
班前班后卫生清洁工作：清洁程序、执行状况、专人检查、检查记录	
容器：盛放食品容器的放置，可食与不可食容器的标识与区分，废弃物容器的防水、防腐蚀、防渗漏及其清洗消毒	
操作台及加工设备中的废水排放：对加工产品造成污染的风险	
原料、辅料、半成品、成品以及生、熟品的存放：存放区域的分开、受污染的风险	
生产人员：健康检查，个人清洁、穿戴、洗手、消毒、化妆、手套管理，生产操作，伤病，工作服帽鞋的定期消毒，培训、考核	
现场检验点：设置的合理性、检验程序、检验操作、检验记录与现场的符合情况	
现场质量管理与检验人员：配置的合理性、资质、应知应会	
质量管理与检验人员的现场工作质量：取样和检验操作的效果	
影响食品安全卫生的关键工序：设置、监控、纠偏、记录、操作人员	

(4)包装(表 3-7)

表 3-7

核查项目	客观描述
内、外包装物料：隔离存放、清洁卫生、材料的安全性、防尘防鼠防霉措施、验收记录、卫生许可证或出厂合格证、使用前的消毒处理	
内、外包装车间：隔离、温湿度、干燥通风、受污染风险	
标识、标码：当日打印、专厂专号专用	
金属探测器：运行状态、灵敏度、记录	

(5)储存库与运输工具(表 3-8)

表 3-8

核查项目	客观描述
原辅料、半成品、成品储存：生熟品的分别存放、污染和串味的控制、卫生清洁、通风、堆垛、标识、过期变质产品的处理、温度湿度显示装置及其计量标识(产品有温度、湿度特定要求)、物品与墙壁和地面的距离、有碍卫生物品的控制、防霉防鼠设施	
预冷库、速冻库、冷藏库等仓库：温度、湿度要求、温湿度显示装置、自动温度记录装置及其运行校准记录、制冷设施的清洁、消毒、除霜方法、防霉防鼠设施	
产品运输工具：清洁卫生状况、清洗消毒的控制、冷藏或保温设施及性能(有温度要求的运输工具)、密闭情况	

(6)有毒有害物品控制(表 3-9)

表 3-9

核查项目	客观描述
有毒有害物品：购买、领用、配制、污染控制、使用记录	
有毒有害物品的存放：存放方法、管理、标识	
有毒有害物品的验收：成分、来源、批准证明	
有毒有害物品的使用：人员培训、现场操作、记录、对食品和食品接触面及食品包装物料的污染控制	
实验室有毒有害物品使用：购买、验收、领用、存放、配制、污染控制、使用记录	

(7)实验室(表 3-10)

表 3-10

核查项目	客观描述
实验室：与检验能力的适应程度、规章制度、资质证明(适用时)、检验标准资料、检验项目、检验设施、设备、仪器	
实验室检验人员：数量与检验项目的适应程度、培训状况、资质和操作，参加比对或盲样检测情况(适用时)	
检验设施、仪器设备的计量检定：定期检定校准记录、标识	
检验操作：抽样计划、样品交接、留样、检测记录、检验合格单	
检验结果：原料、半成品、成品及过程监控所涉及的实验室检验结果与现场检查的符合性，阳性检验结果原因分析及其相应的处置措施	
外部委托实验室：资质、检测项目和计划、满足企业日常检测需要的情况、委托合同(或协议)	

第二部分：评审结论

评审结论参照表 3-11。

表 3-11

现场评审结论： □ 现场评审合格。 □ 存在严重不符合项，现场评审不合格。 □ 存在不符合项(见评审不符合项及跟踪报告)。 审核员(签名)：　　　　年　月　日
评审组声明： 本评审组依据： □CFR. Part110、CAC/RCP—1969. Rev. (2003)《食品卫生通则》 □GB 14881—2013《食品企业通用卫生规范》 □ □

续表

本评审组对该企业进行了文件评审和现场评审，并对评审记录、评审不符合项及跟踪报告和评审结论负责。如主管部门对此次评审提出异议，评审组将提供相应的补充说明。 评审组组长(签名)：　　评审组成员(签名)：　　年　月　日

第三部分：不符合项报告

不符合各项报告参照表3-12。

表3-12　不符合项列表

不符合项描述	不符合条款号	不符合性质
1.		
2.		
3.		
4.		

2. 现场审核

参观企业(校企合作企业)的现场生产过程，从工厂环境、车间布局、生产过程控制、仓库、实验室等多方面观察，发现的问题记录在《生产现场GMP执行情况检查记录表》上。时间控制2课时。

3. 课堂分析讨论

针对企业现场发现的问题，各小组展开分析讨论，辨析这些问题是不符合该类食品GMP的哪一条款。讨论整理出“不符合项报告”，同时针对这些不符合项，讨论可以采取的相应对策。时间控制1课时。

小组之间进行交流，每组选派1名代表讲述该组的发现和结论，其他组针对该组的发现和结论进行提问，关键是辨析发现的问题是否确实属于GMP不符合项，判断结论是否准确，采取的措施是否有效。

老师最后总结和指导。时间控制1课时。

四、参考评价方法

《生产现场GMP执行情况检查记录表》的第一部分为个人作业，第二、三部分为小组作业，该实训项目的评价是以个人和小组相结合的方式进行。

项目拓展　GMP 不符合项审查

参考实训地点：实训基地或电教室　　　参考学时：1 学时

一、技能目标

(1)掌握《食品生产通用卫生规范》。

(2)能够在实际生产中发现存在的问题。

二、理论准备

学习《食品生产通用卫生规范》。

三、实训内容

教师依据 GMP 要求，在实训基地制造不符合项目或提供食品企业生产现场图片素材，各个同学根据 GB 14881《食品生产通用卫生规范》中要求，找出图中不符合项，并进行不符合项描述(表 3-13)。以下图片供参考(图 3-3～图 3-9)，建议学时控制在 1 学时。

图 3-3

图 3-4

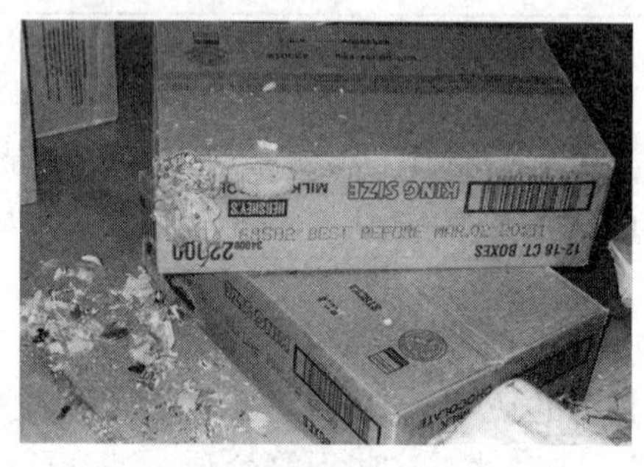

图 3-5

图 3-6

图 3-7

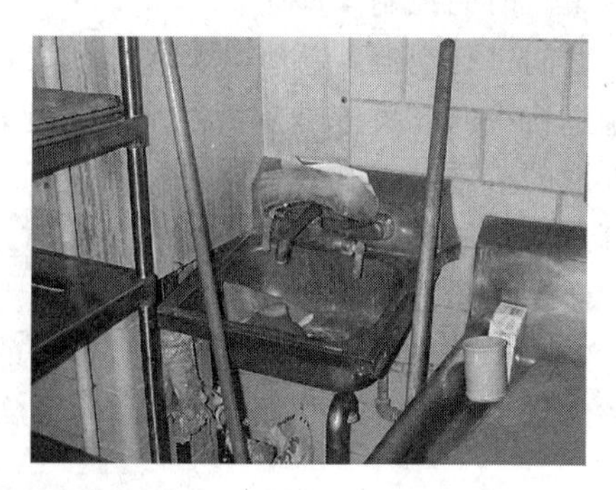

图 3-8

图 3-9

表 3-13　不符合项报告

图序	不符合条款号	不符合项描述
例如	5.1.8.3	原料与成品没有设贮在不同区域，没有进行标示；冷库中存放有机肥，容易造成交叉污染
1		
2		
3		
4		
5		
6		
7		

四、参考评价方法

根据每位同学提交的不符合报告，给予评分。

项目二　卫生标准操作程序(SSOP)

●●●● 学习目标

1. 能够按照卫生标准操作程序(SSOP)的要求进行生产过程的卫生控制。
2. 掌握卫生标准操作程序(SSOP)的要求，并能对生产现场是否符合要求做出判断。
3. 针对生产现场存在的卫生操作问题，能够提出建设性意见。

●●●● 问题驱动

1. 企业已经建立了良好操作规范，为什么还要卫生标准操作程序?
2. 生产用水、加工设备、器具怎么消毒?
3. 卫生标准操作程序怎么制定?

任务1　模拟企业制定SSOP

参考实训地点：电教室　　　参考学时：2学时

一、技能目标

(1)掌握食品企业常用的消毒方法。

(2)能够针对特定的企业制定卫生标准操作程序。

二、理论准备

(1)学习卫生标准操作程序的知识。

(2)学习食品加工中的消毒方法和消毒剂知识。

(3)学习微生物检测技术。

三、实训内容

1. 分组与任务布置(实训前)

根据班级人数，参考分为6～8组(每组4～6人)，每组任务可参照表3-14的预备步骤进行，学生也可以自己选择一家熟悉的食品企业进行编制。

表3-14　SSOP编制预备步骤

步骤	具体步骤要求	备注
1	选定某类食品，如罐头、水产、速冻、酒类	
2	查找该类食品的《生产许可证审查细则》，如《罐头食品生产许可证审查细则》，明确该类产品的“基本生产流程”和“必备的生产资源”	
3	收集GB 5749《生活饮用水卫生标准》，收集食品工厂常用的消毒剂和消毒方法	
4	小组讨论，按照8个主要卫生控制方面的要求编制出SSOP初稿(可以超出8个方面)	

2. 编制SSOP初稿

各组根据预备步骤的要求，编制SSOP初稿，并制作PPT说明文稿。

3. 课堂汇报及讨论

课堂每组由 1 名同学上台汇报，说明 SSOP 初稿编制的思路，同组其他同学准备回答其他组同学对本组编制思路的提问。

汇报要求至少包括：本小组编制的 SSOP 主要包括哪些方面，编制过程各成员的合作情况，与本小组选择的产品相对应的 SSOP 中的特定措施包括哪些。

PPT 汇报时间为 5～7 min。其他组认真听取汇报组汇报，每组需要提问至少 1 个问题，可指定汇报组某个人员回答。

教师对每组汇报进行点评和分析。

4. 课后完善定稿

根据课堂上的汇报讨论、其他组的指正及老师的指导，各组完善各自的 SSOP 文稿，并上交最终定稿文件。

四、参考评价方法

根据实训评价标准，进行立体性评价(组间评价、教师评价)。本次任务效果记录表见表 3-15。

表 3-15　“编制 SSOP”实训记录表

制作小组		
SSOP 针对的具体产品(或企业)	____________卫生标准操作程序	
SSOP 文件的合理性和有效性	组间评价：	教师评价：
小组汇报表现	组间评价：	教师评价：
分　数		

五、食品企业卫生操作程序(SSOP)参考例文

AAA食品有限公司

DD/SSM02—2001 C/0

罐头食品卫生标准操作程序(SSOP)

---

1. 适用范围

本标准规定了罐头生产加工企业防止食品污染的具体卫生要求。

本标准适用于本公司罐头加工所有过程的卫生操作、检查和纠正。

2. 引用标准

下列文件中的条款通过本标准的引用而构成本标准的条款。凡是注日期的引用文件，其随后所有的修改单(不包括勘误的内容)或修订版均不适用于本标准，但鼓励根据本标准达成协议的各方研究是否可使用这些文件的最新版本。凡是不注日期的引用文件，其最新版本适用于本标准。

《出口食品生产企业卫生注册登记管理规定》

《出口罐头加工企业注册卫生规范》

GB 5749《生活饮用水卫生标准》

GB 7718《食品标签通用标准》

GB 8950《罐头厂卫生规范》

SN0400《出口罐头检验规程》

CAC/RCP1《食品卫生通则》

AnnexCAC/RCP1HACCP《系统及其应用准则》

CAC/RCP23《低酸及酸化低酸性罐头食品卫生操作》

一、水的安全

(一)水源

1. 工厂用水是自备水源，采用浅层地下水。

2. 厂区处于国家生态示范乡，周围环境良好，无工业有害污染物的污染。

3. 对可能引起的生活污水污染的预防和水处理系统的管理，公司制定了相应的管理制度，即DD/QC 01—2000《质量管理制度》中的第六节——生产用水质量管理。

4. 生产用水的处理按《加工用水卫生控制程序》控制。

5. 水质经县卫生防疫站连续五年的水质全分析检测，能够达到GB 5749《生活饮用水卫生标准》的要求。

(二)标准

GB 5749《生活饮用水卫生标准》。

(三)监控

表 3-16 水质监控方案

监控者	监控项目	监控方法	监控频率
公司水管理员	余氯	比色法	每两小时一次
公司质监部	pH	pH 电位法	每天一次
公司质监部	嗅和味	感官检测	每天一次
公司质监部	肉眼可见物	感官检测	每天一次
公司质监部	细菌总数	GB 5750	每周一次
公司质监部	大肠菌群	GB 5750	每周一次
卫生防疫站	水质全分析	GB 5750	每年两次

(四)设施

1. 备有完整的生产用水网络图，加工车间不同用途的水管用颜色或材料加以区分。车间用水的管口按顺序编号。

2. 供水系统不得与排水系统直接相连，防止虹吸。

3. 供水设施及管道网每年进行一次全面的检查维修，在生产季节每月进行一次检查维修。

4. 配以脚踏开关的洗手消毒水龙头。

5. 供水设施的管理按《质量管理制度》中的第六节——生产用水质量管理的要求进行管理。

(五)供水网络图(略)

(六)废水排放

1. 污水处理

(1)污水处理池的位置远离生产车间，在厂区地势最低处。

(2)污水处理方法：A/O 法(活性污泥法)。

(3)处理后出水符合 GB 8978《污水综合排放标准》的一级标准要求。

2. 废水排放设置

(1)生产车间的室内排水采用无盖板的明沟，而且明沟要有一定的宽度(200～300 mm)，深度(150～400 mm)和坡度(大于 1%)，车间地坪的排水坡度宜为 1.5%～2.0%。

(2)生产车间的对外排水口应加设防鼠装置，宜采用水封窖井，而不用存水弯，以防堵塞。

(3)生产车间内的卫生消毒池、地坑等，均设置排水装置。

(4)厂区污水排放不得采用明沟，必须采用埋地暗管，且管子不宜采用渗水材料砌筑，一般采用混凝土管，设计管道流速应大于 0.8 m，最小管径不宜小于 150 mm。

(5)排水系统中废水流向应由清洁区流向非清洁区。

(七)纠偏

1. 微生物检验结果中任有一项指标不合格则判为不合格，判为不合格应通知车间立即停止使用，制定消毒方案，并连续监控，待指标正常后再转入正常检验，并通知车间开始使用。

2. 其他指标出现不合格时，判为不合格应通知车间立即停止使用，并根据存在的“不合格”分析其中原因，制定解决方案，并连续监控，待指标正常后再转入正常检验，并通知车间开始使用。

3. 对在水质不合格情况下生产出来的产品，必须进行产品的安全性评估。

(八)记录

1. QR 0803《纠偏情况记录》。

2. QR 1008《生产用水检验记录》。

3. SSM 0201《余氯检测记录》。

4. SSM 0202《蓄水池清洗消毒记录》。

5. SSM 0203《水处理供应系统检查记录》。

6. 县卫生防疫站水质安全分析检验报告单。

二、食品接触面的条件和清洁度

(一)与食品接触的表面

1. 加工设备：封口机、夹层锅、网带等；

2. 案台和器具：操作台、天平、整理盘等；

3. 加工人员的工作服、手套等；

4. 包装物料：马口铁罐。

(二)材料要求

1. 罐头加工车间内所有与食品接触的设备、器具或容器表面必须采用无毒、无异味、不生锈、坚固耐用的不锈钢或塑料等材料制成，而且易于清洁、消毒和保持卫生。

2. 不得使用竹木器具、棉麻制品等。

3. 容易安装、维护，并能保持完好的维修状态。

4. 在更换设备的任何主要部件前，质检、生产及维修部门须对此进行评估，以保证更换的部件符合加工操作要求，并易于清洗消毒。

(三)清洗消毒

1. 加工设备与器具

(1)清洗消毒程序

①方法：加工设备、器具使用次氯酸钠消毒，次氯酸钠浓度为100～200 mg/L。

②清洗消毒地点：(器具)在工器具消毒间内。

③清洗消毒程序如下。

• 先用水冲洗加工设备和器具表面的污物和食物残渣。

• 再用热水和洗涤剂冲刷。

• 然后用水将洗涤剂冲洗干净，对轻便器具小型容器和设备的可拆卸部件可直接浸入100～200 mg/L消毒液中，工作台面大型设备等可直接将消毒液喷淋表面。

• 最后用水冲洗。

④消毒完毕后用自来水清洗保证余氯残留小于0.5 mg/L。

(2)清洗消毒频率如下。

• 在每天操作前进行清洗消毒。

• 在加工过程中每 4 h 对器具进行清洗消毒。

• 若发现被污染时，立即进行清洗消毒。

2. 工作服、手套

(1)清洗

①由公司集中统一清洗，不同清洁区域的工作服分别清洗，分区域放置。

②更衣室应有充足的空间和与加工人员数量相适应的更衣柜、挂衣室、鞋柜及工作服消毒设施；更衣室内应通风良好，灯光明亮。

③清洗频率如下。

• 每 3 天 1 次。

• 发现已脏时。

(2)消毒

统一挂放于更衣室内，进行 30 min 以上的紫外线消毒。

3. 其他

(1)加工设备、器具清洗消毒结束后，应对地面及排水沟进行清洗消毒或投放适量漂白粉。

(2)盛放下脚料的容器、墙壁、工作地面等，用 200 mg/L 以上的次氯酸钠消毒，消毒后用水冲洗残留的余氯。

(3)更衣室内的空气消毒采用紫外线照射法，每 10～15 m^2 安装一支 30 W 紫外线灯，消毒时间不少于 30 min。

(四)监控

1. 食品接触面的条件

(1)加工设备、器具表面应光滑无粗糙裂缝、破裂、凹陷、无物料残存及脏物脱落。

(2)所有清洗消毒后的食品接触面，应确保洁净无食物残渣、小碎屑和其他物质，无不正常气味。

(3)所有清洗消毒后的食品接触面细菌总数低于 100 个/cm^2，对于进罐车间的食品接触面细菌总数低于 10 个/cm^2。

2. 清洁和消毒

(1)生产前由检验员对每次清洗消毒结果进行检查并记录在“每日班前卫生检查记录”上。

(2)生产中由检验员对清洗消毒结果进行检查并记录在“实罐车间卫生消毒记录”上。

(3)车间卫生操作员应将所有清洗消毒过程记录于“清洗消毒过程记录”上。

(4)化验室对消毒后的设备、器具、更衣室空气等进行不定期(每月至少一次)微生物涂抹检测，检验结果记录于“工艺卫生检验记录”上。

(5)每月由质监部会同各维修部门对加工设备和器具的完好状态、设备布局进行检查并记录于“每月卫生检查表”中。

3. 消毒剂类型和浓度

检验员在生产前、生产中对消毒液及其浓度进行检查并记录在“每日班前卫生检查记录”和“实罐车间卫生消毒记录”上。

4. 手套、工作服的清洁状况

检验员在生产前对手套和工作服状况进行检查并记录在“每日班前卫生检查记录”上。

(五)纠偏

1. 在感官检查中发现存在不合格的，按下列措施纠偏。

(1)立即采取相应措施消除不合格原因。

(2)进行表面微生物检查；若微生物指标并不超出标准，不作其他处理；若微生物指标超出标准，则按2(2)的纠偏措施处理。

2. 在表面微生物检查中发现存在不合格的，按下列措施纠偏。

(1)立即采取相应措施分析不合格原因。

(2)对已生产的成品必须进行产品的安全性评估。

3. 以上的“相应措施”包括：再清洁、再消毒、检查消毒剂浓度、培训员工等。

(六)记录

1. QR 0803《纠偏情况记录》。

2. QR 1005《实罐车间卫生消毒记录》。

3. QR 1006《每日班前卫生检查记录》。

4. QR 1007《工艺卫生检验记录》。

5. SSM 0204《清洗消毒过程记录》。

6. SSM 0205《每月卫生检查表》。

三、交叉污染的预防

(一)造成交叉污染的来源

1. 工厂选址、设计、车间布局不合理。

2. 加工人员个人卫生不良。

3. 清洁消毒不当。

4. 卫生操作不当。

5. 生、熟产品未分开。

6. 原料和成品未隔离。

(二)预防

1. 公司周围清洁、卫生，生态环境良好，无污染源，并由公司办公室负责周围环境的卫生控制。

2. 生产中产生的废水经过污水处理达标排放，产生的废料集中堆放，并每天清理出厂，避免厂区内造成污染。

(三)车间布局

1. 设备流程布局合理保持清洁完好，粗加工车间、精加工车间、包装车间应相互隔离。

2. 车间使用的器具不能交叉使用。

3. 生产过程中原料、半成品、成品应分开处理，防止交叉污染。

4. 盛放食品的容器、器具不能接触地面，废弃物由专用容器存放并有标识，及时处理。

5. 不得同时在同一车间内加工不同类别的产品。

(四)人流、物流、水流的方向

1. 各区域加工人员应从对应的入口进入车间，车间内人员相对固定，不得串岗，必要时应更换工作服并经过严格的洗手消毒。

2. 原料进入车间、废弃物运出车间，不应有交叉污染。

3. 水流方向应从高清洁区流向低清洁区。

(五)加工人员卫生操作

1. 加工人员进车间时必须严格遵守手清洗消毒程序。

2. 生产过程中，若手被污染，应及时清洗消毒。

3. 个人卫生必须符合要求。

4. 车间内不得带入与生产无关的物品、不得在车间内饮食。

5. 生产前对加工人员进行卫生操作要求培训(DD/QMS 205—2001)。

6. 跌落地面的产品、生产中产生的不合格品和废弃物，在固定地点用有明显标志的专用容器分别盛装，并在检验人员的监督下及时采取纠正措施。

(六)监控

1. 监控时间

(1)开工。

(2)交接班。

(3)餐后继续加工。

(4)生产中。

2. 监控内容

(1)工艺流程。

(2)人流、物流、水流。

(3)加工人员卫生操作。

……

(七)纠偏

发现交叉污染时，可以采取下列措施。

(1)针对存在交叉污染的环节，进行适当的调整、控制、直至改造，消除交叉污染。

(2)若交叉污染可能涉及产品的安全性，必须评估产品的安全性。

(3)加强对车间管理人员、操作人员的卫生培训(DD/QMS 205—2001)。

(八)记录

QR 0803《纠偏情况记录》。

四、手清洗消毒和卫生设施的维护

(一)洗手消毒

1. 洗手消毒的设施

(1)车间入口处配有与生产人数相适应的足够的洗手、消毒设施，水龙头应为脚踏式开关，并配有清洁剂和消毒液，以便工人随时洗手消毒。

(2)车间入口处，必须有鞋靴消毒池。

(3)配制氯消毒液浓度要准确，更换应及时，要求手消毒液有效氯50～100 mg/L。

(4)在生产车间内，必须设置工人能方便使用的洗手、消毒设施。

2. 洗手消毒方法、频率

(1)工人入场严格按入场顺序和规范执行。

(2)洗手消毒程序如下：清水冲洗→用皂液洗手→清水冲洗→手浸入有效氯50～100 mg/L消毒液中保持15 s消毒→清水冲洗。

(3)清洗频率如下。

• 每次进入车间。

• 手接触了污染物后。

3. 监控

(1)卫生管理员对消毒液浓度每4 h检查一次，结果记录在《消毒液配制检测记录》中。

(2)生产前由检验员对手清洗消毒设施进行检查并记录在《每日班前卫生检查记录》上。

(3)化验室对消毒后的手进行不定期(每月至少1次)微生物涂抹检测，检验结果记录于《工艺卫生检验记录》上。

(二)卫生间

1. 卫生间要求洁净卫生通风良好，设有洗手盆，配以脚踏开关的洗手器、皂液、消毒液及干手器。

2. 所有卫生设施应被恰当维护保养，以保证使用正常。卫生管理员每日班前检查并记录于《每日班前卫生检查记录》。

3. 工人如厕应脱去工作服饰，方便后按洗手消毒程序洗手消毒，进车间时仍需执行洗手消毒程序。

(三)纠偏

发现问题时，应立即纠偏。一般情况下应该加强员工教育。

(四)记录

1. QR 0803《纠偏情况记录》。

2. QR 1006《每日班前卫生检查记录》。

3. QR 1007《工艺卫生检验记录》。

4. SSM 0206《消毒液配制检测记录》。

五、防止污染物进入

(一)污染物的来源

食品、食品接触面及食品包装材料的污染物包括如下。

1. 加工人员

(1)头发。

(2)指甲及指甲油。

(3)创可贴。

(4)棉纱线。

(5)其他与生产无关的物品。

2. 设备

(1)润滑油：输送带、转动锟，特别是封罐机等。

(2)螺钉螺帽垫片：封罐机、输送带、分级机等。

(3)金属碎片：设备损坏引起、机修人员带入。

(4)燃料：动力设备。

3. 设施

(1)冷凝水：天花板、空中管道、高处的设备等。

(2)玻璃：损坏的窗口、损坏的灯具等。

(3)其他异物：小石头、小黑点等。

4. 器具

(1)塑料片：器具碎片等。

(2)铁片：记账牌等。

5. 化学物品

(1)洗涤剂：肥皂液、洗洁精等。

(2)消毒剂：漂白粉、高锰酸钾等。

(3)杀虫剂：菊酯类农药等。

6. 其他物质

苍蝇飞虫及其他物理和化学危害。

(二)防止与控制

1. 加工人员

按照《人员的健康与卫生控制》的要求进行控制。

2. 设备

(1)润滑油：按照《有毒化学物品的标记、储存和使用》的要求进行控制，并且所有食用油与润滑油分开，单独存放并正确标记。

(2)螺钉螺帽垫片、金属片、燃料。

①机修人员每天进行巡察，发现设备有异常的必须及时修复；在修复设备以后，必须清理现场，保证没有螺钉螺帽垫片、金属碎片及机修工具丢失在现场，同时填写《机修工作日记》。

②车间生产人员发现设备有异常的，该工序班长必须及时向机修部门汇报；同时根据现场实际情况，采取相应的预防措施。

3. 设施

(1)冷凝水

①车间内应通风良好，避免天花板、管道产生冷凝水滴下污染产品。

②在冷凝水不可避免要产生的地方，必须在食品上方加防护罩。

(2)玻璃

①吊挂在食品上方的灯具，必须装有完全防护罩，以防止灯具破碎而污染良品。

②生产车间的玻璃物品(如窗口上的玻璃、玻璃瓶、玻璃器皿、温度计等)不慎打破后，一定要彻底打扫干净，对可能造成污染的食品再按照纠偏措施的要求采取相应的措施。

③在车间内尽一切可能避免使用玻璃制作的器具。

(3)其他异物

①做好每天的卫生工作，保持各种设施的完好状态。

②车间主任每周对各设施进行彻底的检查，包括卫生及其完好状态。

③直接用于洗涤产品的水管，使用时注意出水口的清洁卫生，使用完毕后应离地放置，以防止污染。

4. 器具

(1)将塑料制作的器具换成不锈钢制作的器具。

(2)取消记账用的铁牌。

(3)对可以装进空罐的器具(如砝码等),进行严格的控制,各工序班长在下班时必须进行清点,做好清点记录。

5. 化学物品

按照《有毒化学物品的标记、储存和使用》的要求进行控制。

6. 其他物质

(1)苍蝇飞虫按照《环境卫生及虫害的消除》的要求进行控制。

(2)车间内只能存放即将使用的空罐,清扫车间时,必须移开或遮盖好生产线上的空罐,以免沾染。

(3)各道加工工序整洁有序,避免上一道工序对本道工序的污染。加工时避免水溅,污水、下脚料处理及时。

(4)不同产品、原料、成品分别存放。

(5)本条例更强调车间生产主管针对生产现场出现的未曾预料的各种可能成为污染源进行控制。

(三)监控

1. 对加工人员、润滑油、化学物品及苍蝇飞虫所产生的污染物的进入,其监控要求可以根据相应文件中规定的监控要求进行。

2. 对设备、设施、器具及其他物质所产生的污染物的进入,其监控要求根据下列规定进行(表 3-17)。

表 3-17 污染物监控方案

污染源	控制方法	监控人	监控方法
设备	2(2)①	工序班长	在《机修工作日记》上签字确认
	2(2)②	车间主任	现场巡查
设施	3(1)①～② 3(2)①～③ 3(3)①～③	卫生领导小组	每周检查
器具	4(1)—(2)	卫生领导小组	每周检查
	4(3)	车间主任	审核记录
其他物质	6(2)～(4)	车间主任	现场巡查
	6(5)	全体管理人员	现场巡查

(四)纠偏

若发现食品被污染物掺杂或可能被污染物掺杂,应根据污染源的不同,采用如下相应的措施。

1. 消除污染源:

(1)加工人员:修正穿衣戴帽、修剪指甲、去除创可贴等。

(2)设备：修复设备，清扫现场。

(3)设施：除去不卫生表面的冷凝物，采取适当措施，避免冷凝物落到食品、包装材料及食品接触面上；根据实际情况采取相应的措施。

(4)器具：根据实际情况作相应调整。

(5)化学物品：清理出现场，清除污物，清洗化合物残留，根据实际情况做相应的补救。

(6)其他物质：根据实际情况采取相应调整。

2. 对生产中的产品进行隔离，并且进行安全性评估，再决定是否继续生产。

3. 对已生产的产品进行隔离，并且进行安全性评估，再决定该产品是否合格。

4. 对生产管理人员、生产操作人员重新培训。

(五)记录

1. QR 0803《纠偏情况记录》。

2. SSM 0210《机修工作日记》。

六、化学物品的标记、储存和使用

(一)公司使用的化学物质

公司使用的化学物质有：洗涤剂、消毒剂、杀虫剂、润滑油(质监部所用化学物品不在此列。

(二)有毒化学物质的储存和使用

1. 有毒有害物质主要包括次氯酸钠、漂白粉等消毒剂，有毒农药，敌百虫、敌敌畏等杀虫剂，盐酸、烧碱等脱皮剂(质监部管理)，洗衣粉、洗洁精等清洁剂(仓库管理)，机油、白油、牛油等润滑油(机修部门管理)等。

2. 所有有毒有害化学物质应符合有关国家卫生标准的规定，并出具合格证书。

3. 有毒有害化学物质入库人员在《有害有毒化学物质出入库记录》上进行登记，标明其主要成分、毒性、生产日期、责任人及相关注意事项。

4. 分别存放于单独的、隔离的、远离加工区域的固定场所，并有明确标识，设专人保管，以避免污染食品、食品接触面或包装材料。

5. 车间要派专人领取、保管、使用消毒剂、清洁剂等有毒有害化学药品。车间使用时要进行登记，记录于《有毒有害化学物质使用记录》中。

6. 所有的润滑油由机修部门负责存放于指定场所并正确标记；车间维修时应将润滑油放于固定容器并注意严格防止对食品、设备、器具及地面等的污染，维修后应彻底进行清洗消毒，防止污染；润滑油一般不得存放车间，确有需要时应由专人负责单独存放、正确标识。

7. 所有用于工厂的消毒剂都应清楚标记，并放置在远离加工区的位置。

(三)监控

1. 有毒有害化学物质管理人员应经常检查，确保该物质的有效性。

2. 有毒有害化学物质使用人员应随时注意，确保该物质不被误用或污染食品。

（四）纠偏

1. 转移存放错误的化合物。

2. 对标记不清的化合物拒收或退回。

3. 对保管、使用人员进行培训。

（五）记录

1. QR 0803《纠偏情况记录》。

2. SSM 0207《有害有毒化学物质出入库记录》。

3. SSM 0208《有毒有害化学物质使用记录》。

七、人员的健康与卫生控制

（一）员工健康

1. 从事罐头加工人员（包括质检人员）每年至少应进行一次健康检查，必要时做临时健康检查，并在《健康档案表》上进行登记归档管理。

2. 手部有创伤、裂开的人员应及时包扎好，并戴上防护手套，加以清洗、消毒后才能继续作业。

3. 发热、腹泻、呕吐等病人应及时向主管领导报告，并决定是否继续作业及其处理措施。

4. 凡患有以下疾病之一者，应调离罐头生产和检验岗位：活动性肺结核、传染性肝炎、伤寒病、肠道传染病及带菌者、化脓性或渗出性皮肤病、疥疮、手有外伤及其他有碍食品卫生的疾病、直至病痊愈或由医院出具证明后才能重回工作岗位。

（二）个人卫生

1. 加工人员进车间时，严格执行洗手消毒程序。

2. 加工人员进车间一律穿戴工作服、帽、雨靴，戴帽子时头发要完全遮住。

3. 加工人员的工作服、帽、雨靴等要保持清洁，禁止穿戴工作服、帽离开工作场所。

4. 加工人员应注意个人卫生，不能佩戴手表、戒指、耳环等装饰物及携带与生产无关的东西进入车间。

5. 加工人员不能留长指甲，不得涂抹指甲油、口红等化妆品；不得使汗水、唾液等污染食品。

6. 加工人员不能随地吐痰。

7. 加工人员生产前不能酗酒。

8. 加工人员生产中不能有摸头、挖耳、擦鼻涕的不良习惯。

9. 由办公室制订卫生培训计划，定期对加工人员进行培训，并做好记录。

（三）监督

设有专人负责管理工人卫生状况，监督加工人员按程序清洁后方可进入车间，并做好《每日班前卫生检查记录》。

（四）纠偏

1. 发现有患病人员，立即调离罐头生产和检验岗位。

2. 对生产中的产品及已经生产好的产品进行安全性评估。

(五)记录

1. QR 0803《纠偏情况记录》。

2. QR 1002《健康档案表》。

3. QR 1006《每日班前卫生检查记录》。

4. SSM 0211《患病人员调离记录》。

八、环境卫生及虫害的消除

(一)环境卫生控制

1. 生产区周围环境良好，地面无积水，无不适当的设备及杂物堆放；当日的废弃物远离车间存放，并当日清理出厂。防止虫蝇、老鼠滋生。去除杂草。

2. 厂区环境采用药物喷洒灭虫，春秋季节每月1次，夏季每月2次，冬季每季1次。

3. 厂区环境卫生清洁，种植花草树木有专人管理。厂区道路为硬质路面，无破损，不积水。

4. 在DD/QMS 210—2001《卫生控制程序》中也规定了环境卫生控制要求。

(二)虫害防治计划

1.《虫害防治计划》。

2.《捕鼠器投放位置图》。

(三)虫害防治措施

1. 加工车间、更衣室内设有一定数量的灭蝇灯，工作中应开启灭蝇灯，以达到杀虫目的。

2. 生产过程中经常开闭的门窗应设有软帘、水幕、纱窗等防虫蝇装置。

3. 根据防鼠害重点，由专人每月至少一次对生产区周围环境集中进行捕杀老鼠，捕鼠重点在废料出口、垃圾箱周围、厕所和食堂等场所，灭鼠不得采用灭鼠药；捕鼠采用捕鼠笼(或粘鼠板)。

(四)检查和处理

1. 捕杀的飞虫每日清理一次。

2. 捕鼠次日进行清理，将死鼠统一回收处理，结果记录于《捕鼠器投放及结果记录》上。

(五)记录

1. QR 0803《纠偏情况记录》。

2. SSM 0209《捕鼠器投放及结果记录》。

编制/日期： 审核/日期： 批准/日期：

任务2 模拟开展食品现场SSOP执行情况的检查

参考实训地点：企业/生产性实训基地　　参考学时：4学时

一、技能目标

(1)能够发现食品生产现场存在的不符合SSOP要求的地方。

(2)根据存在的问题，科学分析，并根据SSOP要求，提出对策。

二、理论准备

(1)学习卫生标准操作程序的知识。

(2)学习食品加工中的消毒方法和消毒剂知识。

(3)学习微生物检测技术。

三、实训内容

1. 分组与任务布置(实训前)——设计检查记录表

明确将要参观的食品加工厂(或食品中试基地)，各小组根据该类工厂的SSOP要求，编制生产现场SSOP执行情况检查记录表与不符合项列表，可参考表3-18、表3-19，也可自行设计。

表3-18 生产现场SSOP执行情况检查记录表

小组：	得分：
企业名称：	产品名称：
企业地址：	
核查项目	客观描述
1. 水(冰)的安全	
2. 食品接触面的结构、状况和清洁	
3. 防止交叉污染	
4. 手的清洗、消毒和卫生间设施的维护	
5. 防止外来污染物的污染	
6. 有毒化合物的正确标记、储存和使用	
7. 员工健康状况的控制	
8. 害虫、鼠害的灭除	

表3-19 不符合项列表

不符合项描述	不符合条款号	不符合性质
1.		
2.		
3.		
4.		

2. 现场审核

观察企业(食品中试基地)的车间环境、生产过程控制、仓库、实验室等现场，从8个关键方面发现问题，记录在表3-18中，时间控制在2课时。

3. 课堂分析讨论

针对企业现场发现的问题，各小组展开分析讨论，辨析这些问题是否为SSOP的问题，讨论整理出“不符合项报告”，填写表3-19；同时针对这些不符合项，讨论可以采取的相应对策。时间控制为1课时。

小组之间进行交流，每组选派1名代表讲述该组的发现和结论，其他组针对该组的发现和结论进行提问，关键是辨析发现的问题是否确实属于SSOP不符合项，判断结论是否准确，采取的措施是否有效。

教师最后总结和指导。时间控制的1课时。

四、参考评价方法

《生产现场SSOP执行情况检查记录表》的第一部分为个人作业，第二部分为小组作业，该实训项目的评价是以个人和小组相结合的方式进行。

五、食品企业SSOP审核过程常见问题

1. 水(冰)的安全

关注点：用于接触食品和食品接触表面的水的安全供应；制冰用水的安全供应；蒸汽用水的安全；软化用水的安全；在饮用水和非饮用水之间没有交叉污染。

常见记录：第三方全项目检测报告；微生物的检测报告；余氯检测报告；制冰用水水质检测报告；供水设施维修记录；供水网络平面图等。

常见问题：

(1)全项目检测报告部分重要指标没有检测。

(2)对蓄水池管理不善。

(3)水井周围有污染源。

(4)忽视对冰、蒸汽、软化水的管理。

(5)交叉污染。

(6)水管无编号，供水网络图编号不一致。

(7)污水未经处理排放。

(8)污水排放不符合防疫要求。

(9)污水的监控频次不够。

2. 食品接触面的结构、状况和清洁

常见问题：

(1)清洗消毒的流程不完整。

(2)清洗消毒的方法不科学。

(3)清洗消毒的程序与实际不一致。

(4)清洗消毒的记录不真实。

(5)没有对清洗消毒的程序的有效性进行评估。

(6)部分区域没有制定清洗消毒程序。

(7)没有对清洗消毒程序进行监控(如感官检查、微生物、消毒液浓度、时间、温度，

通过何手段监控)。

(8)对消毒后的食品接触面以及对工作过程中食品接触面微生物没有确定评估的标准。

(9)对食品接触面的材料及完好性无监控记录。

(10)消毒过程中水管的压力不够。

(11)消毒时间、热水的温度及消毒剂浓度无监控手段。

(12)臭氧消毒的时间不够(一般每次开放 1 h 以上)。

(13)无单独的消毒间。

(14)废弃物容器没有进行清洗消毒。

3. 防止交叉污染

常见问题:

(1)工艺流程设计得不合理。

(2)气流、水流、人流、物流方向不对。

(3)车间门口无缓冲门(双向门)。

(4)污水的排放有问题。

(5)没有严格执行清洗消毒计划(配制消毒液应按上限配制)。

(6)原料与成品存放于同一仓库。

(7)清理完垃圾未洗手消毒便进行产品加工。

(8)周转箱落地。

(9)门把手未进行消毒。

4. 手的清洗、消毒和卫生间设施的维护

常见问题:

(1)洗手无温水或消毒槽内为冷水。

(2)干手设施不完善。

(3)用肥皂代替皂液。

(4)消毒槽附近无计时用的表(应设专人计时)。

(5)消毒槽设计不合理。

(6)消毒槽消毒液浓度不符合规定的要求。

(7)消毒液的配制无记录。

(8)湿手喷洒 75%的酒精。

(9)从厕所出来仅有洗手设施,没有消毒设施(厕所洗手间内仅有洗手设施没有消毒设施,用盆盛放消毒液或消毒剂或放酒精壶)。

(10)厕所臭味太大。

(11)厕所所用纸篓不符合要求。

(12)厕所门正对车间。

5. 防止外来污染物的污染

常见的问题:

(1)冷凝水问题。

(2)通风排气不好。

(3)防护灯罩没有安装。

(4)进出通道无防护装置。

(5)水管下地。

(6)水中沙粒污染(水管头过滤)。

(7)热水管的水垢问题。

(8)铁锈的问题。

(9)没有对包装材料进行控制。

6. 有毒化合物的正确标记、储存和使用

关注点:

(1)区域：车间使用的、实验室使用的、厂区使用的、锅炉房使用的应分开存放，进行分类管理，且做好标识。

(2)清单表(年使用量、成分和特性、MSDS——安全技术说明书)。

(3)采购——食品厂可用供应商提供的证明。

(4)检验规程：合格供应商；外包装完整且有品名、规格、成分的标识。

(5)入库(专库存放不能混放，通风良好，定期检查，领用记录齐全，法规规定领用量为 24 h 内用完)。

常见问题:

(1)有毒化学物质标识不全。

(2)对化学物质的特性了解不足。

(3)没有专库存放(辅料与杀虫剂混放)。

(4)存放区域无通风设施。

(5)对使用过程中化学物质标识不全或无标识。

(6)对管理使用人员没有进行相应的培训。

(7)领用、配制记录混乱，无可追溯性。

(8)进货无检验记录或验证无标准。

(9)有毒物品未上锁存放，化学物品无定期检查记录。

(10)使用现场存放大量化学品。

7. 员工健康状况的控制

常见问题:

(1)部分与食品接触人员未进行健康查体。

(2)体检无相应的计划，无健康档案。

(3)伤病无登记。

(4)将不允许带入车间的物品带到车间，对外来人员的控制不严。

8. 害虫的防治

常见的问题:

(1)无防虫灭鼠平面图，或有但同实际不一致。

(2)入口灭蝇灯处周围光线非常亮。

(3)灭蝇灯上有大量蝇虫，较长时间未清理。

(4)部分入口封闭不严。

(5)排水口无水封。

(6)对车间内滋生的虫害无控制措施。

(7)对垃圾等废弃物无控制制度。

(8)厂区内种植的草坪离车间太近。

(9)在工厂内看不到灭鼠设施或没有按照要求布置灭鼠设施。

(10)一些主要入口无挡鼠板。

(11)放置了灭鼠设施无随后的检查记录。

(12)防虫灭鼠人员未经过培训。

项目三 危害分析与关键控制点(HACCP)

学习目标

1. 能够针对特定的加工工艺，进行危害分析。
2. 能够按照 HACCP 体系要求编制 HACCP 计划书。
3. 能够组织进行 HACCP 体系的内部审核。
4. 增强食品危害防范意识，树立健康中国的责任。

问题驱动

1. 为什么不同产品要编制不同的 HACCP 计划?
2. 针对不同的加工工艺，怎样进行危害分析?
3. HACCP 计划书是怎么编制出来? 怎样建立 HACCP 体系呢?
4. HACCP 体系的内部审核是怎么安排和实施呢?

任务1 模拟企业制订 HACCP 计划书

参考实训地点：电教室、企业现场、企业议室　　　参考学时：4～8 学时

一、技能目标

(1)针对特定的加工工艺，进行危害分析。

(2)能够按照 HACCP 体系要求编制 HACCP 计划书。

二、理论准备

(1)学习食品加工工艺。

(2)学习微生物基础理论知识。

(3)学习 HACCP 体系标准知识。

三、实训内容

1. 分组与任务布置(实训前)

根据班级人数，参考分成 6～8 组(每组 4～6 人)，每组任务可参照表 3-20 的预备步骤进行，参考实训题目见表 3-21。

表 3-20 HACCP 计划预备步骤

步骤	具体步骤要求	备注
1	组成 HACCP 小组(设置各成员的职位及职务，体现 HACCP 小组的合理性)	
2	选定某类食品，如罐头、水产、速冻、酒类等，描述该产品的特性	
3	查询资料，明确该产品的预期用途	
4	查询资料，绘制生产工艺流程图，附流程说明	
5	有校企合作单位的、校办企业的，可以现场验证生产工艺；有仿真实训软件的、企业现场录像资源的，可以线上验证流程图。	可选

表 3-21 参考实训分组

分组	参考题目	备注
1	某企业冷冻蝴蝶虾加工的危害分析与 HACCP 计划	水产
2	某企业豆豉鲮鱼罐头加工的危害分析与 HACCP 计划	水产
3	某企业冰鲜烟熏三文鱼加工的危害分析与 HACCP 计划	水产
4	某企业冷冻生鱼糜加工的危害分析与 HACCP 计划	水产
5	某企业五香牛肉干加工的危害分析与 HACCP 计划	肉制品
6	某企业发酵酱油的危害分析与 HACCP 计划	调味品
7	某企业带肉山楂果汁的危害分析与 HACCP 计划	果蔬
8	某企业法式软面包的危害分析与 HACCP 计划	烘焙
9	某企业干红葡萄酒的危害分析与 HACCP 计划	酒类
10	某企业压榨花生油的危害分析与 HACCP 计划	油脂

注：教师也可设置其他题目，或者学生自行选择题目进行。

2. 绘制工艺流程图并说明

各组根据预备步骤和分组的要求，查询资料画出生产工艺流程图，流程说明越详细越好。

3. 课堂讨论——危害分析

每组发危害分析工作单(表 3-22)，根据生产工艺流程逐步进行危害分析。

表 3-22 危害分析工作单

(1)加工步骤	(2)确定在这步中引入的、控制的或增加的潜在危害	(3)潜在的食品安全危害是显著的吗	(4)对第(3)列的判断提出依据	(5)应用什么预防措施来防止显著危害	(6)这步是关键控制点吗
	生物危害：				
	化学危害：				
	物理危害：				
	生物危害：				
	化学危害：				
	物理危害：				
	生物危害：				
	化学危害：				
	物理危害：				
	生物危害：				
	化学危害：				
	物理危害：				

续表

(1)加工步骤	(2)确定在这步中引入的、控制的或增加的潜在危害	(3)潜在的食品安全危害是显著的吗	(4)对第(3)列的判断提出依据	(5)应用什么预防措施来防止显著危害	(6)这步是关键控制点吗
	生物危害：				
	化学危害：				
	物理危害：				
	生物危害：				
	化学危害：				
	物理危害：				
	生物危害：				
	化学危害：				
	物理危害：				
	生物危害：				
	化学危害：				
	物理危害：				
	生物危害：				
	化学危害：				
	物理危害：				
	生物危害：				
	化学危害：				
	物理危害：				
	生物危害：				
	化学危害：				
	物理危害：				
	生物危害：				
	化学危害：				
	物理危害：				
	生物危害：				
	化学危害：				
	物理危害：				

讨论过程：小组所有同学都参与，一人负责记录。老师在小组讨论遇到问题时给予指导和帮助。时间控制在2课时。

4. 危害分析完善

根据课堂上的讨论、各组完善各自的危害分析表。

根据参考文本《HACCP 计划书》，编制各小组的 HACCP 计划书，形成电子文稿。

5. 课堂答辩

每个小组成员全部上台，派 1 名代表讲解该组的 HACCP 计划书，其他成员准备回答其他小组对 HACCP 计划书的有疑问的地方。

其他小组主要针对汇报小组的 HACCP 计划书的合理性，包括预备步骤充分性、危害分析充分性、HACCP 计划的准确性和合理性等。

老师最后总结和指导。时间控制为 2 课时。

6. 修改完善

根据课堂上的汇报讨论、其他组的指正及老师的指导，各组完善各自的 HACCP 计划书，并上交最终定稿文件。

四、参考评价方法(表 3-23)

表 3-23 HACCP 计划书评价记录

<table>
<tr><td>HACCP 小组</td><td colspan="2"></td></tr>
<tr><td>HACCP 计划书名称</td><td colspan="2"></td></tr>
<tr><td>HACCP 计划的合理性和规范性</td><td>组间评价：</td><td>教师评价：</td></tr>
<tr><td>HACCP 小组汇报表现</td><td>组间评价：</td><td>教师评价：</td></tr>
<tr><td>分 数</td><td></td><td></td></tr>
</table>

五、参考课堂使用文本

文件编号		分发号		受控状态	
编 制		批 准		受控编号	
第一版	共 页	使用部门		持有人	

____

HACCP 计划书

编制人员：______________________________

____

____

20＿＿　发布　　　　20＿＿　实施

企业名称：　　　　法人代表：

地址：　　　　电话：0086-0

邮编：　　　　传真：0086-0

E-mail：　　　　本计划书由　　　部编印，共　本

目 录

前言
第一部分：组成 HACCP 工作小组
第二部分：确定 HACCP 体系的目的和范围
第三部分：一般信息和产品描述
第四部分：绘制和验证产品工艺流程图(包括工艺说明)
第五部分：危害分析(HA)
第六部分：确定关键控制点(CCP 判断树)
第七部分：建立关键限值(CL)
第八部分：建立监控程序
第九部分：建立纠偏措施
第十部分：建立验证程序
第十一部分：建立 HACCP 文件和记录管理系统
第十二部分：回顾 HACCP 计划
参考文献：
关于实施________________ HACCP 计划的发布令

前 言

____

____

____

____

____

____

____

____

____

____

____

____

(本部分，需要说明制订本 HACCP 计划的初衷、目的、意义，并且明确信心和责任，达到预期的效果)

第一部分：建立 HACCP 小组

关于成立 HACCP 小组的通知

____

____

____

____

____

____

详细 HACCP 小组成员名单见附件，请遵照执行。

特此通知

______________有限公司

20　　年　　月　　日

附件：

样表 1　HACCP 成员名单及分工情况

编号	姓名	公司职务	擅长专业	HACCP 小组职务	备注
1				组长	
2					
3					
4					
5					
6					
7					
8					
9					

第二部分：确定 HACCP 体系的目的和范围

（本部分，需要说明本 HACCP 计划的目的和使用范围）

第三部分：一般信息和产品描述

A. 一般资料

企业名称：________________

企业地址：________________

注册代号：××××/××××

HACCP 计划首次批准时间：____年____月____日

B. 产品描述(请将产品描述样表 2 进行填写)

样表 2 ________产品描述

加工类别：____________ 产品类型：____________

1. 产品名称	
2. 主要原料	
3. 主要配料	
4. 重要产品特性(感官、组织状态、理化指标、主要安全指标等)	
5. 计划用途及消费对象(主要消费对象、分销方法)	
6. 食用方法	
7. 储存条件	
8. 保质期	
9. 标签说明	
10. 运输和销售要求	
11. 其他说明	

第四部分：绘制和验证产品工艺流程图

工艺叙述和流程图

A. 工艺叙述：

公司名称：________________

公司地址：________________

产品：________________

加工过程/步骤：(请将产品加工的工艺按照文字叙述的方式进行逐条说明)

B. ________ 工艺流程图

（工艺流程图画在上方空白处，可以提供给学生工艺流程图，或者根据分组要求，自行查询工艺流程图）

第五部分：危害分析(HA)

样表3　危害分析表

公司名称：　　　　　　　　　　产品描述：

地　　址：　　　　　　　　　　销售储藏方法：

签　　名：　　　　　　　　　　包装方式：

日　　期：　　　　　　　　　　预期用途：

消 费 者：

加工工序	可能存在的潜在危害	潜在危害是否显著	危害显著理由	控制危害措施	该步骤是关键控制点吗（是/否）
1	生物的				
	化学的				
	物理的				
2	生物的				
	化学的				
	物理的				
3	生物的				
	化学的				
	物理的				
4	生物的				
	化学的				
	物理的				
5	生物的				
	化学的				
	物理的				
6	生物的				
	化学的				
	物理的				
7	生物的				
	化学的				
	物理的				
8	生物的				
	化学的				
	物理的				

续表

加工工序	可能存在的潜在危害	潜在危害是否显著	危害显著理由	控制危害措施	该步骤是关键控制点吗(是/否)
9	生物的				
	化学的				
	物理的				
10	生物的				
	化学的				
	物理的				
11	生物的				
	化学的				
	物理的				
12	生物的				
	化学的				
	物理的				
13	生物的				
	化学的				
	物理的				
14	生物的				
	化学的				
	物理的				

(如果工序不够，请自行添加)

第六部分：确定关键控制点

根据CCP判断树进行判断危害，小组讨论。

危害分析结果如下：

经危害分析表明，__________的关键控制点(CCP)为________部分：

CCP1：____

____

CCP2：____

____

CCP3：____

____

备注(对 CCP 的特殊说明)

第七部分：建立关键限值(CL)

经查阅资料，HACCP 小组讨论，最终确定本产品的 CCP 关键限值。

样表 4　关键限值制定

危害	CCP	关键限值(CL)	依据

(关键限值的确定要以科学为根据，来源科学刊物、法规文件、标准文件、实验研究、专家建议等)

第八部分：建立监控程序

样表5　监控程序建立

CCP	监控程序				
	监控对象	监控方法	监控设备	监控频率	监控人员

注：请根据CCP，建立监控记录表。

第九部分：建立纠偏措施

（当出现偏差时，需要制定相应的纠偏措施，请在空白处制定相应的纠偏记录表）

第十部分：建立验证程序

（本部分主要是检查验证CCP是否合理？检查HACCP体系是否成功？请在空白处制定验证记录表）

第十一部分：建立HACCP文件和记录管理系统

填写HACCP计划表(样表6)，形成HACCP电子版文件，打印装订成册，分发执行。

第十二部分：回顾HACCP计划

检查人员全面检查本小组制订的HACCP计划，并对疑问进行讨论。

两个班级对应小组互换HACCP计划，并且进行评分。

可将制作的HACCP计划，作为后续HACCP审核的对象。

样表 6 HACCP 计划表

(1) CCP	(2) 显著危害	(3) 预防措施的关键极限值	监控				(8) 纠偏措施	(9) 记录	(10) 验证
			(4) 什么	(5) 如何	(6) 频率	(7) 人员			

参考文献

（列出在制订 HACCP 计划过程中参考的标准、书籍、论文等文献）

关于实施________HACCP 计划的发布令

为了____

____

____、

____

____

____

____

____。

本颁布令从20　　年　　月　　日起开始实施。本公司各有关部门、各生产岗位具体操作员工均需毫无例外地执行此发布令。

总经理(兼 HACCP 小组组长)：

20　　年　　月　　日

六、HACCP 计划例文

糖水杨梅罐头 HACCP 计划

（第 B 版）

编　　码：DD/ HACCP 杨梅—2009

受控状态：

发放序号：

编　　制：HACCP 小组

审　　核：

××××食品有限公司

2009 年 09 月 09 日发布　　　　2009 年 09 月 09 日实施

目　录

序　号	内　容	页　码
DD/ HACCP 杨梅—2009/1.0	颁布令	2
DD/ HACCP 杨梅—2009/2.0	企业简介	3
DD/ HACCP 杨梅—2009/3.0	公司组织机构图	4
DD/ HACCP 杨梅—2009/4.0	食品安全小组成员及其职责	5
DD/ HACCP 杨梅—2009/5.0	原料、辅料和产品接触的材料	7
DD/ HACCP 杨梅—2009/6.0	最终产品的特性	12
DD/ HACCP 杨梅—2009/7.0	最终产品可接受水平的确定	13
DD/ HACCP 杨梅—2009/8.0	生产工艺流程图	14
DD/ HACCP 杨梅—2009/9.0	生产工艺流程图验证报告	16
DD/ HACCP 杨梅—2009/10.0	生产工艺的描述	17
DD/ HACCP 杨梅—2009/11.0	危害分析工作单	22
DD/ HACCP 杨梅—2009/12.0	CCP 点的确定	27
DD/ HACCP 杨梅—2009/13.0	HACCP 计划表	28
DD/ HACCP 杨梅—2009/14.0	关键控制点的监控	29
DD/ HACCP 杨梅—2009/15.0	关键控制点的纠正	30
DD/ HACCP 杨梅—2009/17.0	HACCP 计划的确认	32
DD/ HACCP 杨梅—2009/18.0	HACCP 计划的验证	34
DD/ HACCP 杨梅—2009/19.0	修改控制页	36

1. 颁布令

为提高果蔬罐头系列产品生产的安全管理，持续稳定的生产出高质量、安全卫生的食品，增进顾客满意度，公司依据食品法典《CAC 食品卫生通则》《危害分析与关键控制点(HACCP)体系及其应用准则》、ISO 22000：2005《食品安全管理体系——食品链中各类组织的要求》《美国联邦 21CFR 中 113 热力杀菌密封容器包装的低酸性食品法规和 21CFR Part114 法规)》《IFS 国际食品标准》《最新欧盟法规 852/2004EC、882/2004EC、178/2002EC、1829/2003EC、1830/2003EC、89/EC/2003》、(EC) NO. 629/2008、1881/2006EC 欧盟重金属法规和我国《出口罐头生产企业卫生注册规范》为基础，结合公司果蔬罐头系列产品安全管理的实际，制定××××食品有限公司果蔬罐头系列产品 HACCP 计划，它是公司果蔬罐头系列产品生产的质量管理和改进的保证，是公司果蔬罐头系列产品食品安全的保证，是进行食品安全质量审核、评审的依据。

经审定，本计划符合公司果蔬罐头系列产品安全管理体系管理的实际情况，可作为公司食品安全管理体系必须遵守的纲领性文件，现予以公布，自发布之日起实施，公司全体人员必须严格执行，A 版同时废止。

经研究决定成立食品安全小组，任命____________同志为食品安全小组组长。

总经理：

年　　月　　日

2. 企业简介

××××公司创建于 1995 年 5 月，是以食品加工为主，集原料基地开发，产品加工，对外贸易于一体的有限责任公司，享有自营出口权，产品年加工能力达万吨以上，被国家列为农业龙头企业。公司现有占地面积 21000 平方米，建筑面积 18000 平方米，拥有中、高级管理人才 36 人，公司还通过了 ISO 9000：2008 质量管理体系认证及 HACCP 认证。

公司以市场为导向，积极开发适销产品。公司开发的产品有橘子、枇杷、黄桃、杨梅、葡萄、芦笋、水煮笋、法国青刀豆等果蔬罐头系列，并开发了相配套的原料种植基地，把农业生产基地视为公司的“第一车间”，加强对农户的技术指导，引导农户生产，带动农业走产业化道路，实现农业增效、农民增收。

公司本着为顾客创造价值，为农民创造收入，为员工创造机会，为社会创造效益的宗旨，愿与您携手共进，共创辉煌！

厂址：　　　　邮编：

TEL：　　　　FAX：

3. 组织结构图

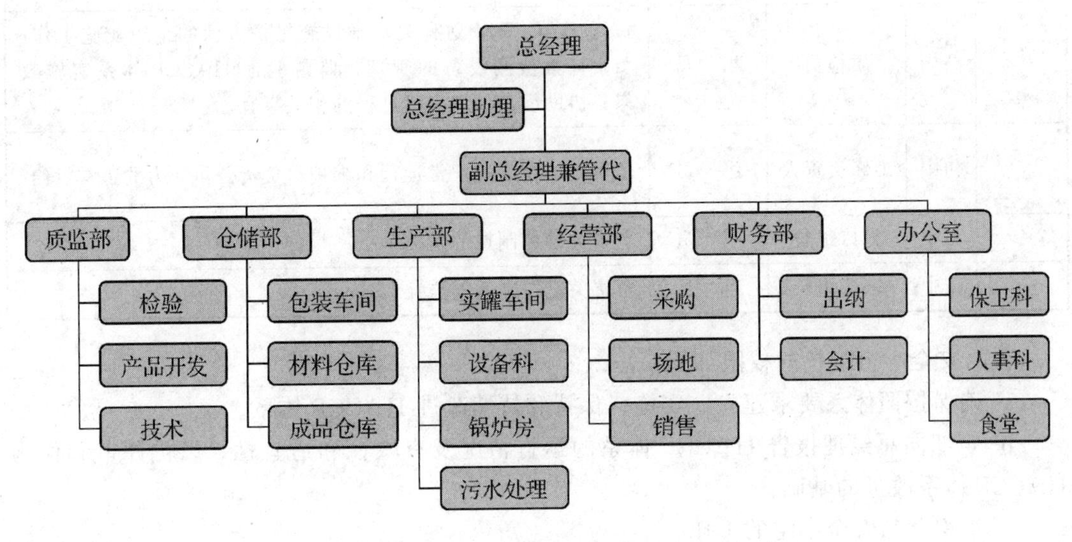

4. 食品安全小组成员及职责

为保障公司 HACCP 体系的建立、保持和发展，公司成立食品安全小组。

姓　名	文化程度	职　务	小组职务	职　责
	大专	总经理	组　长	负责公司 HACCP 体系工作的整体策划、实施、验证、改进工作；提供必要的资源配置；与食品安全管理体系有关事宜的外部联络、沟通；负责组织 HACCP 文件的制订及实施工作；组织 FMS 实施的验证。为保证食品安全管理工作，有权停止生产或出货
	本科	质监部经理	副组长	
	大专	经营部经理	组　员	负责产品储存、包装、运输按规定要求操作；组织产品召回计划的实施；处理顾客投诉及意见的反馈；与客户的联络
	高中	质检员	组　员	负责生产过程中的检测和试验，并将结果及时反馈相关部门；实施质量一票否决权，应有权提出停止生产或出货要求并报上级批准；收集审查各种记录；负责检测设备的定期校准
	初中	质检员	组　员	
	高中	车间主任	组　员	监督员工严格按生产工艺规程操作并做好记录；指导生产过程中所用添加物、消毒剂的使用；监督员工严格按照卫生标准操作程序和良好操作规范并对记录进行审核；负责各关键控制点的巡回检查和记录的审核工作
	高中	采购员	组　员	负责原料果采购及收购区域农药施用调查；负责原料的初验，确保原料安全充足供应；与果农的联络、沟通；负责辅料、包装物、机物料的采购；收集供货商相关资料证明；与供应商的联络

续表

姓　名	文化程度	职　务	小组职务	职　责
	高中	质检员	组　员	负责 HACCP 计划有关基础设施维护方面的组织实施工作；负责计量检测设备的管理；监督验证 HACCP 体系实施效果；协助组长处理实施过程的相关事宜
	初中	维修负责人	组　员	负责生产设备的正常运行和维护；负责公司动力的正常供给
	高中	封口组长	组　员	负责关键控制点的监控
	高中	杀菌组长	组　员	负责关键控制点的监控

食品安全小组组长的权限如下。

a. 确保按照体系要求建立、实施、保持和持续改进 HACCP 体系。

b. 定期向总经理报告 HACCP 体系的运行情况及有效性和适宜性，以供评审和作为 HACCP 体系改进的基础。

c. 组织食品安全小组的工作。

d. 确保公司全体员工食品安全卫生意识的形成。

e. 负责与 HACCP 有关事务的外部联络。

食品安全小组的职责如下：

a. 负责建立、实施、保持和评审食品安全管理体系，对于组织在食品安全管理体系的范围和应用领域内的产品、过程和危害，食品安全小组成员应具备与之有关的知识和经验。

b. 负责根据工艺流程图进行危害识别及分析，确定关键控制点，并通过查找科学依据，或通过试验确定关键限值，制订 HACCP 计划。

c. 负责对 HACCP 计划中的预备信息根据实际变化，及时进行修订，并对操作性前提方案和 HACCP 计划进行更新。

d. 负责定期对危害分析的内容、操作性前提方案、制订的 HACCP 计划、基础设施和维护方案，以及危害是否已降低到可接受水平等相关内容进行验证。

e. 负责内、外部食品安全方面的信息沟通。监督食品安全管理体系实施，并为体系的更新提供科学有效的证据。

5. 原料、辅料和产品接触的材料

(1)原辅料的特性

①原料特性

名称	杨梅
重要的特征（化学、生物、物理）	杨梅是中国特产，罐藏上对品种的要求以果形大而圆整，核小，色泽从紫黑色到紫红色，肉柱间结合紧密，团刺，含糖量高而含酸量低，无松脂味者为好。适合罐藏的品种主要有浙江余姚的荸荠种、晚稻杨梅、温州的丁岙梅、黄岩的水梅、东魁、临海的大梅、福建的迟长蒂及江苏的大叶细蒂等 一般可溶性固形物含量10%～14%，含酸量0.8%～1.2%，可食率95%以上
组成	杨梅
厂家	杨梅种植场或农户直销
生产方式	普通种植，人工采摘
交付方式	使用竹篮、塑料筐等小容器盛装交付
储存方式	不耐储藏，当日加工
使用前的处理	加工前不需要其他特别处理
接受准则	按照本公司《杨梅原料采购标准》验收

(2)辅料特性

名称	柠檬酸	食盐
重要特性(物理、生物、化学)	柠檬酸≥99.5%；硫酸盐≤0.03%；草酸盐≤0.05%；PE≤0.0005%；Fe≤0.001%；As≤0.0001%	白色、味咸、无异味、无肉眼可见的外来异物；重金属、有毒化学物质按GE 2721执行
配制辅料的组成	按GE 1987规定	食品添加剂和营养强化剂的品种和使用量按GE 2760、GE 14880执行
产地		
生产方法	按GE 1987规定和国家许可的加工工艺制作	按GE 14881规定和国家许可的加工工艺制作
包装和交付方式	使用无毒无害的包装物盛装，并有国家规定内容的标签；从有资质的生产企业购入	使用PE塑料袋包装，并有国家规定内容的标签；从有资质的供应商处购买
使用前的预处理	不需要特殊处理	不需要特殊处理
储存条件和保质期	储存于干燥、卫生、通风良好的场所，不得与有毒有害、有异味、易挥发、易腐蚀的物品同处储放。保质期：1年	储存于干燥、卫生、通风良好的场所，不得与有毒有害、有异味、易挥发、易腐蚀的物品同处储放。保质期：3年
接受准则	GE 1987辅料(柠檬酸)质量验收标准	GE 2721、GE 5461、辅料(食盐)质量验收标准

续表

名称	白砂糖	维生素 C
重要特性(物理、生物、化学)	1. 晶粒均匀，其水溶液味甜，无异味，干燥松散，洁白有光泽，无明显黑点； 2. 致病菌(沙门氏菌、志贺氏菌、金葡、溶血性链球菌)不得检出；螨不得检出； 3. 农残按 GB 2763 执行； 4. 二氧化硫(以 SO_2 计) ≤10； 5. 砷(以 As 计) ≤0.5； 6. 铅(以 Pb 计) ≤0.5	1. 感官：本品为白色结晶或结晶性粉末 2. 理化指标（%） 维生素 C($C_6H_8O_6 \cdot H_2O$)≥99.90 重金属(Pb)≤0.001 铁(Fe)≤0.000 2 钙(Ca) ≤0.000 5 炽灼残渣≤0.01
依据标准	食品添加剂按 GB 2760 执行	中国药典 2005 年版第二部
产地		
生产方法	由甘蔗压榨、提取，专用糖袋装，并按 GB 14881 规定和国家许可的加工工艺制作	淀粉、糖质原料发酵制成
包装和交付方式	使用 PE 塑料袋包装，并有国家规定内容的标签；从有资质的供应商处购买	使用 PE 塑料袋包装，并有国家规定内容的标签；从有资质的供应商处购买
使用前的预处理	不需要特殊处理	不需要特殊处理
储存条件和保质期	储存于干燥、卫生、通风良好的场所，不得与有毒有害、有异味、易挥发、易腐蚀的物品同处储放。保质期：18 个月	储存于干燥、卫生、通风良好的场所，不得与有毒有害、有异味、易挥发、易腐蚀的物品同处储放。保质期：18 个月
接受准则	辅料(白砂糖)质量验收标准	辅料(VC)质量验收标准

(3)包材特性

包装材料	马口铁金属罐、盖	纸箱
重要的特征(化学、生物、物理)	外观正常，密封性能良好；“三率”符合要求，内涂层均匀，罐盖配合度好；内壁无毒无害并符合相应国家标准	色泽正常，强度适中；无异味、异物。理化及卫生要求应符合相应的国家标准
组成	环氧酚醛型涂覆的镀锡(或镀铬)薄钢板	/
厂家		
生产方式	按 GB 14881 规定和国家许可的加工工艺制作	有资质的企业生产
交付方式	直接从制罐企业或特许经销商处购买	直接从生产企业购进
储存方式/保质期	干燥、通风良好的场所/1 年	干燥、通风良好的场所/
使用前的处理	使用前须经 82℃热水清洗消毒	不需要特殊处理
接受准则	马口铁金属罐质量验收标准	纸箱验收标准

(4)生产设备、工器具

项目	生产设备(去皮刀、封口机、预煮机、配汤锅、卧式、杀菌机、不锈钢、工作台、封口机、烫罐机)	器具(塑料筐)
重要的特征(化学、生物、物理)	外观要求： 表面清洁、光亮、无粗糙焊接凹陷、破裂。无死角，便于清洗。 材料要求： 均采用无毒、无污染不锈钢、铝合金及材质材料制成 卫生指标：符合 GB 16798—1997《食品机械安全卫生》标准	光洁、清洁卫生、无毒、易清洗消毒、耐腐蚀、坚固
组成	不锈钢	塑料
厂家		
生产方式	按 SB/T 231—2007《食品机械通用技术条件基本技术要求》的规定进行生产	食品包装用聚丙烯/聚乙烯成型品按 GB 9688—1988/ GB 9687—1988 执行
交付方式	厂方要求送货，运输和搬运时平稳，避免磕撞和撞击	厂方送货
储存方式	干燥、通风良好的场所	干燥、通风良好的场所
使用前的处理	设备在停产期间应经过清洁和干燥处理，保持卫生，切断电源和水源	清洗消毒
接受准则	GB 16798—1997《食品机械安全卫生》	食品包装用聚丙烯/聚乙烯成型品按 GB 9688—1988/ GB 9687—1988 执行

6. 最终产品特性

(1)最终产品特性

①杨梅罐头

产品名称	杨梅罐头
配料表	杨梅、白砂糖、柠檬酸、维生素 C、食盐
重要产品特性	经密封和一定时间的高温常压杀菌，容易储藏、不易变质，滋味、气味独特，营养丰富。 糖度：14%～18%； 酸度(以 pH 计)：2.8～3.2； 水分活度：>0.85； 重金属含量：应符合 GB 11671 及欧盟的要求

续表

执行产品、卫生质量标准	ZBX 74007 卫生标准：QB/T 3610 糖水杨梅罐头
产品规格	783#、8113#、7113#、9121#
如何使用	开罐即食
包装	内包装：马口铁罐；外包装：纸箱
货架寿命	常温下保质期 3 年
销售方式	批发、零售及深加工
标签说明	产品名称、配料表、净含量、固形物含量、厂名、厂址、生产日期、保质期、产品标准代号、质量等级和商标、生产许可证号(此生产线不生产过敏原产品)
产品感观	色泽正常、块形完整、大小一致、咸度适口、无异味
预期消费者	一般公众，可能被高风险人群消费(如虚弱、免疫缺陷、年老、幼儿、糖尿病人)

7. 最终产品可接受水平

(1)最终产品可接受水平

①感官指标：同上。

②理化指标：同上。

③微生物指标：见《产品质量内部标准》。

④最终产品可接受水平的确定：随着人们生活水平的提高，对罐头产品的质量要求越来越严格，依据国家质量监督检验总局的有关要求及欧盟相关指令，对罐头产品作出感官指标、理化指标和微生物指标、毒性指标的要求，这些指标只要按照公司自检自控体系进行采购、生产，完全能达到要求。

8. 生产工艺流程图

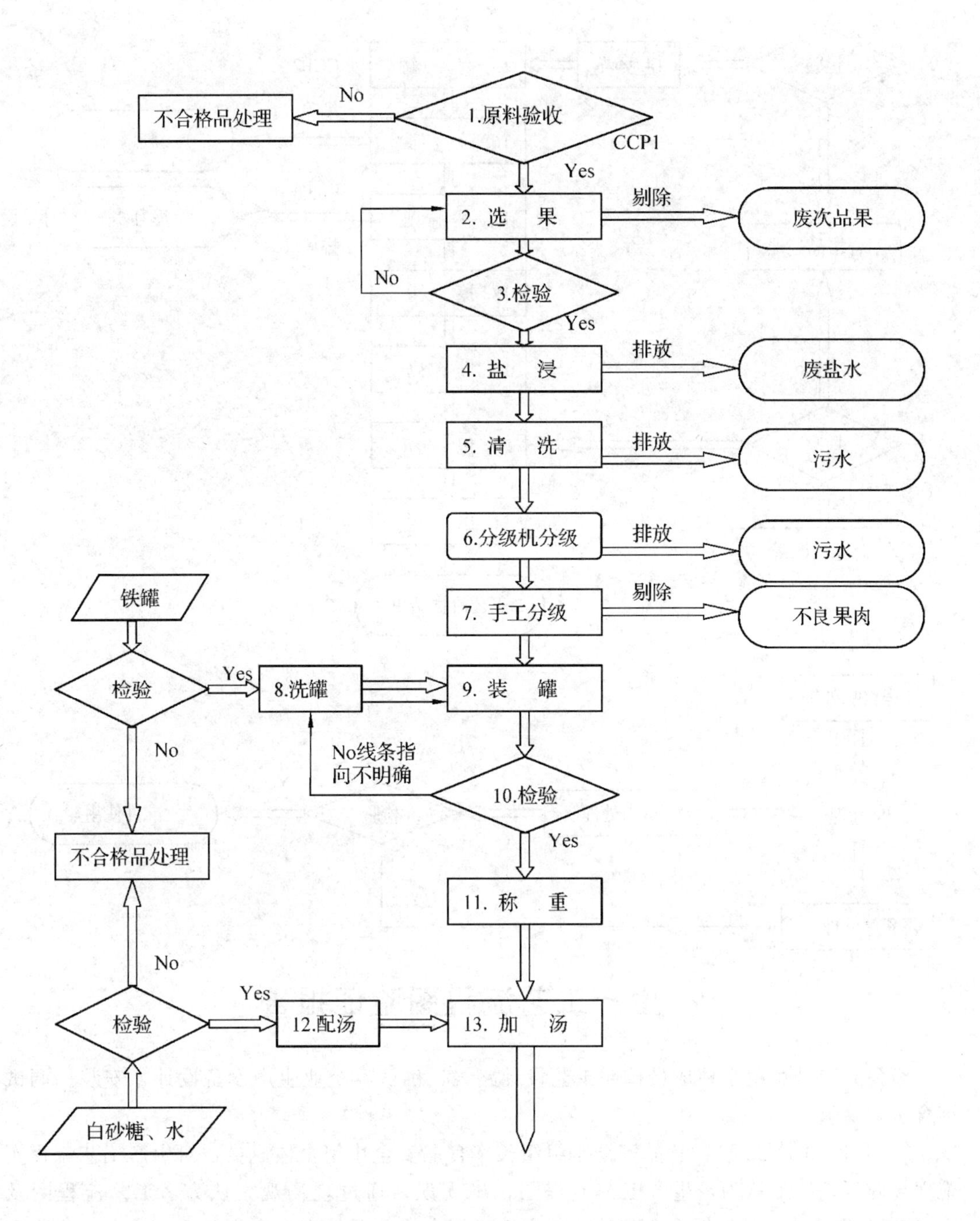

1.原料验收
CCP1
No
不合格品处理
Yes
2. 选　果
剔除
废次品果
No
3.检验
Yes
4. 盐　浸
排放
废盐水
5. 清　洗
排放
污水
6.分级机分级
排放
污水
7. 手工分级
剔除
不良果肉
铁罐
检验
Yes
8.洗罐
9. 装　罐
No
No线条指
向不明确
10.检验
Yes
不合格品处理
11. 称　重
No
检验
Yes
12.配汤
13. 加　汤
白砂糖、水

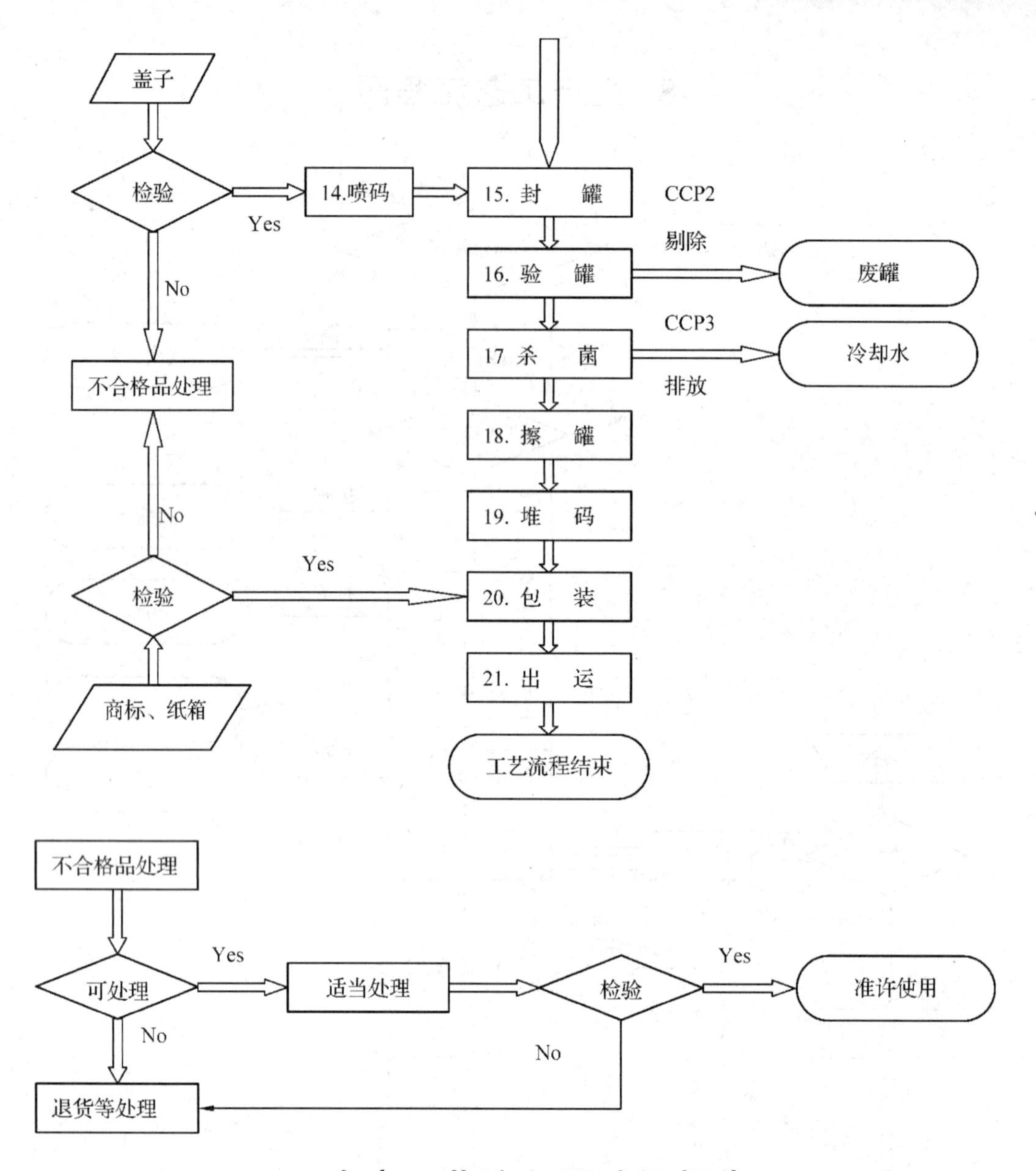

9. 生产工艺流程图验证报告

经食品安全小组全体成员按照工艺设计路线，确认本企业生产设备设计、安装、调试符合工艺要求。

2009年10月23日，食品安全小组组长率食品安全小组全体成员，对生产工艺流程实施现场确认，一致认为，生产工艺流程图正确无误，通过现场观察认为，工艺流程图及CCP点的设置具备科学性、合理性、适宜性，符合我公司的实际生产要求。按本工艺流程图生产的产品质量满足顾客的要求，产品安全卫生，适合人类食用，不会对人体造成伤害。

签字：　　食品安全小组组长：________________

　　　　　食品安全小组成员：________________

10. 生产工艺的描述

1. 范围

本标准规定了糖水杨梅罐头生产的工艺流程及操作规程。

本标准适用于以新鲜杨梅为原料，经整理、装罐、加糖水、添加色素、密封、杀菌制成的糖水杨梅罐头。

2. 引用标准

下列标准所包含的条文，通过在本标准中引用而构成本标准的条文。本标准出版时，所示版本均有效。所有标准都会被修订，使用本标准的各方应探讨、使用下列标准最新版本的可能性。

QB/T 3610《糖水杨梅罐头》。

3. 加工工艺

(1)原料验收

按公司制订的DD/QC梅01—2005《杨梅原料采购及检验标准》，由经营部采购原料，由质监部对采购的原料进行检验判定：①若品种不符合要求，一律拒收；②其他感官指标抽验合格率达到95%以上的，可以不经挑选直接使用；若合格率在80%～95%的，经挑选后合格部分使用，不合格部分返回客户，合格率低于80%的一律拒收。

(2)选果

经检验合格的杨梅原料，根据质监部《工艺调整通知单》的要求，剔除品种霉烂果、不成熟果、机械伤果、夹杂物和畸形果，摘去蒂柄。

(3)检验

检验员对选果去蒂后的杨梅进行下列项目的检验，合格的进入下道工序，不合格的返工，直至检验合格。

①是否存在不良果(霉烂果、不成熟果、机械伤果)。

②杨梅本身的杂质及夹杂物，例如果柄等是否干净。

③每件数重量是否合格。

(4)盐浸

5%的食盐水浸泡12 min驱虫，并提高果实硬度。盐水使用3次以后更换。

(5)清洗

再用流动水清洗，除去泥沙、盐分、虫子等杂物。

(6)分级机分级

清洗后的杨梅首先在分级机上进行分级。棍筒间隙：小端为 15 mm，大端为 30 mm，视成品要求，一般分为 6 个规格，每个规格由专人负责运送到下一工序。

(7)手工分级

应选呈红色或紫红色、果形完整、无软烂的果实装在一罐中，同一罐中果形大小及色泽应大致均匀。不良果实剔除。

(8)洗罐

质监部根据 GB/T 14251《镀锡薄钢板圆形罐头容器技术条件》的标准对空罐(必须使用抗酸涂料罐)进行检验，合格的准许使用，不合格的按照《不合格品控制程序》进行处理。

检验合格的空罐用 82℃以上的热水清洗，在清洗操作过程中，剔除瘪罐、锈罐、卷边损伤等不合格空罐，倒置备用。

(9)装罐

根据质监部《工艺调整通知单》的规定，将分级好的杨梅装入对应的空罐中。

级别　　个数

L1 级　35 个以下

L2 级　36～40 个

M 级　41～46 个

S 级　47～52 个

(10)检验

检验员对装罐后的半成品罐头进行下列项目的抽查检验，合格的进入下道工序，不合格的返工，直至检验合格。

①级别是否正确。

②不良果是否超标。

③杨梅本身的杂质(如果柄等是否干净)。

④大小色泽均匀度是否合格。

(11)称重

①使用的计量器具(天平或电子秤)要求经过计量鉴定，并在使用过程中定时校验。

②装罐量参照样表 1，具体按照质监部的《工艺调整通知单》的规定执行。过秤时，添磅杨梅应与原罐内杨梅大小一致。

样表 1

规格(g)	罐型	杨梅装入量(g)	最大装罐量(g)	糖液浓度(%)
312	783	155～160	168	22～32
425	7113	200～210	220	22～32
567	8113	280～290	304	22～32
850	9121	410～430	451	22～32

(12)配汤

经营部根据公司的采购要求采购白砂糖，经过质监部检验合格的准许使用，不合格的按照《不合格品控制程序》进行处理(样表 2)。

样表 2

净化水(kg)	白糖(kg)
67～78	33～22

自来水净化后煮沸 3～4 min，加白糖溶解后再煮沸 5～10 min，测定糖度要求在糖液沸腾时。具体的工艺参数按照质监部的《工艺调整通知单》的规定执行。

(13)加汤

储汤罐及糖液输送管道要定时清洗，保持卫生。糖液温度始终保持 70℃以上，加入罐头中后罐内的糖水温度在开始杀菌时不得低于 30℃。

(14)喷码

经营部根据公司的采购要求采购盖子，经过质监部检验合格的准许使用，不合格的按照《不合格品控制程序》进行处理。

车间按照质监部的《工艺调整通知单》的规定在罐盖上喷印工厂代号、班次、生产日期、产品代号、级别、卫生注册代号等标识。要按规定执行，防止打错，歪斜不正，模糊不清。

例：2007 年 6 月 22 日 1 班生产的糖水杨梅罐头罐盖代号一般喷印方法如下。

炭梅打印　　　　其他品种打印

L58 01
070622
608

(15)封罐

①采用真空封口，真空封口机头真空一般控制在 0.04～0.047 MPa，不得低于 0.04 MPa。

②检验：检验员就按 SN 0400.4《出口罐头检验规程 罐装》每隔 0.5 h 进行目测检查，每隔 2 h 进行解剖检查，如达不到规程要求的应立即停止生产，经校车调试并抽样检验合格后方可恢复正常生产，同时记录。

(16)验罐

密封后验罐人员逐只检查密封是否良好，剔除滑口、大塌边、假封、牙齿、快口、铁舌等密封不良罐。

(17)杀菌(样表 3)

样表 3

罐型	净重(g)	杀菌温度(℃)	杀菌时间(min)	中心温度(℃)
783	312	82～84	11～13	75～77
7113	425	82～84	11～13	75～77
8113	567	82～84	14～16	75～77
9121	850	82～84	16～18	75～77

冷却水余氯含量保持0.5～1 ppm。

杀菌时间是指：罐头在杀菌槽中从水浸没开始至罐头离开水面时刻为止的一段时间。

(18)擦罐

将杀菌冷却后的罐头表面的积水擦去，罐头字码向下装入临时箱或塑料筐中。如果使用托盘堆码的，罐码朝下堆放。每层的罐数和每堆的层数根据质监部的《工艺调整通知单》的规定执行。操作时应轻拿轻放，避免瘪罐或罐头破损，保护罐头内容。

(19)堆码

仓库地面先要放置木架、垫纸，木架要放稳，罐头离墙壁20 cm，罐头堆与堆之间留通道。罐码向下堆码，操作应轻拿轻放，避免瘪罐或罐头破损，保护罐头内容。

每班堆好以后做好标识，算好数量，填写相应的记录，做好相应的入库手续。

(20)包装

经营部根据公司《瓦楞纸箱采购标准》《标签采购标准》和《其他包装材料采购标准》的要求采购包装材料。质监部根据相关标准进行检验，检验合格的准许使用，不合格的按照《不合格品控制程序》进行处理。

包装车间根据《罐头包装工艺规程》《罐头包装检验规程》和《罐头包装管理细则》要求对产品进行包装。

(21)出运

经营部开《产品发运单》或《外销产品发运单》，质监部监督发货，填写《发货明细单》，并在发货结束以后将罐码单传真给客户，与发货相关的单据递交给财务部，用于货款结算。

11. 危害分析工作单

产品描述：杨梅罐头(铁罐)

工厂名称：×××食品有限公司　销售和储存方法：常　温

工厂地址：×××　预期用途和消费者：开罐即食 一般性群众(敏感人群慎用)

加工步骤	确定潜在危害	危害风险评估				对潜在危害显著性判断依据	对显著危害能否提供什么预防措施	本步骤是否为关键控制点
		危害发生的可能性	危害发生的严重性	危害等级	是否为显著危害			
原料验收	生物的危害致病性微生物、水果霉菌毒素引入	很少	严重性	中等	是	原料种植、采摘、运输过程中可能存在致病性微生物、水果霉菌可能产生毒素	运输车辆卫生控制；后道清洗、杀菌可控制，本工序加强感官检验，控制原料污染	否
	化学的：农残	偶尔	严重	高风险	是	农药品种、用量及使用方法不当可能造成农药残留超标	原料收货前到基地检测农残，不合格延长收货期5～7天重新检测农残直到合格后方可收货	是CCP1

续表

加工步骤	确定潜在危害	危害风险评估				对潜在危害显著性判断依据	对显著危害能否提供什么预防措施	本步骤是否为关键控制点
		危害发生的可能性	危害发生的严重性	危害等级	是否为显著危害			
原料验收	重金属	很少	中度	低风险	否	土壤、灌溉水中的重金属会污染到原料	化验基地土壤和水质，每年对原料按产地进行检验，超标拒收	否
	物理的：金属、玻璃等杂质	经常	中度	低风险	否	原料本身夹带	通过后续的挑选工序可控制	
辅料及助剂的验收	生物的危害致病性微生物、霉菌及毒素引入	很少	中度	低风险	否	致病性微生物、霉菌毒素在辅料加工和运输过程中可能带入	本工序加强感官检验，控制辅料污染；杀菌工序可杀灭致病菌	
	化学的：重金属等	很少	中度	低风险	否	辅料可能重金属超标	控制供方合格供方提供食品级检测报告	
	物理的：外来异物	很少	中度	低风险	否	供方生产过程引入	通过后续的过滤工序可控制	
	过敏源	偶尔	严重性	高风险	是	供应商在生产加工过程中可能引入过敏源物质，可能辅料本身含有过敏源物质	培训供应商过敏源知识，控制人为引入 索要供应商的COA分析报告，标签说明	否
原辅材料储存	生物的危害致病性微生物繁殖、水果霉菌毒素产生	很少	中度	低风险	否	储存条件控制不当有可能导致致病性微生物繁殖、水果霉菌滋生并产生毒素	本工序控制储存条件/后道杀菌可杀灭	
	化学的：无							
	物理的：无							
选果	生物的：微生物污染	很少	中度	低风险	否	操作人员交叉污染	通过SSOP控制	
	化学的：无							
	物理的：杂质	很少	中度	低风险	否	可能存在头发污染或金属碎片污染	SSOP控制	
检验	生物的：微生物污染	很少	中度	低风险	否	检验人员交叉污染	通过SSOP控制	
	化学的：无							
	物理的：无							

续表

加工步骤	确定潜在危害	危害风险评估				对潜在危害显著性判断依据	对显著危害能否提供什么预防措施	本步骤是否为关键控制点
		危害发生的可能性	危害发生的严重性	危害等级	是否为显著危害			
盐浸	生物的：无							
	化学的：重金属等是否超标	很少	中度	低风险	否	通过控制供应商索要检测报告可控制		
	物理的：无							
分级机分级	生物的：微生物污染	很少	中度	低风险	否	设备清洗不净可能污染原料	通过 SSOP 控制	
	化学的：无							
	物理的：杂质	很少	中度	低风险	否	可能存在金属碎片污染	SSOP 控制	
清洗	生物的：微生物污染	很少	中度	低风险	否	操作人员交叉污染	通过 SSOP 控制	
	化学的：无							
	物理的：杂质	很少	中度	低风险	否	可能存在头发污染或金属碎片污染	SSOP 控制	
手工分级	生物的：微生物污染	很少	中度	低风险	否	员工操作不当可能污染原料	通过 SSOP 控制	
	化学的：无							
	物理的：杂质	很少	中度	低风险	否	可能存在毛发污染	SSOP 控制	
自来水处理	生物的：细菌	很少	中度	低风险	否	生产用水含有细菌	通过净化处理	
	化学的：重金属、硫酸盐、硝酸盐等	很少	中度	中等	否	生产用水本身含有但符合饮用水标准为进一步控制	通过化验控制处理	
	物理的：无							
配汤加汤	生物的：微生物繁殖	很少	中度	低风险	否	温度湿度控制不当可能增长	通过控制汤液的温度	
	化学的：无							
	物理的：杂质	很少	中度	低风险	否	原料中可能含有杂质	通过过滤和沉淀控制 要求每天清理配汤罐，每班清理滤网	
糖水过滤	生物的：微生物繁殖	很少	中度	低风险	否	卫生控制不当可能增长	每班清理滤网	
	化学的：无							
	物理的：无							

续表

加工步骤	确定潜在危害	危害风险评估				对潜在危害显著性判断依据	对显著危害能否提供什么预防措施	本步骤是否为关键控制点
		危害发生的可能性	危害发生的严重性	危害等级	是否为显著危害			
容器验收储存	生物危害：微生物污染。	很少	严重性	中等	是	罐底密封不良，罐盖注胶不合格导致罐头泄漏，致使微生物污染	要求供应商采取措施，确保包装完好，防止交叉污染，并提供检验报告	否
	化学危害：机油污染。	很少	严重性	中等	是	罐头容器加工过程机油污染	容器验收控制	否
	物理的：无	很少	中度	低风险	否	供方提供时发生异物混入	容器验收控制	
罐盖消毒	生物的：微生物		中度	低风险	否	可能存在交叉污染	通过82℃热水消毒控制	
	化学的：无							
	物理的：无							
称量装罐	生物的：致病菌	偶尔	严重性	高风险	是	固形物装量过多，导致热杀菌不足，致病菌残存	严格控制装罐量，安排专人对固形物装量每15分钟抽检一次	否
	化学的：无							
	物理的：无							
封口	生物的：致病菌	偶尔	灾难性	极高风险	是	1. 杀菌至封口时间过长，导致致病菌繁殖；2. 密封不良导致泄漏被致病污染	1. 控制加工流程时间；2. 二重卷边不合格不能封口；3. 按规定要求对二重卷边构进行校车、目测、解剖	是CCP2
	化学的：润滑油	很少	中度	低风险	否	机油滴落会污染产品	使用食品级润滑	
	物理的：无							
验罐	生物的：微生物污染生长	很少	中度	低风险	否	密封不良罐在以后的工序中及储运过程中都有病原体侵入可能	将密封不良罐剔除	
	化学的：无							
	物理的：无							

续表

加工步骤	确定潜在危害	危害风险评估				对潜在危害显著性判断依据	对显著危害能否提供什么预防措施	本步骤是否为关键控制点
		危害发生的可能性	危害发生的严重性	危害等级	是否为显著危害			
杀菌	生物的：致病菌	偶尔	灾难性	极高风险	是	1. 不适当的杀菌可能导致杀菌不足，使致病菌残留；2. 在杀菌锅内产品排列方式不正确，可导致杀菌不足，致病菌残留或生长；3. 封口与杀菌之间时间过长可导致细菌繁殖，一些细菌即使在杀菌后也能残存；4. 缺乏指定杀菌规程的时间、温度及其他关键因子的依据，可能导致杀菌不足，使致病菌残留	1. 严格按杀菌工序操作 2. 控制封口至杀菌的时间 3. 制定合理的安全的杀菌操作规程并严格实施操作	是 CCP3
	化学的：无							
	物理的：无							
冷却	生物的：致病菌	很少	严重性	中等	是	冷却水不达标导致致病菌污染	用达标水作冷却水(余氯含量≥0.5 ppm)	是 CCP3
	化学的：无							
	物理的：无							
擦罐	生物的：无							
	化学的：无							
	物理的：无							
堆码	生物的：无							
	化学的：无							
	物理的：无							
外包材验收储存	生物的：细菌	很少	中度	低风险	否	生产过程中、运输过程中可能有包装破裂造成污染	要求供应商采取措施，确保包装完好，防止交叉污染，并提供检验报告	

续表

加工步骤	确定潜在危害	危害风险评估				对潜在危害显著性判断依据	对显著危害能否提供什么预防措施	本步骤是否为关键控制点
		危害发生的可能性	危害发生的严重性	危害等级	是否为显著危害			
外包材验收储存	化学的：重金属、溶出物	很少	严重性	中等	是	供应商生产过程可能使用有毒害材料造成重金属超标，可能会存在溶剂未挥发完全	包材来自合格的供方，供方要求通过出入境检验检疫局备案；验证供方检测报告超标拒收	否
	物理的：无							
打检	生物的：无							
	化学的：无							
	物理的：无							
外观检验	生物的：无							
	化学的：无							
	物理的：无							
贴标包装	生物的：无							
	化学的：贴标胶等污染罐壁	很少	中度	低风险	否	严格控制化学品使用，规范操作		
	物理的：无							
储藏运输	生物的：微生物繁殖	很少	中度	低风险	否			
	化学的：无							
	物理的：无							

12. CCP点的确定单

产品描述：杨梅罐头(铁罐)

工厂名称：×××食品有限公司　销售和储存方法：常　温

工厂地址：×××　预期用途和消费者：开罐即食 一般性群众(敏感人群慎用))

工序名称	危害的分类和确定是否被基础计划完全控制 如果是：指明为基础计划控制并进行下一危害分析 如果否：转入Q1	Q1在任何加工步骤中，对已确定的危害是否能进行控制 如果否：则不是CCP，说明加工前后如何控制，继续下一个危害分析。 如果是：进行描述，转入Q2	Q2对已确定的危害是否超出可接受水平 如果否：不是CCP，继续下一个危害分析。 如果是：是CCP,转入最后一栏	Q3此步骤是否特别设定，保证危害降到接受水平 如果否：转入Q4 如果是：是CCP，转入最后一栏	Q4随后步骤能否确保危害减少到接受水平， 如果否：不是CCP随后步骤指明，继续下一个危害分析 如果是：是CCP,转入最后一栏	对CCP编号继续进行下一危害分析
原料验收	原料生长中可能使用禁用的化学药品或未按规定停药、导致农残超标	是，每批检测农残，不合格者拒收	是	是	否	CCP1
	生物危害：基础计划控制					
	物理危害：基础计划控制					
封口	生物危害：密封缺陷导致封口不严造成致病菌污染	是 严格控制封口质量	是	是	否	CCP2
	化学危害：基础计划控制					
	物理危害：基础计划控制					
杀菌	生物危害：杀菌不足导致致病菌残存	是，严格按杀菌操作规程操作	是	是	否	CCP3
	化学危害：基础计划控制					
	物理危害：基础计划控制					
冷却	生物危害：冷却水不卫生导致致病菌污染	是，严格按冷却操作规程操作	是	是	否	CCP3
	化学危害：基础计划控制					
	物理危害：基础计划控制					

13. HACCP 计划表

工厂名称：×××食品有限公司　销售和储存方法：　常　温

工厂地址：×××　　预期用途和消费者：开罐即食 一般性群众(敏感人群慎用)

关键控制点(CCP)	显著危害	对于每个预防措施的关键限值	监控				纠偏行动	记录	验证
			监控什么	怎么监控	监控频率	谁监控			
原料验收(CCP1)	农药残留	农残含量符合中国和进口国的相关要求	1. 是否合格供方 2. 是否有用户担保书 3. 农残合格的检验报告	查验检验报告的指标是否符合要求	每批	检验员	1. 不合格退货 2. 取消合格供方资格该供方原料不采购	1. 原料验收监控记录 2. 合格供方名册 3. 用户担保书	1. 原料农药残留量抽检(送检疫局) 2. 质监部每天审核记录
封口(CCP2)	封口不符合要求导致细菌侵入繁殖	1. 迭接率≥50% 2. 紧密度≥60% 3. 接缝盖沟完整率≥50%	1. 封口外观 2. 封口"三率"	1. 手工解剖 2. 目测 3. 测量	铁罐：1. 目测每小时一次 2. 解剖测量每2小时一次 3. 开始生产和重新开车时要检测	1. 封口操作工 2. 检罐工	铁罐：封口发现严重缺陷罐应立即停车校正，合格后方可生产，将已封口产品进行评估	1. 校车记录 2. 二重卷边解剖记录 3. 目测记录 4. 纠偏记录	1. 隔日开罐 2. 商业无菌 3. 质监部每日审核记录 4. 游标卡尺每年鉴定1次
杀菌、冷却(CCP3)	致病菌的残存	1. 杀菌后罐中心温度≥75℃ 2. 杀菌水温度82～84℃ 3. 杀菌时间312、425(11～13 min)，567(14～16 min)，850(16～18 min) 4. 余氯≥0.5 ppm	1. 杀菌水温度 2. 杀菌后罐头中心温度 3. 杀菌时间 4. 冷却水余氯	1. 自动温度控制仪控制 2. 水银温度计人工控制 3. 时钟 比色法测定	1. 连续监控温度 2. 杀菌水温度每小时检测1次 3. 罐中心温度每2 h检测1次 4. 杀菌时间每天检测1次 5. 每30 min测定1次冷却水余氯	杀菌操作工	1. 对偏差产品组织评估 2. 重新杀菌(隔离堆放) 3. 培训 4. 余氯含量达不到最低要求时，该时间段的产品需进行隔离、标识	1. 杀菌记录 2. 自动温度记录 3. 冷却水余氯检测记录 4. 纠偏记录 5. 商业无菌检验记录 6. 杀菌设备检查记录	1. 每日审核1次记录 2. 压力表真空表记录仪定期由法定计量部门检定 3. 每批产品都经商业无菌检验 4. 每年1次对杀菌设备进行全面检测并记录

14. 关键控制点的监控

1. 目的

通过查看生产过程操作，查明可能出现偏离关键限值的趋势，所采取的措施。

2. 适用范围

HACCP 计划中对各 CCP 的监控。

3. **职责**

食品安全小组成员作为实施 HACCP 计划中 CCP 监控程序的主要责任人员。

4. **工作程序**

(1)原料验收(CCP1)

①公司每批查看农残报告，对不符合关键限值的坚决拒收。

②监控人员应准确填写《农残检测报告》《原料验收记录》，确保符合关键限值。对不符合关键限值的立即采取纠正措施。

(2)封口(CCP2)

①铁罐：目测每小时一次；解剖测量每 2 h 一次。

②封口发现缺陷罐，应立即停机校车，校车后检验合格方可生产，同时必须扩大抽检，复验仍有问题应将上一次检测时间内的产品隔离评估，填写封口目测、校车记录、封口解剖记录。

(3)杀菌冷却(CCP3)

①操作人员 60 分钟测一次监控杀菌温度、时间和 30 min 监控冷却水的余氯含量。

②对产品加标识、隔离存放，评估处理：杀菌测试发生偏差按 SN/T 0400.6—2005 附录 2.0 纠偏，加标识、隔离存放，评估处冷却水余氯达不到 0.5 ppm 由技术员评估后确定纠偏措施。

5. **记录**

(1)《农残检测报告》《CCP1 原料验收记录》。

(2)《CCP2 封口目测、解剖、校车记录》。

(3)《CCP3 杀菌、冷却记录》。

15. 关键控制点的纠正

1. **目的**

当关键控制点发生偏离或不符合关键限值时，对 CCP 进行有效控制，防止危害再次发生，避免不合格产品的出现。

2. **适用范围**

对 HACCP 计划中的关键控制点的控制。

3. **职责**

(1)食品安全小组成员是实施纠正行动的主要责任部门。

①在 HACCP 计划运行中对各 CCP 的偏离所采取的措施。

②对发生偏离或不符合关键限值时，各 CCP 的产品实施标识隔离并实行纠正措施。

③对发生偏离或不符合关键限值的产品进行评审。

④按照评审意见进行处理并填写记录。

(2)进入食品安全管理体系中各部门，作为实施纠正行动的相关责任部门。

①当关键限值发生偏离时要立即通知食品安全管理小组成员采取纠正行动并实施纠正措施。

②配合食品安全管理小组成员对产品进行隔离处理。

4. 工作程序

(1)原料验收(CCP1)

①对农残超标的基地，坚决拒收，对不符合关键限值的坚决拒收。

②查明分析问题的根源，采取相关措施，杜绝类似情况发生。

(1)封口(CCP2)

①封口发现缺陷罐，应立即停机校车，校车后检验合格方可生产，同时必须扩大抽检，复验仍有问题应将上一次检测时间内的产品隔离评估。

②监控人员准确填写封口目测、校车记录、封口解剖记录。

(3)杀菌冷却(CCP3)

①对产品加标识、隔离存放，评估处理。杀菌测试发生偏差按 SN/T 0400.6—2005 附录 2.0 纠偏，加标识、隔离存放，评估处理。冷却水余氯达不到 0.5 ppm 由技术员评估后确定纠偏措施。

②监控人员准确填写《CCP3 杀菌监控记录》。

5. 文件和记录

《纠偏记录》。

16. HACCP 计划的确认

1. 目的

通过核实 HACCP 计划各关键控制点所确定的关键限值行之有效，确保能够控制已识别食品安全危害。从而有效控制危害的发生，并得到满足规定可接受水平的终产品。

2. 适用范围

适用于 HACCP 计划中的关键控制点所确定的关键限值的确认。

3. 职责

食品安全小组负责进行确认工作。

4. 工作程序

(1)确认对象

HACCP 计划每个环节所确定的控制数据进行科学性的复核。

(2)确认依据

①HACCP 计划的确认。

我公司参照我国《出口食品生产企业注册卫生规范》《危害分析与关键控制点 HACCP 体系及应用准则》和 ISO 22000《食品安全管理体系　食品链中各类组织的要求》的原理，从原料验收到成品入库各环节的生物的、化学的、物理的全部列入 HACCP 计划，并加以分析，就此制订了 HACCP 计划，从而有效控制了影响食品安全的危害。

②CCP 的确认。

• 原料验收(CCP1)

原料中可能存在的农残对人体健康造成威胁，该控制点的物理危害和生物危害与以后产品的预期用途有关系、可控制的不作为关键控制点；化学危害农残是显著危害，所以确定原料验收工序为 CCP1。

该步骤的 CL 见 HACCP 计划表。

• 封口(CCP2)

显著危害：封口紧密度，迭接率不足导致二次污染。

关键限值：见 HACCP 计划表

此工序设为关键控制点，根据美国 21CFR、Part113 法规、113.60 确立。经过对产品商业无菌检测，通过控制该工序，能够进一步保证产品的质量。封口二重卷边检测不达标，易造成产品的二次污染，危及人体健康，所以将此工序设为关键点是必要的。

• 杀菌、冷却(CCP3)

显著危害：致病菌残存；致病菌二次污染。

此工序设为关键点，依据美国 F2.0A 法规 113.60 并经过热渗透实验及商业无菌，通过控制罐头初温、排汽时间、排汽温度、封口至杀菌时间，杀菌时间、温度，冷却排放水余氯含量，静置时间有效确保罐头内致病菌被彻底杀死并防止杀。

菌后的产品二次污染，若此过程失控，后果不堪设想，所以此工序设为关键点是完全必要的。

(3)确认频率

①在 HACCP 计划初次启用前需进行确认。

②每年进行一次 HACCP 计划和 CCP 的确认。

③当生产中出现下列情况时，进行确认。

• 原料发生变化
• 改变产品生产方式
• 验证数据出现相反的结果，反复出现偏差
• 产品质量发生重大事故时
• 出现有关危害和控制手段的新信息

(4)确认责任部门：食品安全小组成员。

5. 文件和记录

《HACCP 计划的确认记录》。

17. HACCP 计划的验证

1. 目的

核实 HACCP 计划是否符合实际运行情况，关键控制点是否得到有效控制。通过验证可表明所建立的 HACCP 计划诸要素的可行性、适用性和运行的有效性。

2. 适用范围

适用于 HACCP 计划整个过程的控制。

3. 职责

食品安全小组负责进行验证工作。

4. 工作程序

(1)HACCP 计划的验证

HACCP 计划起用前，参照美国 CFR123、1240 海产品 HACCP 法规原理、《危害分析与关键控制点 HACCP 体系及应用准则》《HACCP 应用在加拿大》和 ISO 22000《食品安全管理体系——食品链中各类组织的要求》等国内外法律法规，从原辅料验收到各个加工环

节中的生物、化学、物理危害全部列入 HACCP 计划，并通过微生物检测结果等来验证 HACCP 的有效性。

(2)CCP 的验证

杨梅罐头 HACCP 计划中 CCP 的验证。

HACCP 小组对 CCP 的日常验证活动，能确保所应用的控制程序标准在适当的范围内操作，正确地发挥作用以控制食品的安全。

• 原料、封口、杀菌、冷却(CCP1、CCP2、CCP3)

通过检查实际控制原料、封口、杀菌、冷却的操作及记录。其产品经商业无菌检验，符合安全卫生要求。

• CCP 纠偏行动验证

HACCP 计划纠偏行动，拒收无合格基地证明、检验合格证的原料，确保空罐符合安全卫生要求。对封口、杀菌冷却由于纠偏而扣留的产品，经隔离评估后再做开罐返工、重新装罐封口、予以销毁等处理，有效地杜绝了不符合安全卫生的产品出厂。

• 监控方法的验证

CCP 的监控方法，一般采用观察、询问、查看记录、物理测量、检测细菌总数和抽样化验的方法进行。原料验收通过查看验收记录及农残报告或对成品进行农残检测的方法进行监控；对封口采用查看铁罐封口检验记录，封口机校车记录及抽样进行物理检测等方法进行监控；杀菌则采用实际观察、查看杀菌操作记录和自动监控记录。冷却则采用查看冷却水余氯含量测定记录、微生物检测和抽样化验的方法进行监控。能够在加工过程中随时发现偏差，及时纠偏，避免不安全隐患的发展。

(3)监控仪器的校准

①监控仪器校准的要求是在接近使用条件下与计量标准相比较，确定仪器的准确度。

②校准频率要确保仪器测量的准确性，由计量部门计量的仪器质检部门应保存相关证书。

③监控仪器校准时发现仪器失准，必须采取相应的纠正措施。

④校准记录的审核。

⑤取样和检测：

• 原料收购的检测验证

供货商提供合格证明的可靠性，必须定期通过样品取样、检验加以验证。

• 加工过程的检测验证

应取样检测半成品，验证设备运作及质量控制的可靠性。

(4)HACCP 体系的验证

每年至少一次对 HACCP 体系进行验证，包括体系评审和最终成品测试。当体系运行失灵，产品、加工发生变化时，应及时对 HACCP 体系予以验证。

5. 文件和记录

(1)《HACCP 计划的验证记录》。

(2)《CCP 的验证记录》。

任务2 模拟HACCP现场审核

参考实训地点：企业现场/电教室　　参考学时：4学时

一、技能目标

(1)能够编制HACCP内审计划。

(2)能够编制HACCP内审检查表。

(3)能够进行现场审核。

(4)能够编制审核报告和不符合项报告。

二、理论准备

(1)学习HACCP体系的内审知识。

(2)学习食品安全法律法规和标准。

(3)学习食品质量安全市场准入制度。

三、实训内容

1. 分组与任务布置(实训前)

根据班级人数，参考分成6或8组(每组4～6人)，每2组为一个单位，分别扮演审核者和被审核者的角色。每组任务可参照表3-24的预备步骤进行。食品安全管理体系专项技术要求见表3-25。

表3-24 HACCP内审预备步骤

两组商议：选定某类食品，如罐头、水产、速冻、酒等，明确该产品的专项技术要求(参见表3-25)，下载该专项技术要求并进行学习。		
步骤	具体步骤要求	备注
审核者		
1	组成HACCP内审小组，确定审核组长	
2	编制内审计划表	参见表2-15
3	编制内审检查表	参见表2-16
被审核者		
1	组成公司，每人担任一个部门负责人	
2	各人准备自己所负责部门在体系中该完成的任务资料	

表3-25 食品安全管理体系专项技术要求

序号	标准号	名　称
1	GB/T 27301—2008	食品安全管理体系 肉及肉制品生产企业要求
2	GB/T 27302—2008	食品安全管理体系 速冻方便食品生产企业要求
3	GB/T 27303—2008	食品安全管理体系 罐头食品生产企业要求
4	GB/T 27304—2008	食品安全管理体系 水产品加工企业要求
5	GB/T 27305—2008	食品安全管理体系 果汁和蔬菜汁类生产企业要求
6	GB/T 27306—2008	食品安全管理体系 餐饮业要求

续表

序号	标准号	名　称
7	GB/T 27307—2008	食品安全管理体系　速冻果蔬生产企业要求
8	CCAA 0001—2014	食品安全管理体系　谷物加工企业要求
9	CCAA 0002—2014	食品安全管理体系　饲料加工企业要求
10	CCAA 0003—2014	食品安全管理体系　食用油、油脂及其制品生产企业要求
11	CCAA 0004—2014	食品安全管理体系　制糖企业要求
12	CCAA 0005—2014	食品安全管理体系　淀粉及淀粉制品生产企业要求
13	CCAA 0006—2014	食品安全管理体系　豆制品生产企业要求
14	CCAA 0007—2014	食品安全管理体系　蛋及蛋制品生产企业要求
15	CCAA 0008—2014	食品安全管理体系　糕点生产企业要求
16	CCAA 0009—2014	食品安全管理体系　糖果类生产企业要求
17	CCAA 0010—2014	食品安全管理体系　调味品、发酵制品生产企业要求
18	CCAA 0011—2014	食品安全管理体系　味精生产企业要求
19	CCAA 0012—2014	食品安全管理体系　营养保健品生产企业要求
20	CCAA 0013—2014	食品安全管理体系　冷冻饮品及食用冰生产企业要求
21	CCAA 0014—2014	食品安全管理体系　食品及饲料添加剂生产企业要求
22	CCAA 0015—2014	食品安全管理体系　食用酒精生产企业要求
23	CCAA 0016—2014	食品安全管理体系　饮料生产企业要求
24	CCAA 0017—2014	食品安全管理体系　茶叶、含茶制品及代用茶加工生产企业要求
25	CCAA 0018—2014	食品安全管理体系　坚果加工企业要求
26	CCAA 0019—2014	食品安全管理体系　方便食品生产企业要求
27	CCAA 0020—2014	食品安全管理体系果蔬制品生产企业要求
28	CCAA 0021—2014	食品安全管理体系　运输和储藏企业要求
29	CCAA 0022—2014	食品安全管理体系　食品包装容器及材料生产企业要求
30	T/CCAA 23—2016	食品安全管理体系　果蔬生产企业要求
31	T/CCAA 24—2016	食品安全管理体系　啤酒生产企业要求
32	T/CCAA 25—2016	食品安全管理体系　葡萄酒及果酒生产企业要求
33	T/CCAA 26—2016	食品安全管理体系　禽蛋生产企业要求
34	T/CCAA 27—2016	食品安全管理体系　生乳生产企业要求
35	T/CCAA 28—2016	食品安全管理体系　食品加工及销售用设备制造生产企业要求
36	T/CCAA 29—2016	食品安全管理体系　食品批发、零售和代理贸易企业要求
37	T/CCAA 30—2016	食品安全管理体系　蜂产品加工企业要求
38	T/CCAA 31—2016	食品安全管理体系　黄酒生产企业要求
39	T/CCAA 32—2016	食品安全管理体系　生活饮用水供水企业要求
40	T/CCAA 33—2016	食品安全管理体系　白酒生产企业要求
41	T/CCAA 34—2016	食品安全管理体系　食品用洗涤剂和消毒剂生产企业要求

2. 编制内审计划表、内审检查表、准备资料的具体要求

内审计划表：一般由审核组长编制，其他审核员可以参与讨论。

内审检查表：各审核员编制，每个审核员可以编制一个部门。在课前将“受审核部门”“涉及标准/文件条款”“检查内容/检查方法”先完成，“审核结果记录”在课堂上完成。

被审核者资料准备：重点是要弄清楚该部门的职责，具体要做哪些事情，应该有哪些记录表单可以体现出这些事情已经完成。可以示意性地做些记录为审核提供证据。

编制时，假设某一食品企业的组织机构和职能分工如下(表 3-26)。

表 3-26　ISO 9001—2015 质量管理体系职责分配表

章节	条款(ISO 9001—2015)	总经理	质检部	技术部	业务部	生产部	办公室	采购部	财务部
4	组织的背景								
4.1	理解组织及其背景	●	○	○	○	○	○	○	○
4.2	理解相关方的需求和期望	●	○	○	○	○	○	○	○
4.3	质量管理体系范围的确定	●	○	○	○	○	○	○	○
4.4	质量管理体系	●	○	○	○	○	○	○	○
4.4.1	总则	●	○	○	○	○	○	○	○
4.4.2	过程方法	●	○	○	○	○	○	○	○
5	领导作用								
5.1	领导作用和承诺	●	○	○	○	○	○	○	○
5.1.1	针对质量管理体系的领导作用与承诺	●	○	○	○	○	○	○	○
5.1.2	针对顾客需求和期望的领导作用与承诺	●	○	○	○	○	○	○	○
5.2	质量方针	●	○	○	○	○	○	○	○
5.3	组织的作用、职责和权限	●	○	○	○	○	○	○	○
6	策划								
6.1	风险和机遇的应对措施	●	○	○	○	○	○	○	○
6.2	质量目标及其实施的策划	●	○	○	○	○	○	○	○
6.3	变更的策划	●	○	○	○	○	○	○	○
7	支持								
7.1	资源	●	○	○	○	○	○	○	○
7.1.1	总则	●	○	○	○	○	○	○	○
7.1.2	基础设施	○	○	○	○	●	●	○	○
7.1.3	过程环境	○	○	○	○	●	○	○	○
7.1.4	监视和测量设备	○	●	○	○	○	○	○	○
7.1.5	知识	○	○	○	○	○	●	○	○
7.2	能力	○	○	○	○	○	●	○	○

续表

章节	条款(ISO 9001—2015)	总经理	质检部	技术部	业务部	生产部	办公室	采购部	财务部
7.3	意识	○	○	○	○	○	●	○	○
7.4	沟通	○	○	○	○	○	●	○	○
7.5	形成文件的信息	○	○	○	○	○	●	○	○
7.5.1	总则	○	○	○	○	○	●	○	○
7.5.2	编制和更新	○	○	○	○	○	●	○	○
7.5.3	文件控制	○	○	○	○	○	●	○	○
8	运行								
8.1	运行的策划和控制	○	○	○	○	●	○	○	○
8.2	市场需求的确定和顾客沟通	○	○	○	●	○	○	○	○
8.2.1	总则	○	○	○	●	○	○	○	○
8.2.2	与产品和服务有关要求的确定	○	○	○	●	○	○	○	○
8.2.3	与产品和服务有关要求的评审	○	○	○	●	○	○	○	○
8.2.4	顾客沟通	○	○	○	●	○	○	○	○
8.3	运行策划过程	○	○	○	○	●	○	○	○
8.4	外部供应产品和服务的控制	○	○	○	○	○	○	●	○
8.4.1	总则	○	○	○	○	○	○	●	○
8.4.2	外部供方的控制类型和程度	○	○	○	○	○	○	●	○
8.4.3	提供外部供方的文件信息	○	○	○	○	○	○	●	○
8.5	产品和服务开发	○	○	●	○	○	○	○	○
8.5.1	开发过程	○	○	●	○	○	○	○	○
8.5.2	开发控制	○	○	●	○	○	○	○	○
8.5.3	开发的转化	○	○	●	○	○	○	○	○
8.6	产品生产和服务提供	○	○	○	○	●	○	○	○
8.6.1	产品生产和服务提供的控制	○	○	○	○	●	○	○	○
8.6.2	标识和可追溯性	○	○	○	○	●	○	○	○
8.6.3	顾客或外部供方的财产	○	○	○	●	○	○	○	○
8.6.4	产品防护	○	○	○	○	●	○	○	○
8.6.5	交付后的活动	○	○	○	●	○	○	○	○
8.6.6	变更控制	○	○	○	○	●	○	○	○
8.7	产品和服务放行	○	●	○	○	○	○	○	○
8.8	不合格产品和服务	○	●	○	○	○	○	○	○
9	绩效评价								
9.1	监视、测量、分析和评价	●	○	○	○	○	○	○	○
9.1.1	总则	●	○	○	○	○	○	○	○

续表

章节	条款(ISO 9001－2015)	总经理	质检部	技术部	业务部	生产部	办公室	采购部	财务部
9.1.2	顾客满意	○	○	○	●	○	○	○	○
9.1.3	数据分析与评价	○	●	○	○	○	○	○	○
9.2	内部审核	○	●	○	○	○	○	○	○
9.3	管理评审	●	○	○	○	○	○	○	○
10	持续改进								
10.1	不符合和纠正措施	○	●	○	○	○	○	○	○
10.2	改进	●	○	○	○	○	○	○	○

HACCP：以 GB/T 27341—2008 为依据

其中：▲代表归口职能部门，△代表主要配合部门，○代表一般配合部门

编制的结果填写在表 3-27 和表 3-28 中。

表 3-27 ×××食品企业 HACCP 内审计划表

<table>
<tr><td colspan="2">审核目的</td><td colspan="3"></td></tr>
<tr><td colspan="2">审核范围</td><td colspan="3"></td></tr>
<tr><td colspan="2">审核依据</td><td colspan="3">1. GB/T 27341—2008
2.
3.</td></tr>
<tr><td colspan="2">审核组</td><td colspan="3">审核组长：
审核组成员：</td></tr>
<tr><td colspan="5">审核日期安排：</td></tr>
<tr><td colspan="2">时间安排</td><td>被审核部门</td><td>审核内容</td><td>审核员</td></tr>
<tr><td rowspan="9"></td><td rowspan="9"></td><td></td><td></td><td></td></tr>
<tr><td></td><td></td><td></td></tr>
<tr><td></td><td></td><td></td></tr>
<tr><td></td><td></td><td></td></tr>
<tr><td></td><td></td><td></td></tr>
<tr><td></td><td></td><td></td></tr>
<tr><td></td><td></td><td></td></tr>
<tr><td></td><td></td><td></td></tr>
<tr><td></td><td></td><td></td></tr>
</table>

续表

时间安排		被审核部门	审核内容	审核员
备注： 编制人/日期：　　　　批准人/日期：				

表 3-28　×××食品企业 HACCP 内审检查表

No：

受审核部门			审核日期	
序号	涉及标准/文件条款	检查内容/检查方法	审核结果记录	

审核员：　　　　审核组长：

3. 课堂模拟现场审核

模拟现场审核中的首次会议：指导老师主持。时长 10 min。

根据课前的分组配对，课堂上进行互审：每个审核组中的审核员，对被审核“企业”中的一个部门(一个同学)进行审核，并在内审检查表的“审核结果记录”栏填写审核的结果。每轮审核的时间控制在 20 min，互审控制在 40 分钟完成。

文审：一个小组对另外一个小组的 HACCP 计划书(上个实训项目的结果)进行审核，重点是审核危害分析的合理性、CCP 点确定的合理性、关键限值的合理性、控制措施的合理性、纠正措施的合理性、计划书编制的规范性等。时间控制在 20 min。

审核小组讨论 20 min，形成小组内部审核结论。

4. 课后开具不符合项报告，编制审核报告

HACCP 小组成员课后：根据课堂形成的小组内部审核结论，提交不符合项报告(表 3-29)，以及编制内部审核报告(表 3-30)。

表 3-29 不符合项报告

编号：

<table>
<tr><td>被审核部门</td><td></td><td>审核日期</td><td></td><td>审核员</td><td></td></tr>
<tr><td colspan="6">不符合项陈述：

不符合文件： 标准：
不符合类型： □严重 □ 一般
审核员： 部门负责人： 年 月 日</td></tr>
<tr><td colspan="4">纠正措施计划：

以上各项措施应在 月 日前完成。
部门负责人：
审核员认可： 年 月 日</td><td colspan="2">管理者代表审批：

年 月 日</td></tr>
<tr><td colspan="6">纠正措施完成情况：

部门负责人： 年 月 日</td></tr>
<tr><td colspan="6">纠正措施验证：

审核员： 年 月 日</td></tr>
</table>

表 3-30　HACCP 内部审核报告

编号：

<table>
<tr><td>HACCP 体系审核报告</td><td>审核报告编号
第　页　共　页</td></tr>
<tr><td>受审核部门</td><td>部门负责人</td></tr>
<tr><td>审核组组长</td><td>审核组员</td></tr>
<tr><td>审核目的</td><td>审核日期</td></tr>
<tr><td>审核范围</td><td>上次审核日期</td></tr>
<tr><td>审核依据</td><td>上次审核报告编号</td></tr>
<tr><td colspan="2">审核过程综述：

审核结论：

</td></tr>
<tr><td>签名(审核组长)

日期</td><td>批准

日期</td></tr>
</table>

5. 课堂汇报——审核结论

模拟末次会议：由各小组的 HACCP 组长做总结汇报，内容包括审核过程、审核结论、不符合项报告。时间为每组 5～7 min。

每个“企业”针对被审核出来的不符合项，分析原因，商量可以采取的措施，填写在“纠正措施计划”栏，并且由审核员签字确认措施的合理性。时间控制在 20 min。

实训教师总结和点评。时间控制在 25 min。

四、参考评价方法(表 3-31)

表 3-31　HACCP 内部审核评价记录

HACCP 小组		
受审企业		
审核计划表	教师评价： 给分：	15%
审核检查表	教师评价： 给分：	15%
审核表现(审核报告、不符合项报告)	教师评价： 给分：	30%
被审核表现(回答问题、准备资料等)	审核组给分： 给分：	40%
分　数		100%

项目四 食品质量与安全管理体系

学习目标

1. 熟悉目前食品企业中存在的不同标准的食品安全管理体系和质量管理体系。
2. 能够正确地区分不同标准的食品质量与安全管理体系。
3. 掌握不同标准食品质量与安全管理体系文件的编制。
4. 能够进行食品质量与安全管理体系的内部审核。

问题驱动

1. 了解食品企业中的质量管理体系、食品安全管理体系吗?
2. 了解 ISO 22000、ISO9001、BRC、IFS、AIB 等标准吗?
3. 食品安全管理体系(ISO 22000)文件如何编制?
4. 食品安全管理体系(ISO 22000)如何开展内审工作?

任务1 常见食品质量管理体系调研

参考实训地点:电教室　　　参考学时:2 学时

一、技能目标

(1)通过调查问卷、网站、工商管理部门等调查企业实施 ISO 9001、ISO 22000、BRC、IFS、AIB、食品工业 CMS 体系、食品防护计划的情况。

(2)能够进行一般的调研,并分析现象归纳出合理结论。

(3)文本构思、PPT 制作、汇报、语言表达等能力。

二、理论准备

(1)学习 ISO 9001、ISO 22000、BRC、IFS、AIB、食品工业 CMS 体系、食品防护计划的知识。

(2)学习统计分析知识。

(3)学习计算机基础应用知识。

三、实训内容

1. 分组与任务布置(实训前)

根据班级人数,参考分成 6～8 组(每组 4～6 人),每组任务可参照表 3-32 的要求收集资料。

表 3-32 食品企业中各种管理体系的实施情况调查表

序号	企业名称	企业规模(营业额)	企业性质(国有、私营、外资)	企业销售类型(内销/外销)	已建立的管理体系
1					
2					

续表

序号	企业名称	企业规模（营业额）	企业性质(国有、私营、外资)	企业销售类型（内销/外销）	已建立的管理体系
3					
4					
5					
6					
7					
8					
9					
10					

2. 讨论分析制作汇报文稿

各组根据收集的资料进行统计分析，比较不同企业规模、不同企业性质、不同企业销售类型等因素，对管理体系建立是否有相关性。组内讨论归纳，并制作 PPT 文稿。

3. 课堂汇报

课堂每组随机抽取 1～2 名同学上台汇报，结合所学的知识，对本组题目进行分析。

4. 汇报要求

汇报至少包括：企业建立体系的动机、企业是否有选择性的建立体系、哪个体系在食品企业中最普遍等。每位同学都要准备 PPT，PPT 汇报时间为 5～7 min。汇报者完成汇报后，至少提问 1 个问题，检查其他组的学习状况，可指定人员回答。

5. 其他组要求

其他组认真听取汇报组汇报，每组需要提问至少 1 个问题，由汇报者解答。

6. 教师总结指导

教师对每组汇报进行点评和分析。

7. 课后作业

根据课堂上其他组的提问和老师的指导，每个小组完成一份《调研报告》。

四、参考评价方法

表 3-33 “食品企业中各种管理体系的实施情况调查”实训评价表

汇报组	
汇报题目	
哪些问题	
知识点或拓展	
分　数	

任务2　常见食品质量管理体系的区别与联系

参考实训地点：电教室　　　参考学时：2学时

一、技能目标

(1)能够判断ISO 9001、ISO 22000、BRC、IFS、AIB、食品工业CMS体系、食品防护计划的区别与联系。

(2)增强自学能力，培养知识迁移能力。

(3)文本构思、PPT制作、汇报、语言表达等能力。

二、理论准备

(1)学习ISO 9001、ISO 22000、BRC、IFS、AIB、食品工业CMS体系、食品防护计划的知识。

(2)学习计算机基础应用知识。

三、实训内容

1. 分组与任务布置(实训前)

根据班级人数，参考分成6～8组(每组4～6人)，每组课前收集ISO 9001、ISO 22000、BRC、IFS、AIB、食品工业CMS体系、食品防护计划的标准文本，完成表3-34。

表3-34　各标准条款对照表

ISO 9001	ISO 22000	BRC	IFS	AIB	CMS	食品防护计划

注：ISO 9001和ISO 22000标准文本的附录上有对照表，其他标准自行理解补充。

2. 课堂讨论

在课前完成各标准条款对照表的基础上，课堂各小组讨论，完成表 3-35，时间控制在 30 min 左右。

表 3-35 各体系标准的联系和区别

标准 项目	ISO 9001	ISO 22000	BRC	IFS	AIB	CMS	食品防护计划
制定者							
适用行业							
应用范围							
特点(区别之处)							
联系(共通之处)							

抽取一组汇报，其他组进行补充。时间控制在 30 min 左右。

教师补充总结，时间控制在 30 min 左右。

3. 课后作业

根据课堂上讨论补充和总结，每个同学完成一份表 3-35。

四、参考评价方法(表 3-36)

表 3-36 “常见食品质量管理体系的区别和联系”实训评价表

小　组		
小组讨论结果		30%
小组汇报或补充表现		30%
个人课后作业		40%
分　数		100%

任务3　模拟企业编制食品安全管理体系(ISO 22000)文件

参考实训地点：电教室　　　参考学时：4学时

一、技能目标

(1)能够编制企业ISO 22000文件。

(2)能够规范编制第三层次文件。

二、理论准备

(1)学习食品安全管理体系标准知识ISO 22000：2005。

(2)学习质量管理体系文件的编制方法。

三、实训内容

1. 分组与任务布置(实训前)

根据班级人数，参考分成6～8组(每组4～6人)，学习ISO 22000标准文本。

2. 课堂讨论

在课堂上，各小组讨论完成下列任务。

(1)确定企业的组织构架，画出框架图(参考图3-10)。

(2)根据组织构架，对各部门进行分工(参考表3-37，完成表3-38)。

(3)小组模拟担任各部门负责人的同学，写出各部门更具体的职责(参考表3-39，完成表3-40)。

(4)各小组针对各部门的职责，讨论完成该职责的具体工作流程(难度较大，主要用于编制程序文件，第三层次文件，可以在技能拓展环节进行)。

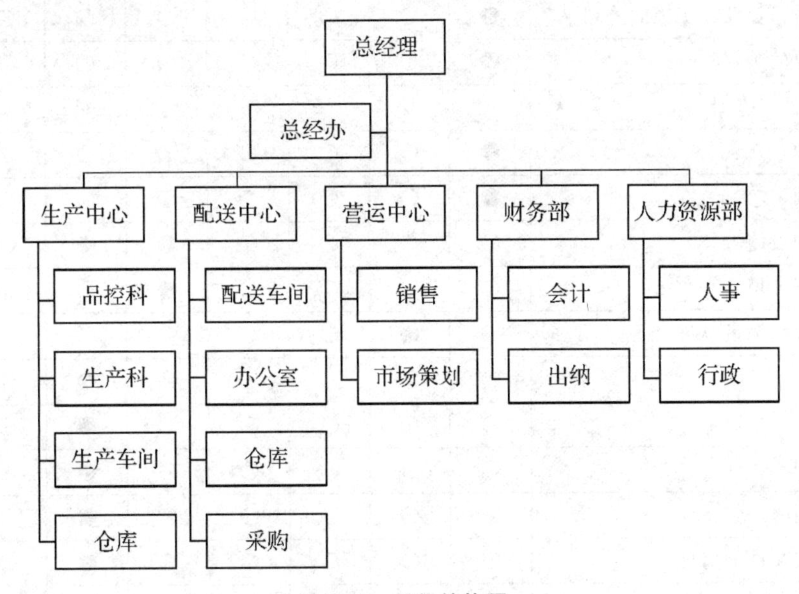

图3-10　组织结构图

表 3-37 ISO 9001—2015 质量管理体系职责分配表

章节	条款(ISO 9001—2015)	总经理	质检部	技术部	业务部	生产部	办公室	采购部	财务部
4	组织的背景								
4.1	理解组织及其背景	●	○	○	○	○	○	○	○
4.2	理解相关方的需求和期望	●	○	○	○	○	○	○	○
4.3	质量管理体系范围的确定	●	○	○	○	○	○	○	○
4.4	质量管理体系	●	○	○	○	○	○	○	○
4.4.1	总则	●	○	○	○	○	○	○	○
4.4.2	过程方法	●	○	○	○	○	○	○	○
5	领导作用								
5.1	领导作用和承诺	●	○	○	○	○	○	○	○
5.1.1	针对质量管理体系的领导作用与承诺	●	○	○	○	○	○	○	○
5.1.2	针对顾客需求和期望的领导作用与承诺	●	○	○	○	○	○	○	○
5.2	质量方针	●	○	○	○	○	○	○	○
5.3	组织的作用、职责和权限	●	○	○	○	○	○	○	○
6	策划								
6.1	风险和机遇的应对措施	●	○	○	○	○	○	○	○
6.2	质量目标及其实施的策划	●	○	○	○	○	○	○	○
6.3	变更的策划	●	○	○	○	○	○	○	○
7	支持								
7.1	资源	●	○	○	○	○	○	○	○
7.1.1	总则	●	○	○	○	○	○	○	○
7.1.2	基础设施	○	○	○	○	●	●	○	○
7.1.3	过程环境	○	○	○	○	●	○	○	○
7.1.4	监视和测量设备	○	●	○	○	○	○	○	○
7.1.5	知识	○	○	○	○	○	●	○	○
7.2	能力	○	○	○	○	○	●	○	○
7.3	意识	○	○	○	○	○	●	○	○
7.4	沟通	○	○	○	○	○	●	○	○
7.5	形成文件的信息	○	○	○	○	○	●	○	○
7.5.1	总则	○	○	○	○	○	●	○	○
7.5.2	编制和更新	○	○	○	○	○	●	○	○
7.5.3	文件控制	○	○	○	○	○	●	○	○

续表

章节	条款(ISO 9001－2015)	总经理	质检部	技术部	业务部	生产部	办公室	采购部	财务部
8	运行								
8.1	运行的策划和控制	○	○	○	○	●	○	○	○
8.2	市场需求的确定和顾客沟通	○	○	○	●	○	○	○	○
8.2.1	总则	○	○	○	●	○	○	○	○
8.2.2	与产品和服务有关要求的确定	○	○	○	●	○	○	○	○
8.2.3	与产品和服务有关要求的评审	○	○	○	●	○	○	○	○
8.2.4	顾客沟通	○	○	○	●	○	○	○	○
8.3	运行策划过程	○	○	○	○	●	○	○	○
8.4	外部供应产品和服务的控制	○	○	○	○	○	○	●	○
8.4.1	总则	○	○	○	○	○	○	●	○
8.4.2	外部供方的控制类型和程度	○	○	○	○	○	○	●	○
8.4.3	提供外部供方的文件信息	○	○	○	○	○	○	●	○
8.5	产品和服务开发	○	○	●	○	○	○	○	○
8.5.1	开发过程	○	○	●	○	○	○	○	○
8.5.2	开发控制	○	○	●	○	○	○	○	○
8.5.3	开发的转化	○	○	●	○	○	○	○	○
8.6	产品生产和服务提供	○	○	○	○	●	○	○	○
8.6.1	产品生产和服务提供的控制	○	○	○	○	●	○	○	○
8.6.2	标识和可追溯性	○	○	○	○	●	○	○	○
8.6.3	顾客或外部供方的财产	○	○	○	●	○	○	○	○
8.6.4	产品防护	○	○	○	○	●	○	○	○
8.6.5	交付后的活动	○	○	○	●	○	○	○	○
8.6.6	变更控制	○	○	○	○	●	○	○	○
8.7	产品和服务放行	○	●	○	○	○	○	○	○
8.8	不合格产品和服务	○	●	○	○	○	○	○	○
9	绩效评价								
9.1	监视、测量、分析和评价	●	○	○	○	○	○	○	○
9.1.1	总则	●	○	○	○	○	○	○	○
9.1.2	顾客满意	○	○	○	●	○	○	○	○
9.1.3	数据分析与评价	○	●	○	○	○	○	○	○
9.2	内部审核	○	●	○	○	○	○	○	○
9.3	管理评审	●	○	○	○	○	○	○	○
10	持续改进								
10.1	不符合和纠正措施	○	●	○	○	○	○	○	○
10.2	改进	●	○	○	○	○	○	○	○

注：这里是按照 ISO 9001 编制，如果是其他体系，前面的标准条款全部改成相应体系的标准条款。

表 3-38 ________________管理体系职责分配表

职能部门 体系要求							

注：▲代表主要职责；△代表相关职责。

表 3-39　部门职责要求

生产部	部门代码	01	实施时间	2008-05-01
			修订版	第　1　次

1. 部门本质

执行生产管理职责，就是对企业生产组织、协调管理，包括生产计划、生产组织、原材料组织、人力协调、技术服务管理、业绩管理与考核、定额管理等。

2. 主要职能

a. 生产管理：①生产组织工作。即布置生产车间，组织生产线，实行劳动定额和劳动组织，设置生产管理系统等。②生产计划工作。即编制生产计划、生产技术准备计划和生产作业计划等。③生产控制工作。即控制生产进度、现场卫生、生产库存、生产质量和生产成本等

b. 设备设施管理：封口管理、机电管理、锅炉管理、设备管理

c. 工程技术改造

d. 基础设施管理

e. 安全生产管理

3. 兼管职能

污水处理站管理

4. 岗位设置			5. 下属机构		
	a	生产部经理		a	实罐车间
	b	生产部副经理		b	设备科
	c	车间主任		c	锅炉房
	d	车间副主任		d	污水站
	e	设备主管		e	
	f	锅炉主管		f	
	g	污水处理站长		g	
				h	

表 3-40 部门职责要求

<table>
<tr><td rowspan="2"></td><td rowspan="2">部门代码</td><td rowspan="2"></td><td colspan="2">实施时间</td><td></td></tr>
<tr><td colspan="2">修订版</td><td></td></tr>
<tr><td colspan="6">部门本质：</td></tr>
<tr><td colspan="6">主要职能：</td></tr>
<tr><td colspan="6">兼管职能：</td></tr>
<tr><td rowspan="8">岗位设置</td><td>1</td><td></td><td rowspan="8">下属机构</td><td>1</td><td></td></tr>
<tr><td>2</td><td></td><td>2</td><td></td></tr>
<tr><td>3</td><td></td><td>3</td><td></td></tr>
<tr><td>4</td><td></td><td>4</td><td></td></tr>
<tr><td>5</td><td></td><td>5</td><td></td></tr>
<tr><td>6</td><td></td><td>6</td><td></td></tr>
<tr><td>7</td><td></td><td>7</td><td></td></tr>
<tr><td>8</td><td></td><td>8</td><td></td></tr>
</table>

3. 课后完善

根据课堂讨论的结果，参考网络资源或者教师提供的《食品安全和质量手册》，编制本小组的体系管理手册。

4. 课堂答辩

每个小组成员全部上台，派1名代表讲解该组的管理体系手册，其他成员准备回答其他小组对管理体系手册有疑问的地方。每组汇报时间5 min，回答时间5 min。

其他小组主要针对汇报小组的管理体系手册的合理性，规范性提问。

老师最后总结和指导。时间控制为2课时。

5. 课后完善

根据课堂上的汇报讨论、其他组的指正及老师的指导，各组完善各自的管理体系手册，并上交最终定稿文件。

四、参考评价方法(表3-41)

表3-41　管理体系手册编制评价记录

体系文件编制小组		
管理体系手册名称		
管理体系手册的合理性和规范性	组间评价：	教师评价：
体系文件编制小组汇报表现	组间评价：	教师评价：
分　数		

五、技能拓展

各小组在课堂讨论的基础上，继续完善各部门的职责，并讨论编制具体的工作流程，根据标准要求和工作流程，编制管理体系的程序文件，第三层次文件。

任务4 模拟开展食品安全管理体系(ISO 22000)内部审核

参考实训地点：企业/电教室　　　参考学时：4～6学时

一、技能目标

(1)能够编制食品安全管理体系内审计划。

(2)能够编制食品安全管理体系内审检查表。

(3)能够进行现场审核。

(4)能够编制审核报告和不符合项报告。

二、理论准备

(1)学习食品安全管理体系的内审知识。

(2)学习食品安全法律法规和标准。

(3)学习食品质量安全市场准入制度。

三、实训内容

1. 分组与任务布置(实训前)

根据班级人数，参考分成6或8组(每组4～6人)，每2组为一个单位，分别扮演审核者和被审核者的角色。每组任务可参照表3-42的预备步骤进行。

表3-42 食品安全管理体系内审预备步骤

两组商议：选定某种体系，如ISO 9001、ISO 22000、BRC、IFS、AIB、CMS，如果该体系在课堂中没有讲解过，下载该标准文本并进行学习		
步骤	具体步骤要求	备　注
审核者		
1	组成内审小组，确定审核组长	
2	编制内审计划表	
3	编制内审检查表	
被审核者		
1	组成公司，每人担任一个部门负责人	
2	各人准备自己所负责部门在体系中该完成的任务资料	

2. 编制内审计划表、内审检查表、准备资料的具体要求

内审计划表：一般有审核组长编制，其他审核员可以参与讨论。

内审检查表：各审核员编制，每个审核员可以编制一个部门。在课前将“受审核部门”“涉及标准/文件条款”“检查内容/检查方法”先完成，“审核结果记录”在课堂上完成。

被审核者资料准备：重点是要弄清楚该部门的职责，具体要做哪些事情，应该有哪些记录表单可以体现出这些事情已经完成。可以示意性的做些记录为审核提供证据。

编制时，食品企业的组织机构和职能分工按照上个实习项目例文《食品安全与质量管理手册》的职能分工进行策划，编制的结果填写在表3-43和表3-44中。

表 3-43　×××食品企业内审计划表

审核目的	
审核范围	
审核依据	1. 2. 3.
审核组	审核组长： 审核组成员：

审核日期安排：

时间安排		被审核部门	审核内容	审核员

备注：

编制人/日期：　　　　　　　　　　批准人/日期：

表 3-44 ________食品企业内审检查表

No：

受审核部门			审核日期	
序号	涉及标准/文件条款	检查内容/检查方法	审核结果记录	

审核员： 审核组长：

3. 课堂模拟现场审核

模拟现场审核中的首次会议：实训老师主持。时间为 10 min。

根据课前的分组配对，课堂上进行互审：每个审核组中的审核员，对被审核“企业”中的一个部门(一个同学)进行审核，并在内审检查表的“审核结果记录”栏填写审核的结果。每轮审核的时间控制在 20 min，互审控制在 40 min 完成。

文审：一个小组对另外一个小组的《管理手册》(上个实训项目的结果)进行审核，重点是审核手册编制的合理性和规范性等。时间控制在 20 min。

审核小组讨论 20 min，形成小组内部审核结论。

4. 课后开具不符合项报告，编制审核报告。

小组成员课后根据：课堂形成的小组内部审核结论；提交不符合项报告(表 3-45)，以及编制审核报告(表 3-46)。

表 3-45 不符合项报告

编号：

<table>
<tr><td>被审核部门</td><td></td><td>审核日期</td><td></td><td>审核员</td><td></td></tr>
<tr><td colspan="6">不符合项陈述：

不符合文件： 标准：
不符合类型： □严重 □一般
审核员： 部门负责人： 年 月 日</td></tr>
<tr><td colspan="4">纠正措施计划：

以上各项措施应在 月 日前完成。
部门负责人：
审核员认可： 年 月 日</td><td colspan="2">管理者代表审批：

年 月 日</td></tr>
<tr><td colspan="6">纠正措施完成情况：

部门负责人： 年 月 日</td></tr>
<tr><td colspan="6">纠正措施验证：

审核员： 年 月 日</td></tr>
</table>

表 3-46 内部审核报告

编号：

________ 体系审核报告	审核报告编号 第 页 共 页
受审核部门	部门负责人
审核组组长	审核组员
审核目的	审核日期
审核范围	上次审核日期
审核依据	上次审核报告编号
审核过程综述： 审核结论：	
签名(审核组长) 日期	批准 日期

5. 课堂汇报——审核结论

模拟末次会议：由各小组的内审组长做总结汇报，内容包括审核过程、审核结论、不符合项报告。时间每组 5～7 min。

每个“企业”针对被审核出来的不符合项，分析原因，商量可以采取的措施，填写在“纠正措施计划”栏，并且由审核员签字确认措施的合理性。时间控制在 20 min。

实训教师总结和点评。时间控制在 25 min。

四、参考评价方法

表 3-47　内部审核评价记录

审核小组		
受审企业		
审核计划表	教师评价： 给分：	15%
审核检查表	教师评价： 给分：	15%
审核表现(审核报告、不符合项报告)	教师评价： 给分：	30%
被审核表现(回答问题、准备资料等)	审核组给分： 给分：	40%
分　数		100%

五、职业资格证书拓展

近年来，企业通过引进应用食品安全管理体系(ISO 22000)，在很大程度上保障了组织的食品安全，ISO 2200 内部审核员作为一个新的职业岗位，需求量在不断增加。通过学习本课程及 ISO 22000 相关的实训，我们将对 ISO 22000 的主要内容有了较好的了解，在此基础上，学生可通过 ISO 22000 的培训和进一步系统学习，取得食品安全管理体系(ISO 22000)内部审核员证书。有关审核员能力知识的学习，可参考附录 5 所提供的练习题辅助训练。

项目拓展　职业岗位 QA 和 QC 介绍

QA(Quality Assurance，品质保证)，通过建立和维持质量管理体系来确保产品质量没有问题。一般包括体系工程师、SQE(Supplier Quality Engineer 供应商质量工程师)、CTS(客户技术服务人员)、6sigma(六西格玛)工程师，计量器具的校验和管理等方面的人员。QA 不仅要知道问题出在哪里，还要知道这些问题解决方案如何制订，今后该如何预防，QC 要知道仅仅有问题就去控制，但不一定要知道为什么要这样去控制。

QC(Quality Control，品质控制)，产品的质量检验，发现质量问题后的分析、改善和不合格品控制相关人员的总称。一般包括 IQC(Incoming Quality Control，来料检验)、IPQC(In-Process Quality Control，制程检验)、FQC(Final Quality Control，成品检验)、OQC(Out-going Quality Control，出货检验)，也有的公司将整个质控部全部都称之为 QC。

比喻：QC 是警察，QA 是法官，QC 只要把违反法律的抓过来就可以了，并不能防止别人犯罪和给别人最终定罪，而法官就是制定法律来预防犯罪，依据法律宣判处置结果。

相对于食品企业的部门，QC 是检验部的工作，QA 是品质体系部的工作。

项目五 食品生产许可(SC)认证

学习目标

1. 了解食品生产许可认证的基本流程。
2. 能够协助企业申请 SC 认证及辅助 SC 审核。
3. 倡导食品生产的绿色生产方式，树立生态环境保护意识。

问题驱动

1. 如果你和朋友成立了一个食品公司，需要申请食品生产许可证，应该如何申请？
2. 你所在的食品企业今年迎来 SC 复审，总经理让你筹备先进行内审，应该如何准备？

任务 模拟开展食品生产许可证申请与辅助审核

参考实训地点：电教室/普通教室　　参考学时：4 学时

一、技能目标

(1)食品生产许可证申请流程。

(2)SC 内部审核能力。

(3)资料整理与文本撰写能力。

二、理论准备

(1)食品生产许可(SC)认证相关知识。

(2)SC 审核相关理论知识。

三、实训内容

1. 分组与任务布置(实训前)

对班级进行分组，模拟不同的食品生产企业，每组 5～8 人，分组可参照表 3-48 进行，亦可学生自己拟定食品公司名称及类型，亦可教师另行安排。

表 3-48 模拟食品企业分组表

组别	模拟企业	企业类型
1	牛奶或发酵乳饮料企业	乳制品
2	果汁企业(橙汁)	果汁
3	速冻水饺企业	速冻米面
4	休闲海产品企业(香酥小黄鱼)	水产
5	葡萄酒企业	酒类
6	腌腊肉制品生产企业(金华火腿、腊肉)	肉类

2. 具体步骤

(1)各组成立模拟公司后，制定要生产的产品，并根据该产品，查询相关的标准和生产工艺，熟悉该行业。

(2)组员进行分工，根据模拟企业的情况，通过食品监管机构网站，查询该食品生产许可证申请认证流程。

(3)根据模拟成立的公司，依据附录6，认真填写表格，每组完成一份“食品生产许可证申请书”作为实训主要成果。

四、参考评价方法

本次实训采取立体评价方式，参见附录1中小组评价和个人评价方法，其中，重点对申请文本的规范性、准确性进行评价，教师亦可另行制定评价方案。

五、能力拓展

食品企业的SC审核，是由市(地)级以上质量技术监督部门派SC审核员到企业进行审核，作为食品专业的学生，应该了解SC审核的主要审核内容与流程，协助SC审核顺利进行。本部分作为拓展技能，学生可参考附录10，进行学习和知识拓展。

项目六　食品生产现场质量管理

学习目标

1. 了解食品生产现场质量管理对食品安全保障的重要作用。
2. 掌握5S计划步骤及实施要领。

问题驱动

1. 有了食品安全管理体系，就一定能够顺利实施吗？
2. 在食品生产现场什么因素是决定食品质量安全的关键因素？
3. 如果你是车间主管，如何科学地进行食品现场的质量管理？

任务　食品企业红牌作战计划

参考实训地点：食品企业/食品中试基地　　　　参考学时：4 学时

一、技能目标

(1)食品安全的现场管理意识。

(2)发现问题的能力及内部评审模拟。

(3)整改措施及实施。

二、理论准备

(1)食品现场质量管理的重要性。

(2)目视管理、5S管理体系(整理、整顿、清扫、清洁、素养)。

三、实训内容

1. 分组与任务布置(实训前)

(1)选定食品生产场所(如食品中试基地、办公室、实训室)并进行模拟划分生产区域，学生分组，并且担任不同角色(有条件的学校，可以直接到食品企业生产现场开展此项活动)。可根据所选定的场景，重点检查以下内容是否满足5S中的“整理、整顿”要求。

①办公区：文件、资料、表单记录、图表、书籍、储存柜、桌椅等。

②空间：地面、通道、柜、架、天花板、楼梯。

③设备：机器、设备、工具、模具、量具、台车。

④物料：零部件、半成品、成品、样品。

注意：人不是挂红牌的对象，否则容易打击士气或引起冲突。

(2)不同组之间分派作战任务，先进行整理，然后互相检查。

2. 具体步骤

(1)红牌作战出台

方式A：由教师布置现场，故意制造多处不符合整理整顿的地方，由各组轮流进行红牌作战。

方式B：每组对自己负责的现场进行整理，由其他组来进行检查好红牌作战。

(2)明确判定标准

什么是必需品，什么是非必需品，要把标准明确下来。

例如：工作台上当天要用的为必需品，其他为非必需品，非必需品放在工作台上时要挂红牌。

(3)检查和讨论

以小组为单位，对现场进行检查，发现问题进行讨论是否进行挂红牌。

(4)红牌的悬挂(使用教师发放的醒目的红色作战标签)

记录发现位置、问题、内容、理由等，并进行悬挂。

(5)红牌的对策与评价

方式A：如果是教师设置的不符合项，请检查每组悬挂的红牌是否正确、是否全面、理由是否充分，并进行讲解和评价。

方式B：如果是小组负责整理的区域，本组要对其他组给予悬挂的红牌是否合理，如果合理，提出整改对策，如果不合理，提出申辩意见，教师充当裁判角色，并给予讲解。

(6)改善和评价

确定对红牌改进的方法，对红牌改进的实施效果进行评价。

可将改善前后对比摄录下来，作为经验和成果向大家展示。

各组之间进行交流。

5S活动——整理、整顿之红牌作战标签(实例)如表3-49所示。

表3-49　5S活动——整理、整顿之红牌作战标签(实例)

<table>
<tr><td>区分</td><td colspan="2">1. 原材料　2. 半成品　3. 半制品　4. 环境类
5. 机械设备　6. 模具、冶具　7. 工具、备具　8. 其他</td></tr>
<tr><td>品名</td><td colspan="2"></td></tr>
<tr><td>编号</td><td colspan="2"></td></tr>
<tr><td>数量</td><td></td><td>金额：</td></tr>
<tr><td>理由</td><td colspan="2">1. 不要　2. 不良　3. 不急用
4. 下脚料　5. 不明　6. 其他____</td></tr>
<tr><td>填单人员</td><td colspan="2"></td></tr>
<tr><td>日期</td><td>贴附：</td><td>处理：</td></tr>
<tr><td>处置</td><td>1. 丢弃
2. 回原位
3. 移往红牌集中处
4. 另案保管
5. 其他____</td><td>处理完毕
记入处置结果
(处理人员签名)</td></tr>
<tr><td>整理编号</td><td colspan="2">部门：</td></tr>
</table>

注：可参考本标签印刷成红牌，实训时发给学生使用。

四、参考评价方法

本次实训采取立体评价方式，参见附录1中小组评价和个人评价方法，重点对红牌悬挂的准确性、填写的规范性和理由等实训成果进行评价。

项目拓展　数字游戏中的5S理论

任务：

1. 请以最快的速度，找出下图中所缺失的一个数字。

2. 请为下图这些数字画出合适的表格，并进行科学摆放。

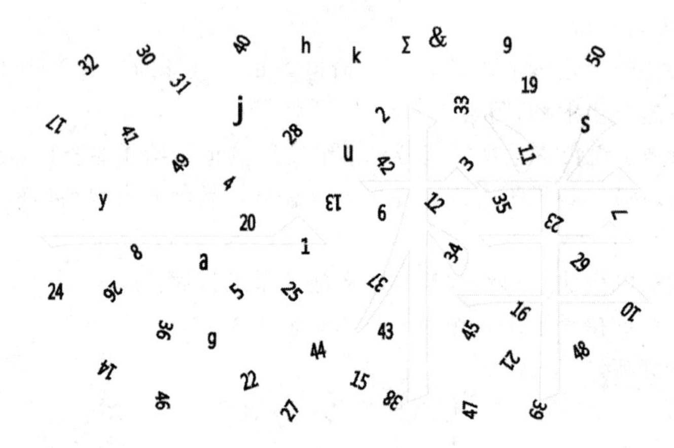

游戏思考：

(1)先去除不需要的数字。

(2)列表进行标识(列什么表最好?)。

(3)定点放置、摆放整齐。

(4)一目了然，找到缺失数字!

项目七　食品安全应急管理

任务 1　食品安全问题鱼骨图分析

参考实训地点：电教室　　　参考学时：2 学时

一、技能目标

(1)能够通过人员、环境、设备、工艺和原料等方面分析产生食品安全问题的根源。

(2)掌握鱼骨图分析法。

二、理论准备

(1)食品生产工艺及其中可能存在的危害。

(2)鱼骨图分析方法。

三、实训内容

1. 与任务布置

根据班级人数，参考分组按 5～6 人一组，每组选择一项食品安全问题，可以是学生熟悉的实训产品问题，也可以是教师提供的产品安全问题，如中秋月饼中塌陷变形、生日蛋糕发霉、琵琶饮料出现沉淀等。

2. 绘制鱼骨图(图 3-11)并提出改进措施(表 3-50)，然后在班级汇报分析结果。

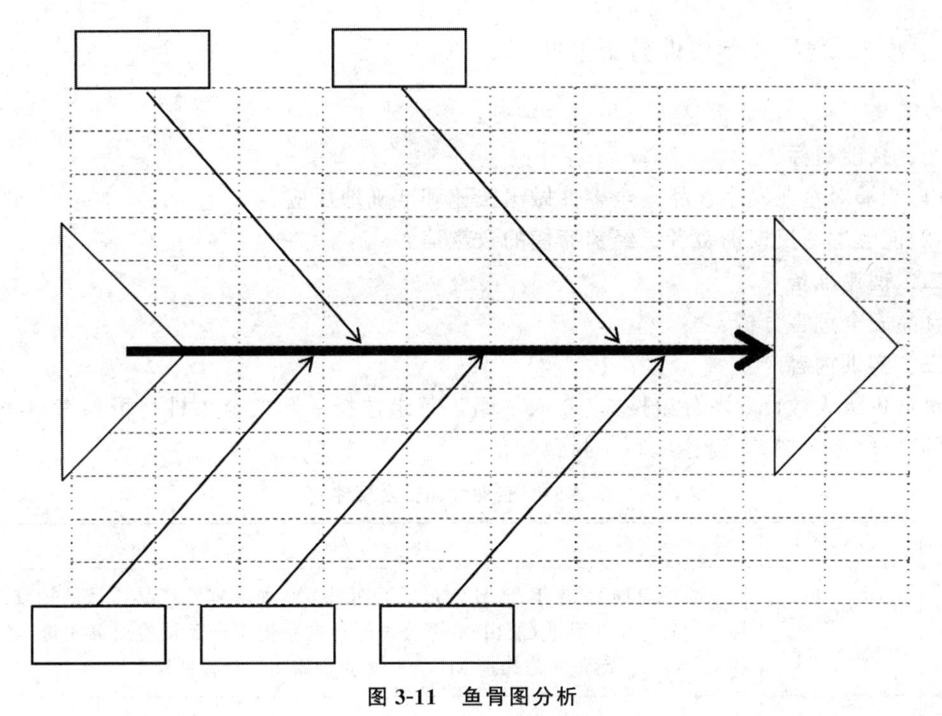

图 3-11　鱼骨图分析

表 3-50 问题改善措施

项目	改善措施	备注
		开始改善时间： 负责人：

四、参考评价方法

根据绘制的鱼骨图和分析，由个人和小组相结合的方式进行评价。

任务 2 食品安全事件分析处理

参考实训地点：电教室　　参考学时：2 学时

一、技能目标

(1)能够对企业发生食品安全事件做出快速和准确地反应。

(2)能够编写反馈消费者、经销商们的致歉信。

二、理论准备

食品安全危害分析。

三、实训内容

根据班级人数，参考分组按 5～6 人一组，每组选择一起安全事件，可参考以下企业发生的事件(表 3-51)，讨论编写一封致歉信。

表 3-51 企业食品安全事件

序号	企业	事件
1	蒙牛乳业(眉山)有限公司	国家质检总局 2011 年 24 日公布了近期对 200 种液体乳产品质量的抽查结果。抽查发现，蒙牛乳业(眉山)有限公司生产的一批次产品被检出黄曲霉毒素 M1 超标 140%，而黄曲霉毒素 M1 为已知的致癌物，危害性极大
2	上海福喜食品公司	2014 年 7 月 20 日，据上海广播电视台电视新闻中心官方微博报道，麦当劳、肯德基等洋快餐供应商上海福喜食品公司被曝使用过期劣质肉。上海食药监部门已经要求上海所有肯德基、麦当劳问题产品全部下架

续表

序号	企业	事件
3	金华市晨园乳业有限公司	2009 年 3 月，浙江省金华市“晨园乳业”又被查出制造“皮革奶”，当场起出 3 包 20 kg 装的白色皮革水解蛋白粉末，以及 1300 箱受污染的牛奶产品，少数流入市面被回收，山东、山西、河北也发现同类产品
4	中国全聚德（集团）股份有限公司	2012 年 5 月 25 日，新闻媒体报道了中国全聚德(集团)股份有限公司(以下简称公司)所属个别企业废弃油脂被不法分子转卖的事件。据悉，一商贩从 2004 年至 2011 年 10 月连续 7 年，持续从全聚德多家门店收购废弃油脂，转卖给他人用于制作地沟油。和街边油炸薄饼游贩，涉嫌的全聚德店铺有北京全聚德三元桥店、奥运村店等店；目前，朝阳法院以生产、销售有毒、有害食品罪追究该不法商贩刑事责任，值得一提的是，这是北京首起因地沟油被公诉的案件

小组编写致歉信，并在班级内汇报编写内容，课时控制在 2 课时。

四、参考评价方法

《公开致歉信》为小组作业，该实训项目的评价是以个人和小组相结合的方式进行。

范文：

关于山东鸿兴源食品有限公司 20150115 批次花椒粉二氧化硫超标的公开致歉信

尊敬的消费者朋友、经销商：

2015 年 9 月 15 日，国家食品药品监督管理局公布了山东鸿兴源食品有限公司 20150115 批次花椒粉二氧化硫超标的事件。对此，鸿兴源公司高度重视，对因产品二氧化硫超标给消费者带来健康上的影响，我们深表歉意，对各超市、经销商造成的经济与名誉的损失，我们深感内疚。我们真诚向长期厚爱鸿兴源品牌的社会公众致歉，并诚恳接受社会公众及媒体对我们的批评和建议。

鸿兴源公司坚决拥护国家食品药品监督管理局对我产品的的监督检查，我们将全力配合食药局做好工作。对不合格的产品采取全面召回、全部销毁，最大程度减小不合格产品对社会的影响。

该事件的产生暴露出我公司在农产品原材料采购、入厂检验及产品出厂检验等环节监管上的缺失，公司在 2015 年 3 月起已经意识到自身存在的问题，并于当月加强了在这些环节上的工作，严格按照国标要求对每批入厂的原材料进行重金属、二氧化硫的检验，并将原仓库中不合格原材料全部退货，最大程度保证产品符合国标要求。

众所周知，因土壤、水资源、空气的污染，以及农药、化肥的大量使用，造成农产品在成熟之日起相关指标已经不合格。公司在意识到这个问题后，对农产品原材料进行了更为严格的管理，采取并实施了具体整改措施：一是产地考察，从源头抓紧原料选购，进一步扩大了原材料选择范围，在全国甚至全球范围内高价采购合格的原材料，也因此于 2015 年 5 月起陆续对花椒、花椒粉、桂皮等产成品进行了相应的提价；二是加强对原材料入厂前的检验工作，所有原材料首次供货前，由各供应商提供自检报告及原料样品，品控部门根据原料标准要求进行检验合格后同意供应商供货，原料到货后品管部门取样检测，并送第三方检验机构检验，全部合格后方可允许原材料进入公司仓库；三是严格产成品自检，产品生产完毕后，品控部门继续对产品进行抽检，产品不合格一律不得进入成品库，因为这个原因经常造成部分产品缺货；四是建立产品、生产、原料、供应商的批次管理，加强产品的可追溯性。通过以上措施的实施，进一步确保产品的合格概率。

针对此次事件，公司深刻吸取教训，组织各部门进一步加强对国家食品安全法律法规的学习，提高法律意识，坚持依法经营。

此次事件给我公司敲响警钟，鸿兴源作为一个为消费者提供健康调味品的企业，我们深知责任的重大。我们将继续积极履行和承担社会责任，依法诚信经营，倍加珍惜鸿兴源品牌声誉。同时，真诚欢迎社会公众、新闻媒体对鸿兴源进行监督，以促进我们合法守规的肩负起企业责任和社会责任。

特此致歉！

山东鸿兴源食品有限公司

2015 年 9 月 23 日

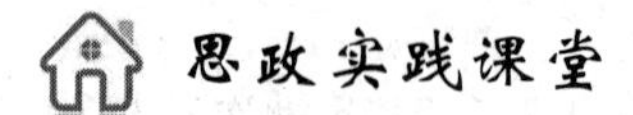

焦点访谈——“大食物观”让百姓餐桌更丰富

模块四

食品储运、追溯与消费安全

本模块实践目标

1. 能够掌握食品的储藏、运输过程中的安全隐患，学会控制方法。

2. 能够使用食品安全追溯系统，并清楚其中的原理。

3. 能够根据某一食品进行简单的追溯方案设计。

4. 了解现代信息技术、人工智能技术、高端装备等在食品安全中的应用，培育新的增长引擎。

本模块知识构架

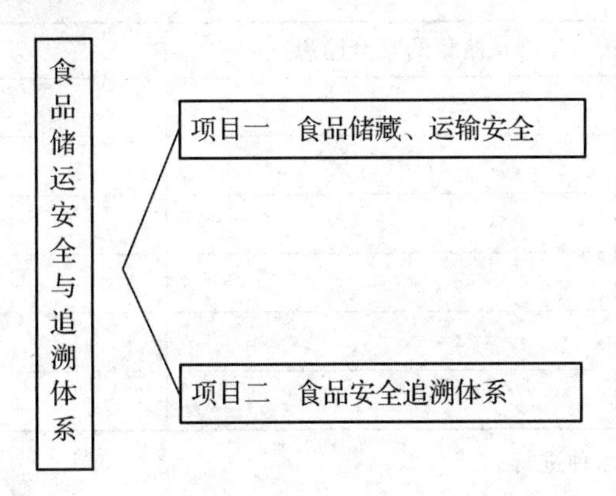

项目一 食品储藏、运输安全

学习目标

1. 了解食品储藏、运输过程中存在哪些食品安全隐患。
2. 掌握控制食品储藏、运输过程食品安全的主要方法。

问题驱动

1. 食品生产完成出厂后就万事大吉了吗？
2. 在食品的储藏、运输过程中哪些因素最能引起食品安全问题？

任务1 食品的储藏隐患与实例分析

参考实训地点：电教室　　　参考学时：2学时

一、技能目标

(1)食品储藏过程中安全隐患分析。

(2)有关食品储藏文件的收集。

二、理论准备

(1)食品的储藏条件和主要方法。

(2)保障食品储藏安全的主要措施。

三、实训内容

1. 分组与任务布置(实训前)

按照表4-1进行分组，每组为单位查询相应的资料。

表4-1 食品储藏的隐患及要求

序号	类型	储藏的安全隐患	要求/标准等
1	水果		
2	蔬菜		
3	猪肉		
4	蛋类		
5	水产品		
6	粮食		

注：每种类别可具体到品种进行。

2. 实训过程

(1)各组根据布置的任务，课下先准备，在电子实训室(电子阅览室)通过网络查询相应资料，主要查询不同品种食品在储存中的安全隐患、储存条件、储存要求、政策法规等。

(2)按照如下要求制作 PPT 和汇报。

PPT 汇报格式及汇报要求：

题目：食品储存安全隐患及要求——以×××为例；

提纲：品种、储存安全隐患、储存条件、具体要求、有哪些标准、法规等；

汇报时间：汇报每组 5 min，提问 2 min。

(3)各组派代表上台讲解。

(4)其他组提问、讨论及互动。

(5)教师总结、评分。

四、参考评价方法

本实训按照小组评价、组间评价、个人评价分别进行综合评价，参考附录 1 的方法。

任务 2　食品运输与物流安全调研

参考实训地点：电教室　　　参考学时：2 学时

一、技能目标

(1)食品运输过程中的安全隐患分析。

(2)资料查询与调研能力。

二、理论准备

(1)我国食品运输的发展现状。

(2)食品运输的主要方法和工具。

(3)我国有关食品运输的法规、标准等文件。

三、实训内容

1. 分组与任务布置(实训前)

按照表 4-2 进行分组，以组为单位查询相应的资料。

表 4-2　食品运输与物流安全调研

序号	类　型	运输及物流安全隐患	运输设备/工具	要求/标准等
1	水果			
2	蔬菜			
3	猪肉			
4	蛋类			
5	水产品			
6	粮食			

注：每种类别可具体到品种进行。

2. 实训过程

(1)各组根据布置的任务，课下先进行准备，在电子实训室(电子阅览室)通过网络查询相应资料，主要查询不同品种食品在储存中的安全隐患、储存条件、储存要求、政策法规等。

(2)按照如下要求制作 PPT 和汇报。

PPT 回报格式及汇报要求

题目：食品储存安全隐患及要求——以×××为例。

提纲：品种、储存安全隐患、储存条件、具体要求、有哪些标准法规等。

汇报时间：汇报每组 5 min，提问 2 min。

(3)各组派代表上台讲解。

(4)其他组提问、讨论及互动。

(5)教师总结、评分。

四、参考评价方法

本实训按照小组评价、组间评价、个人评价分别进行综合评价，参考附录 1 的方法。

项目二　食品安全追溯体系

学习目标

1. 了解食品安全追溯的主要方法。
2. 掌握二维码为基础的食品安全追溯的实施要点。

问题驱动

1. 世界各国都采用哪些方法来追溯问题食品的源头？
2. 能不能利用二维码技术制作一个简易的食品安全追溯系统？

任务1　食品安全追溯体系调研与案例分析

参考实训地点：电教室　　参考学时：2学时

一、技能目标

(1)分析问题能力。

(2)文献、资料查询能力。

(3)汇报演讲能力。

二、理论准备

本部分不需要理论准备，直接让学生开展调研实践，通过学生的查询、整理、分析、汇报，加深对食品安全追溯体系的了解。

三、实训内容

1. 分组与任务布置(实训前)

根据食品安全追溯在国内的应用，按照表4-3进行分组，以组为单位查询相应的资料。

表4-3　食品安全追溯调研分组表

组别	范围	案例名称	类　型
1	食品	国家食品(产品)安全追溯平台	官方(中国物品编码中心)
2	果蔬类	上海市肉类蔬菜流通追溯管理平台	官方(上海市商务委员会)
3	水产类	水产品质量安全追溯平台	官方(广东省海洋渔业局)
4	食品	食品追溯平台	第三方(企业)
5	茶叶	农产品质量安全追溯平台	官方(宜兴市丁蜀镇人民政府)
6	农产品	农垦农产品质量安全信息网	官方(中国农垦经济发展中心)

注：教师可根据现有国家或地方其他追溯平台进行立题分组。

2. 实训过程

(1)各组根据布置的任务，在电子实训室(电子阅览室)通过网络查询相应资料，主要根据相关的追溯网站，找出追溯体系的技术、设计原理、使用方法、现场演示等。

(2)按照如下要求制作PPT和汇报。

PPT汇报格式及汇报要求：

题目：食品安全追溯——××××平台(追溯体系)介绍。

提纲：背景、主要原理、优点、缺点、应用推广范围。

汇报时间：汇报每组5 min，提问2 min。

(3)各组派代表上台讲解。

(4)其他组提问、讨论及互动。

(5)教师总结、评分。

四、参考评价方法

本实训按照小组评价、组间评价、个人评价分别进行综合评价，参考附录1的方法。

五、技能拓展

登录中国物品编码中心(http://www.ancc.org.cn/)、国家食品(产品)安全追溯平台(http://www.chinatrace.org/)等查询几种食品(产品)的条形码，记录相关信息。

任务2　全程追溯体系策略——二维码食品追溯的设计

参考实训地点：电教室　　　参考学时：4学时

一、技能目标

(1)掌握二维码制作方法。

(2)食品追溯整体方案设计能力。

二、理论准备

(1)教师提前通过网站、信箱等途径共享二维码生成软件供同学们课下熟悉。

(2)学生提前熟悉二维码的应用方法。

(3)参考成功的食品追溯的案例。

三、实训内容

针对教师给出的内容，各小组参考食品追溯案例，设计某一食品的二维码追溯体系，并进行宣讲和评比。

1. 分组与任务布置(实训前)

根据表4-3给出的范围分组，每组6～8人，负责一个产品的二维码追溯体系的方案设计(表4-4)。

表4-4　食品二维码追溯体系的设计

序号	产　品	分类
1	有机蓝莓追溯体系设计	果蔬
2	杭州千岛湖鱼头追溯体系设计	水产品
3	福建铁观音茶叶追溯体系设计	茶叶
4	瓯柑汁饮料追溯体系设计	饮料
5	××火腿肠追溯体系设计	肉制品
6	桂香村糕点追溯体系设计	烘焙
7	非转基因花生油追溯体系设计	油脂

注：亦可以自行选择其他题目。

2. 具体步骤

(1)查询熟悉相应的产品形态、定位和加工工艺。

(2)查询学习二维码食品追溯技术应用的案例。

(3)讨论、设计二维码在各自产品中的应用。

(4)制作二维码应用方案的操作指导书和宣讲 PPT。

(5)交流展示设计成果。

四、参考评价方法

本实训按照小组评价、组间评价、个人评价分别进行综合评价，参考附录 1 的方法。

任务 3　产品可追溯性演练

参考实训地点：电教室　　　参考学时：4 学时

一、技能目标

(1)对问题产品开展召回。

(2)问题产品原因分析和提出有效改进措施的能力。

二、理论准备

了解追溯体系的设计。

三、实训内容

按 6 人一组分组，学习追溯演练模拟案例，明确追溯过程。

1. 可追溯性演练案例

(1)演练模拟案例

假设批次号为 20140608，客户为 A 的阿尔卑花草茶包经品管部发现存在不合格问题，追溯其原因，验证其可追溯性和物料平衡性。

(2)产品不合格原因追溯(图 4-2)

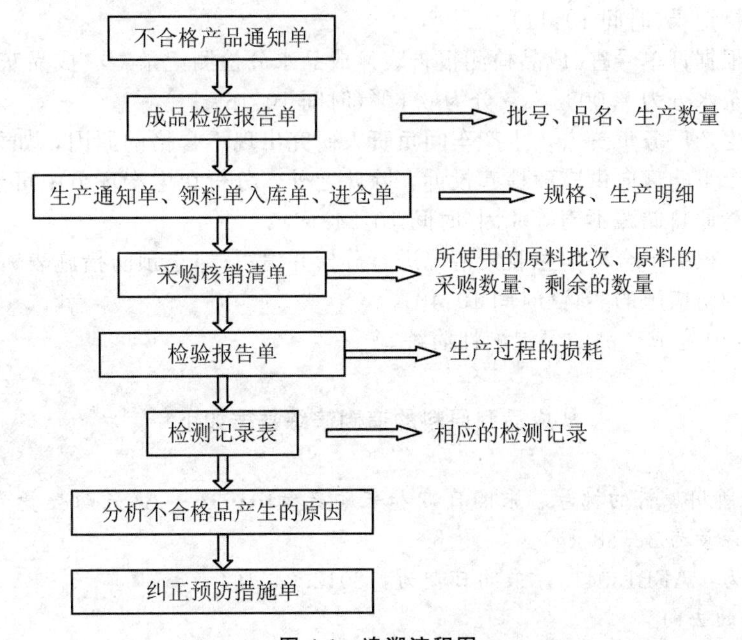

图 4-1　追溯流程图

(3)可追溯性的实施

①2014年8月20日8:30由品管员提交《不合格产品通知单》，分别下达给厂务负责人，生产车间主要负责人，业务部，仓管。

②8:44由质量负责人通知生产部、品管部、业务部、仓管召开会议。

③品管根据投诉生产日期及品名联系仓管，了解该批所用用料。

④从产品出口检验合格单及商品销售清单可以查出：生产日期为2014.06.25的阿尔卑花草茶包产品生产批号为：XM1102111133，订单号为20140608，品名：阿尔卑花草茶包，合同号为：PO1365－2，净含量216.6 kg(其中阿尔卑花草茶20 g×15120包＝30.24 kg)，于20140728销售28箱，客户为A客户。(时间：9:00)。

⑤从生产通知单、领料单、进仓单和采购物资出入库台账可以查出该产品生产规格为2 g/包，15包/盒/6盒/小箱6小箱/大箱的共28大箱；于20140624领取原料30.24 kg，领取阿尔卑三边封15120个，阿尔卑纸盒1008个，大纸箱28个，小纸箱168个。于20140725进仓15包的28箱(时间9:15)。

⑥核销清单和进货台账里可以查出，该批产品所用原料采购于20130415，采购数量为300 kg。到该批产品生产之前所剩余的原料为38.88 kg，该批产品生产后所剩余原料为8.64 kg。所用大纸箱和小纸箱分别于20140618进货共1215个和7290个，于20140619出库共1215个大纸箱和7290个小纸箱，其中20140624领用阿尔卑大纸箱28个，小纸箱168个；大小纸箱均采购于万颖工贸。所用纸盒于20140618领用43740个，其中20140624用于阿尔卑花草茶包的有1008个，采购于厦门美大；所用的阿尔卑三边封于20140616进货760000个，于20140618领用728100个，其中20140624用于阿尔卑茶包的三边封有15120个，采购于龙海盛鑫彩印(时间9:42)。

⑦生产该产品的过程中，品管部抽取100 g左右进行水分测试、净含量测试、灰分测试、审评用及留样用；包装后又随机抽取25箱里的50包进行净含量测试。测试后依然放入相应的箱子，即该产品在生产过程中的损耗量为100 g，成品装箱后损耗为0。以上记录没有出现不合格记录(时间10:11)。

⑧品管部根据订单号查《成品检测报告表》《成品水分检测记录》及《成品灰分检测记录》得知：该花草茶水分为7.00%，灰分为6.6%(时间10:16)。

⑨品管同生产厂务负责人，生产车间负责人研究出现不合格的原因，如果由于原料产生的原因，则令采购部向供应商提起投诉，除此之外，分析在生产环节中可能出现的不合格因素或者仓管原料储藏不当等原因(时间10:24)。

⑩品管负责根据不合格信息收集情况进行分析并填写《纠正预防措施表》，交由厂务负责人进行纠正预防措施的实行(时间10:40)。

8:30—10:40完成产品的可追溯性演练。

从成品到原料的追溯演练数据如下

成品批号：

1. 该成品所用原料的批号、采购日期和采购数量…………A(采购数量为300 kg，该产品生产前库存量为38.88 kg)。

原料批号为：AEB130415，采购日期为：2012.04.16。

2. 该原料的去向

1)用这批号原料料在生产中使用的数量………………B(30.24 kg)

2)在生产过程中原料的损耗…………………C(0)

3)QA/QC 的抽样数量…………………D(0.1 kg)

4)该批号的原料库存…………………E(8.64 kg)

3. F%=(B+C+D+E)/A×100%

F%=(B+C+D+E)/A×100%=(30.24+0+0.1+8.64)/38.88×100%=100.002%

4. 用该批号原料所生产出的该批成品入库数量…………G(28 箱，净含量 30.24 kg)

5. 这些成品的去向

1)已出库的成品数量………………H(28 箱，净含量 30.24 kg))

2)用该批号原料所生产出的成品库存数量…………………I(0)

3)QA/QC 的抽样数量…………J(0)

6. K%=(H+I+J)/G×100%

K%=(H+I+J)/G×100%=(30.24+0+0)/30.24×100%=100%

7. L%=|100%−K%|+|100%−F%|

L%=|100%−K%|+|100%−F%|=|100%−100%|+|100%−100.002%|=0.002%

总结：本次从成品到原材料的追溯成功，用时 130 min。

2. 模拟召回演练

根据上述案例，分组(可将人员分成质检部、生产部、行政部和业务部等)开展召回演练，填写以下表格，控制在 4 课时。

×××有限公司
产品召回演练记录

记录编号：

一、计划制订

编制人		编制时间	
批准人		批准时间	
备注			

二、召回小组

姓名				
部门				
职务				
职责				

三、召回范围

产品商标				
产品名称				
生产日期				
生产批次				

续表

产品包装				
产品数量				
分布范围				

四、召回步骤和期限

步骤	开始时间	完成期限	备注
确认回收范围			
编制回收公告			
发布招回信息			
产品回收行动			
回收产品处理			
确认回收完成			
编制回收报告			

产品召回模拟演练记录

编号：

召回产品基础信息

产品名称		批次号	
产品召回原因			
召回数量		严重程度	
信息收到时间		信息接收人	
情况描述			
原货发货时间		到货时间	
客户名称		输入国家	

记录：黄衍雷

产品召回模拟演练记录

编号：

召回货物质量分析论证

产品批次		名称	
核实产品		分析时间	
涉及部门			
部门负责人			
分析项目			
分析结果			
总结意见			

记录：

产品召回模拟演练记录

编号：

应急措施和处理方案

<table>
<tr><td colspan="2">产品批次</td><td></td><td>实施负责人</td><td></td></tr>
<tr><td colspan="2">参与部门</td><td colspan="3"></td></tr>
<tr><td colspan="2">实施时间</td><td colspan="3"></td></tr>
<tr><td>召回方案</td><td colspan="4"></td></tr>
<tr><td>措施</td><td colspan="4"></td></tr>
<tr><td>有效性</td><td colspan="4"></td></tr>
</table>

记录：

产品召回模拟演练记录

编号：

验证、改进和预防

产品批次		召回时间	
验证日期			
跟踪验证			
改进措施			
预防措施			
总结			

记录：

产品召回模拟演练记录

编号：

溯源跟踪文件、记录

产品批次			召回时间	
溯源体系有效性评价				
所涉及的文件记录报告	文件名称	所属部门	文件名称	所属部门

四、参考评价方法

《产品召回模拟演练记录》为小组作业，该实训项目的评价是以个人和小组相结合的方式进行。

项目三　餐饮服务食品安全管理

学习目标

通过本项目安排的实训任务，你应当能：

1. 掌握餐饮服务提供者包括餐饮服务经营者和单位食堂等主体食品安全要求；

2. 帮助餐饮服务企业建立餐饮服务食品安全管理体系；

3. 学会餐饮服务单位食品安全管理审核的技能。

4. 充分了解产学研深度融合的相关实训基地、合作企业的创新精神，发挥科技企业的引领作用，提高科技成果转化和产业化水平。

问题驱动

1. 餐饮服务经营者和单位食堂等主体的食品安全如何保障？

2. 如何构建餐饮食品安全的体系？

3. 在餐饮服务单位发现的等级笑脸或者标签，是如何评价出来的？

任务 1　餐饮服务单位食品安全状况调查

参考实训地点：校园食堂、周边餐饮服务门店　　参考学时：4 学时

一、技能目标

(1)树立食品安全意识；

(2)从生活中寻找、识别餐饮行业食品安全隐患；

(3)调研分析问题、解决问题的能力。

二、理论准备

(1)学习食品安全的危害因素等；

(2)学习《餐饮服务食品安全操作规范》；

(3)学习食品安全控制体系和职责划分。

三、实训内容

1. 分组与任务布置

根据班级人数，进行分组，参考 4～6 人/组，主要的调查方案可参考表 4-5，也可自行设定。

表 4-5　餐饮服务食品安全调查方案

组号	调查对象	地点	调查形式
1			
2			
3			
4			
5			
6			

2. 主要任务

学生根据调查对象，设计调查问卷，通过对顾客、经营者、员工等现场开展餐饮服务单位的食品安全情况调查，并填写表4-6内容，总结汇报。

表4-6 餐饮服务食品安全调查情况表

组别：　　　调查成员：　　　　　　　　　调查日期

餐饮服务单位名称：　　　　　　　　　　　地点：

调研的内容	详细记录情况
食品安全体系建设情况	
获得的食品安全荣誉情况	
在食品安全保障方面的主要措施	
人员食品安全培训情况	
顾客评价反馈情况	
食品安全处罚情况	
其他影响食品安全的问题	

四、参考评价方法

以组为单位，撰写本次实训的调研报告，调研报告作为主要实训成果进行评价，占小组评价的50%，小组其余评价及个人评价方法见附录1，调研报告的格式统一如下：

题　目

班级：　　　组别：　　　组员：

一、背景(背景、主要存在的问题，可以查资料)

二、调研目的(了解校园及周边餐饮行业食品安全状况)

三、调研情况(存在的主要问题，建议等)

四、总结(本次调研结果及建议)

注意：以上内容应当简明扼要，说清楚问题。

任务2　模拟开展餐饮服务许可检查

参考实训地点：餐饮店/学校食堂　　　参考学时：4学时

一、技能目标

(1)能够发现餐饮服务现场存在的不符合《餐饮服务食品安全操作规范》要求的地方；

(2)根据存在的问题，科学分析，并根据《餐饮服务食品安全操作规范》要求，提出整改的对策。

二、理论准备

(1)学习食品安全的危害因素等；

(2)学习《餐饮服务食品安全操作规范》；

(3)学习食品安全控制体系和职责划分。

三、实训内容

1. 分组与任务布置(实训前)——了解审查对象

学校可以提前联系学校食堂、餐饮服务单位等，明确将审查的主要内容，参考表4-7，在审核中及时进行记录，也可自行设计。

2. 开展模拟审查

按照表4-7，在实训现场开展模拟审核，及时进行记录相关的信息。

表4-7　食品经营许可核查表

适用于　餐饮服务经营者(○特大型餐饮　○大型餐饮　○中央厨房　○集体用餐配送单位)
单位食堂(○学校食堂　○托幼机构食堂　○养老机构食堂　□内部配送中心)
就餐人数300人以上的其他单位食堂(○机关企事业单位食堂　○医疗机构食堂　○建筑工地食堂　○其他食堂)

经营者名称：____________________

经营场所：____________________

法定代表人(负责人)：____________________

核查日期：______年____月____日

经营项目：□热食类食品制售(简单加工制作○是○否)；
□冷食类食品制售(简单加工制作○是○否)；
□生食类食品制售(简单加工制作○是○否)；
□自制饮品制售(○含生鲜乳饮品，○不含生鲜乳饮品，○简单加工制作)；
□糕点类食品制售(○含裱花蛋糕，○不含裱花蛋糕，○简单加工制作)。

核查内容		核查和评价方法	编号	是否关键项	核查结果(在□内打"√")
一般要求	1. 选址	选择地势干燥、有给排水条件和电力供应的地区，未设在易受到污染的区域。距离粪坑、污水池、暴露垃圾场(站)、旱厕等污染源25米以上。	1	*	□符合 □不符合
	2. 人员及管理制度	配备专职或兼职的食品安全管理人员，食品安全管理人员经培训考核合格。	2	*	□符合 □不符合
		接触直接入口食品工作的从业人员取得健康证明。	3	*	□符合 □不符合
		建立与食品生产经营相适应的食品安全管理制度，餐饮企业还应建立定期清洗消毒空调设施，清洗卫生间的管理制度。	4	*	□符合 □不符合
	3. 食品处理区建筑材料与结构	地面无毒、不渗水、无异味、耐腐蚀、易于清洗，平整、无裂缝、无破损，并有良好的排水系统；排水沟出口有网眼孔径小于10 mm的金属隔栅或网罩。中央厨房墙角、柱角、侧面、底面的结合处应有一定的弧度。	5	/	□符合 □不符合
		墙壁的涂覆或铺设材料无毒、无异味、不透水。需经常冲洗的场所(包括粗加工、切配、烹饪、餐用具清洗消毒等场所)铺设1.5米以上的浅色、不吸水、易清洗的墙裙，专间墙裙铺设到顶。	6	/	□符合 □不符合

续表

核查内容		核查和评价方法	编号	是否关键项	核查结果（在□内打“√”）
一般要求	3. 食品处理区建筑材料与结构	天花板采用无毒、无异味、不吸水、易清洁、耐高温、耐腐蚀的材料涂覆或装修。水蒸汽较多的场所，其天花板有一定弧度。清洁操作区、准清洁操作区及其他半成品、成品暴露区域的天花板平整。	7	/	□符合 □不符合
		需要经常冲洗的场所及各类专间的门应坚固、不吸水、易清洗。与外界直接相通的门和可开启的窗，应设置易拆洗、不易生锈的防蝇纱网或空气幕等设施。与外界相通的门能自动关闭。	8	/	□符合 □不符合
	4. 场所设置、布局、分隔和面积	加工操作场所按原料进入、原料加工制作、半成品加工制作、成品供应的流程合理布局。	9	*	□符合 □不符合
		根据实际条件，分开设置原料通道及入口、成品通道及出口、餐饮具回收通道及入口，避免交叉污染。	10	/	□符合 □不符合
		食品处理区设在室内。设置与食品供应方式和品种相适应的粗加工、切配、烹饪、面点制作、餐用具清洗消毒、备(分)餐加工操作场所以及食品库房、更衣室(区)、清洁工具存放场所等。	11	*	□符合 □不符合
		制作生食类食品、冷食类食品(动物性冷食、非发酵豆制品类植物性冷食)、裱花蛋糕、自制生鲜乳饮品，中央厨房、集体用餐配送单位、内部配送中心的食品冷却和分装等分别设置相应的操作专间；学校(托幼机构)、养老机构食堂备(分)餐设置备(分)餐间。各专间有明显标识，标明其用途。	12	*	□符合 □不符合 □不适用(合理缺项)
		加工制作鲜榨果蔬汁、果蔬拼盘、不含非发酵豆制品的植物性冷食、不含生鲜乳饮品的自制饮品、不含裱花蛋糕的糕点、简单加工处理预包装食品、调制供消费者直接食用调味料的，以及除学校食堂、托幼机构、养老机构食堂以外的单位食堂的备餐，设置专用操作区。各专用操作区有明显标识，标明其用途。	13	*	□符合 □不符合□不适用(合理缺项

续表

核查内容		核查和评价方法	编号	是否关键项	核查结果（在□内打“√”）
一般要求	4. 场所设置、布局、分隔和面积	食品处理区的面积与最大供餐人数、加工和供应品种及数量相适应，各功能间(区)面积与加工相适应。专间面积不小于5 m^2，单位食堂食品处理区面积不小于20 m^2，中央厨房食品处理区面积不小于300 m^2。	14	*	□符合 □不符合
		采用视频直播或透明玻璃隔断、矮柜隔断等方式向消费者展示餐饮服务关键部位与环节。有条件的，将视频“阳光厨房”接入互联网，实现网上“阳光厨房”	15	/	□符合 □不符合
		加工经营场所内无圈养、宰杀活的禽畜类动物的区域。	16	*	□符合 □不符合
	5. 食品原料、清洁工具水池	根据加工品种和规模设置食品原料清洗水池或容器等设施，清洗水池、容器等设施数量与加工食品品种、数量相适应，满足不同类型的食品原料(动物性食品、植物性食品、水产品分开)需要，上下水通畅，有明显标识。	17	*	□符合 □不符合 □不适用(合理缺项)
		设专用于拖把等清洁工具、用具的清洗水池或设施，其位置不污染食品及其加工制作过程。	18	/	□符合 □不符合
	6. 切配烹调	配备与加工适应的操作台和设施设备；使用燃煤或木炭等固体材料的，炉灶应为隔墙烧火的外扒灰式。	19	/	□符合 □不符合
		配置排风和温度调节设施，产生油烟的设备上方设置机械排风及排气装置，过滤器便于清洗和更换。	20	/	□符合 □不符合 □不适用(合理缺项)
	7. 洗消场所	设置独立的餐用具洗消间或专用区域，配备清洗、消毒、保洁设施，其容量和数量能满足不同消毒方式、加工制作和供餐需要。水池、设施设备有明显标识。	21	*	□符合 □不符合 □不适用(合理缺项)
		集体用餐配送单位和内部配送中心的餐用具清洗消毒应采用热力消毒方式(因材质等原因不宜采用的除外)。	22	/	□符合 □不符合 □不适用(合理缺项)
		供消毒后餐用具保洁的设施结构密闭并易于清洗，并有明显标识。	23	/	□符合 □不符合 □不适用(合理缺项)

续表

核查内容		核查和评价方法	编号	是否关键项	核查结果（在□内打“√”）
一般要求	8. 原料储存	设置相适应的食品专用库房或贮存场所；清洗消毒工具、洗涤剂、消毒剂有独立隔间或区域存放。	24	*	□符合 □不符合
		设足够的物品存放架，其结构及位置能够做到隔墙离地。	25	/	□符合 □不符合
		有通风、防潮及防止有害生物侵入的装置。	26	/	□符合 □不符合
		有相应的、足够数量的冷藏(冷冻)设施，数量和结构能满足原料、半成品、成品分开存放的要求，并有明显区分标识。	27	/	□符合 □不符合 □不适用(合理缺项)
		设有冷冻(藏)库的，冷冻(藏)库有可正确显示库内温度的温度监测装置。	28	/	□符合 □不符合 □不适用(合理缺项)
	9. 设备、工具和和容器	直接接触食品的设备或设施、工具、容器和包装材料及一次性餐饮具等符合食品安全标准或要求。	29	/	□符合 □不符合
		直接接触食品的设备或设施、工具、容器易于清洁和保养。加工制作鲜榨果蔬汁、五谷杂粮汁的等高危易腐食品的，其设施设备易拆卸、易清洗消毒。	30	/	□符合 □不符合
		配备足够数量的容器和加工制作工用具，满足不同类型食品原料、不同形式的食品(原料、半成品、成品)分开使用、存放需要，各类容器和加工制作工用具有明显的区分标识，存放区域分开设置。提倡采用红蓝绿分别管理动物性食品、水产品、植物性食品。	31	/	□符合 □不符合
		学校(托幼机构)食堂、养老机构食堂、医疗机构食堂、中央厨房、集体用餐配送单位、建筑工地食堂(供餐人数超过100人)和餐饮服务提供者(集体聚餐人数超过100人)、提供自制生鲜乳饮品的经营者应配备留样专用容器和冷藏设施，以及留样管理人员。	32	/	□符合 □不符合 □不适用(合理缺项)
	10. 洗手消毒设施	食品处理区内设置相应的清洗、消毒、洗手、干手设施，位置应易于员工操作。员工专用洗手消毒设施附近有洗手消毒方法标识。	33	/	□符合 □不符合
	11. 采光照明	加工场所光源不改变观察食品的天然颜色。安装在暴露食品正上方的照明设施使用防护罩。冷冻(藏)库房使用防爆灯。	34	/	□符合 □不符合

续表

核查内容		核查和评价方法	编号	是否关键项	核查结果（在□内打“√”）
一般要求	12. 废弃物暂存设施	可能产生废弃物的场所应设置密闭带盖的的废弃物盛放容器。废弃物容器与加工用容器有明显的区分标识。专间、专用操作场所内废弃物容器盖子应当为非手动开启式。废弃油脂应有专用盛放容器并有明显标识。	35	/	□符合 □不符合
	13. 更衣场所	设从业人员更衣室(场所)，并与加工经营场所处于同一建筑物内；有与经营项目和经营规模相适应的空间、更衣设施和照明。	36	/	□符合 □不符合
	14. 卫生间	设在食品处理区外，出入口不直对食品处理区，出入口附近设置洗手、干手设施；	37	*	□符合 □不符合 □不适用(合理缺项)
		具有独立的排风装置，有照明；便池为冲水式；与外界直接相通的窗口设有易拆洗、不易生锈的防蝇纱网。	38	*	□符合 □不符合 □不适用(合理缺项)
	15. 就餐场所	就餐场所应设有对外直接可开启的窗户，或配备必要的通风设施，保持空气流通。	39	/	□符合 □不符合 □不适用(合理缺项)
	16. 供水设施	食品加工制作用水应采用集中式供水，采用非集中式供水的，提供加工用水水质符合国家《生活饮用水卫生标准》的证明材料。	40	*	□符合 □不符合
		制作食用冰用水、专间或专用操作区内需要直接接触成品用水的，应加装符合相关规定的水净化设施。制冰设施放置在清洁操作区或准清洁操作区。	41	*	□符合 □不符合 □不适用(合理缺项)
特殊要求	17. 专间或专用操作区要求	专间应为独立隔间，门能够自动关闭，窗户为封闭式(传递食品用的除外)，传递食品的窗口应专用、可开闭，大小以可通过运送食品的容器为准。	42	*	□符合 □不符合 □不适用(合理缺项)
		专用操作区应通过矮柜、矮墙、屏障等物理阻断与其他场所相对隔离，仅简单加工制作或调制供消费者直接食用调味料的，可以通过留有一定空间与其他场所进行相对分离。	43	/	□符合 □不符合 □不适用(合理缺项
		专间入口处设置洗手、消毒、干手、更衣设施。专用操作区入口处或附近有洗手消毒干手设施。员工洗手池附近应有洗手消毒方法标识。	44	*	□符合 □不符合 □不适用(合理缺项)

续表

核查内容		核查和评价方法	编号	是否关键项	核查结果（在□内打“√”）
特殊要求	17. 专间或专用操作区要求	专间设有符合要求的空气消毒设施、空调设施、温度监测装置、专用加工工具及其清洗消毒水池；专用操作区设有专用加工工具及其清洗消毒水池；需要冷藏的设有相应容量的专用冷藏设施；需要冷藏的设有相应容量的专用冷藏设施。	45	*	□符合 □不符合 □不适用(合理缺项)
		地面采用带水封的地漏排水(不得设置明沟)；水龙头采用脚踏式、肘动式、感应式等非手动式开关。	46	*	□符合 □不符合 □不适用(合理缺项)
	18. 自制生鲜乳饮品	与生鲜乳收购站签订采供货协议，并索取供货者的经营资质证明和生鲜乳检验合格证明材料。鼓励采用预包装的原料乳进行加工制作。	47	*	□符合 □不符合 □不适用(合理缺项)
		加工制作发酵乳的，发酵菌种为保加利亚乳杆菌(德式乳杆菌保加利亚亚种)、嗜热链球菌或其他由国务院卫生行政部门批准使用的菌种。	48	*	□符合 □不符合 □不适用(合理缺项)
		建立自制生鲜乳饮品定期送检制度；有委托具有资质的第三方检测机构进行定期检验检测的合同(协议)。	49	*	□符合 □不符合 □不适用(合理缺项)
	19. 中央厨房、集体用餐配送单位	中央厨房不得制售冷食类食品(腌菜、自制调味料、未经改刀熟食除外)、生食类食品、裱花蛋糕、鲜榨果蔬汁等食品成品，其食品成品和半成品仅供应餐饮单位使用，不得在销售环节销售。集体用餐配送单位和内部配送中心不得制售生食类、冷食类、裱花蛋糕、鲜榨果蔬汁等风险较高食品。学校(托幼机构)食堂建立的内部配送中心配送品种限热食类食品和食品半成品，配送范围在半小时运输圈内。	50	*	□符合 □不符合 □不适用(合理缺项)
		配备与加工食品品种、数量以及储存要求相适应的带有冷藏或保温设施的封闭式专用车辆，车辆内部结构平整，易清洁。配备高危易腐食品专用储存容器，有明显标识。	51	*	□符合 □不符合 □不适用(合理缺项)
		加工制作的成品或半成品的包装材料或容器符合国家食品安全标准或有关规定。	52	/	□符合 □不符合 □不适用(合理缺项)

续表

核查内容		核查和评价方法	编号	是否关键项	核查结果（在□内打“√”）
特殊要求	19. 中央厨房、集体用餐配送单位	制定大宗食品原料、加工制作环境、成品和半成品等的检验检测计划，设置与加工制作的食品品种相适应的检验室，配备与检验项目相适应的检验设备和经过培训考核的检验检测人员。无条件设置检验室内，有委托具有资质的第三方检测机构进行定期检验检测的合同(协议)。	53	*	□符合 □不符合 □不适用(合理缺项)
		配备标签和标识制作、加贴等设施设备，并提供已加贴标签或标识的包装样本。	54	/	□符合 □不符合 □不适用(合理缺项)
		职业学校、普通中等学校、小学、特殊教育学校、托幼机构的学生食堂不得制售冷食类(瓜果除外)、生食类、裱花蛋糕类食品。	55	*	□符合 □不符合 □不适用(合理缺项)

注：1. 本表核查项目共55项，其中关键项28项，一般项27项，*表示关键项，其他为一般项；2. 项目中的内容如部分不符合，应作为不符合；3. 本表核查内容中1～16项为通用要求，申请热食类制售外的其他经营项目除应满足通用要求外还应同时满足其他相应要求；4. 核查人员应根据实际经营项目情况，结合是否采用新技术、新工艺等制作方式或采用简单加工制作形式，把握合理缺项。5. 关键项必须全部符合(合理缺项除外)，一般项“符合”的比例应超过一般项总数(合理缺项除外)的75%以上。

3. 各组对照《餐饮服务食品安全操作规范》寻找不符合项，并提出整改方案。

4. 教师根据《餐饮服务食品安全操作规范》点评和讲解。

四、参考评价方法

以组为单位，撰写本次实训食品经营许可核查报告。核查报告作为主要实训成果进行评价，小组评价占50%，小组其余评价及个人评价方法见附录1。

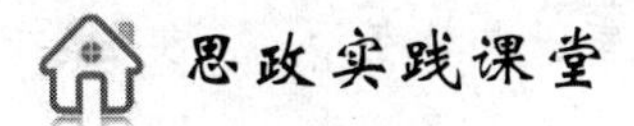

安全追溯一张网　中国已发布1366项食品安全国家标准

模块五

综合性大实训

本模块实践目标

1. 能够熟练运用本课程涉及的食品安全知识，科学分析食品安全问题。

2. 能够根据企业的现场，为企业提供食品安全管理方面的建议和指导，协助企业制定 HACCP 体系文件、ISO 22000 体系文件。

3. 能够根据针对某一领域的食品安全问题展开设计、调研、并且有针对性地提出食品安全控制策略。

任务1　协助企业开展 HACCP 计划制订

参考实训地点：企业、实训室、电教室　　　参考学时：20～28 学时

一、技能目标

(1)食品企业 HACCP 体系文件的建立。

(2)为企业提供咨询与技术支持。

二、理论准备

(1)基础课程基本学习完毕。

(2)数量掌握 HACCP 理论。

三、实训内容

1. 分组与任务布置(实训前)

按照表 5-1 进行分组，每组为单位开展综合调研，获取基础资料。

表 5-1　食品企业 HACCP 计划制定分组表

序号	企业名称	HACCP 体系名称
1		
2		
3		
4		
5		
6		
7		
8		

注：教师可为学生联系尚未制定 HACCP 的企业，或已经制定了 HACCP 企业有进一步完善需求的，或提供比较详细的企业基础信息供学生进行实训。

2. 实训任务流程及参考学时(表 5-2)

表 5-2　实训任务流程及参考学时

流程	任务内容	参考地点	参考学时
1	安排任务，前期准备	电教室	2
2	企业食品生产现场调研	企业	8
3	绘制工艺流程图	企业/教室	2
4	危害分析讨论	电教室	2
5	关键控制点确定	电教室	4
6	相关表格的设计与填写	电教室	2
7	HACCP 计划的完成与发布	电教室	4
8	HACCP 计划总结与汇报	企业/教室	4
合计			28

四、参考评价方法

本实训适合综合技能训练周使用，适宜在课程完成之后的综合训练，可以考虑引入企业的参与和评价，重视过程评价，本实训按照小组评价、组间评价、企业评价分别进行综合评价，参考附录 1 进行调整。

任务 2　食品安全调研、对策与宣传

参考实训地点：电教室/校园/社区/公园　　　参考学时：20～28 学时

一、技能目标

(1)提高学生查阅资料、阅读资料、分析整理的能力。

(2)提高学生问题分析与方案设计能力。

(3)培养学生的创新能力和知识的迁移能力。

(4)提升爱国主义、集体主义、社会主义的教育认知程度，深入开展社会主义核心价值观宣传教育，着力培养担当民族复兴大任的时代新人。

(5)提高学生应急管理素质。

二、理论准备

(1)食品安全课程主要内容学习完成。

(2)具有坚定的中华文化立场，具备一定的宣传功底。

三、实训内容

1. 分组与任务布置(实训前)

按照表5-3进行分组，每组为单位开展相应的调查与分析宣传。

表5-3 参考分组

序号	题目	成果
1	农产品、畜产品安全现状调查分析(种植、养殖等)	宣传海报、漫画、视频、宣传册
2	食品标准、检验体系现状与分析(标准、检验、认证等)	宣传海报、漫画、视频、宣传册
3	流通市场食品安全调研与分析(市场、超市、农贸、运输等)	宣传海报、漫画、视频、宣传册
4	食品标准、检验体系现状与分析(标准、检验、认证等)	宣传海报、漫画、视频、宣传册
5	餐饮业食品安全现状调查与分析(餐饮)	宣传海报、漫画、视频、宣传册
6	我国食品加工过程安全现状调查与分析(食品企业)	宣传海报、漫画、视频、宣传册
7	食品安全追溯体系的现状和应用(食品标签、追溯)	宣传海报、漫画、视频、宣传册
8	社会热点或谣言等试验验证(校园周边、生活中，提供亚硝酸盐和二氧化硫快速检测试剂等)	宣传海报、漫画、视频、宣传册

注：提供仅供参考，可以自行设置需要调研的题目。

2. 实训任务流程及参考学时(表5-4)

表5-4 实训任务流程及参考学时

流程	任务内容	参考地点	参考学时
1	任务布置、集中资料查询、制定方案	电教室	2
2	调研、设计实施阶段	企业/市场/农场	8
3	各组调研汇总、对策研究与讨论	电教室	6
4	调研报告、图片展、漫画创作、视频录制、微信文章编辑、海报制作	电教室	6
5	成果展出、评分、汇报	学校广场/公园/大型公益展出场所	6
合计			28

四、参考评价方法

本实训按照小组评价、组间评价、个人评价分别进行综合评价，参考附录1的方法。

思政实践课堂

我国食品安全发展70年历程

附 录

附录 1 实训课程立体评价体系

在本实训教程中，所有实训设置坚持“立德树人”的根本任务，“坚持尊重劳动、尊重知识、尊重人才、尊重创造”，努力为国家培养更多的“大国工匠、高技能人才”“技能训练为目标，过程考核为主”的为目标。应用“教师评价、组建评价、组内评价、个人评价”综合评价体系对小组和个人进行评价，从而督促学生积极参与实训，得到技能提升的目的。本评价体系只给出了一个大体框架，教师需要根据每一个具体的实训，设定具体的评价标准和比例。

一、小组(团队)评分标准

团队评分以团队实训态度、实施过程、团队协作、实训成果的评价为主，教师应根据每次实训的具体过程，确定评价标准和比例，小组(团队)评分可参照附表 1-1 进行。

附表 1-1 小组(团队)实训成绩评定标准(百分制)

<table>
<tr><td>班级</td><td></td><td>小组(团队)</td><td colspan="2"></td><td>日期</td><td></td></tr>
<tr><td colspan="2">实训项目</td><td colspan="5"></td></tr>
<tr><td rowspan="2">序号</td><td rowspan="2">考核项目</td><td colspan="4">考核标准</td><td rowspan="2">得分</td></tr>
<tr><td>A
90%～100%</td><td>B
80%～90%</td><td>C
60%～80%</td><td>D
<60%</td></tr>
<tr><td>1</td><td>实训态度(__分)</td><td>按时上课，实训认真，积极主动</td><td>较好</td><td>一般</td><td>较差</td><td></td></tr>
<tr><td>2</td><td>团队协作(__分)</td><td>成员团结，分工协作，合作愉快</td><td>较好</td><td>一般</td><td>较差</td><td></td></tr>
<tr><td>3</td><td>实训过程(方案、知识、能力、提问等)(__分)</td><td>资料可靠，方案可行，知识牢固，实训过程顺利，表现积极</td><td>较好</td><td>一般</td><td>较差</td><td></td></tr>
<tr><td rowspan="2">4</td><td>实训成果(教师评价)(__分)</td><td rowspan="2">汇报或回答问题得当；实训报告规范，成果完成良好，达到实训预期目的</td><td>较好</td><td>一般</td><td>较差</td><td></td></tr>
<tr><td>实训成果(组间评价)(__分)</td><td>较好</td><td>一般</td><td>较差</td><td></td></tr>
<tr><td colspan="3">小组(团队)实训考核成绩(总分)</td><td colspan="4"></td></tr>
</table>

注：考核项目分值可根据实际实训进行调整，组间评价可选。

二、小组(团队)之间的互评评分标准

实训过程中，如果出现汇报、小组之间的交流评比等情况，由教师评价和小组间评价结合，小组间评价主要以实训成果为主，计入团队成绩中的实训成果(组间评价)中，可参照附表 1-2 进行评价。

附表 1-2　实训组间评价表(百分制)

<table>
<tr><td>班级</td><td colspan="2"></td><td>小组(团队)</td><td></td><td>日期</td><td colspan="2"></td></tr>
<tr><td colspan="2">实训项目</td><td colspan="5"></td></tr>
<tr><td rowspan="2">序号</td><td rowspan="2">考核项目</td><td colspan="4">考核标准</td><td rowspan="2">得分</td></tr>
<tr><td>A
90%～100%</td><td>B
80%～90%</td><td>C
60%～80%</td><td>D
<60%</td></tr>
<tr><td>1</td><td>成果展示(__分)</td><td>任务完成，结果可靠</td><td>良好</td><td>一般</td><td>较差</td><td></td></tr>
<tr><td>2</td><td>汇报情况(__分)</td><td>汇报优异，讲得清楚</td><td>良好</td><td>一般</td><td>较差</td><td></td></tr>
<tr><td>3</td><td>答疑情况(__分)</td><td>能够准确回答提问</td><td>良好</td><td>一般</td><td>较差</td><td></td></tr>
<tr><td>4</td><td>其他情况(__分)</td><td>其他特色</td><td>良好</td><td>一般</td><td>较差</td><td></td></tr>
<tr><td colspan="4">小组(团队)实训考核成绩(总分)</td><td colspan="3"></td></tr>
</table>

三、个人评分方式

个人评分与团队成绩直接挂钩，并且实行团队成绩、自评、组内评、教师评四种方式结合的方式进行评价，评价结果按照一定比例分配，可参照附表 1-3 进行评价，个人评分结果即为实训成绩。

附表 1-3　实训个人成绩评价表(百分制)

<table>
<tr><td colspan="2">姓　名</td><td colspan="2"></td><td>所在小组</td><td colspan="2"></td><td>小组成绩</td><td></td></tr>
<tr><td rowspan="2">序号</td><td rowspan="2">考核项目</td><td colspan="4">考核标准</td><td colspan="3">评价者</td></tr>
<tr><td>A
90%～100%</td><td>B
80%～90%</td><td>C
60%～80%</td><td>D
<60%</td><td>自评</td><td>组内评</td><td>教师评</td></tr>
<tr><td>1</td><td>实训态度
(__分)</td><td>不旷课迟到早退，认真实训</td><td>良好</td><td>一般</td><td>较差</td><td></td><td></td><td></td></tr>
<tr><td>2</td><td>团队协作
(__分)</td><td>个人配合小组活动，积极承担</td><td>良好</td><td>一般</td><td>较差</td><td></td><td></td><td></td></tr>
<tr><td>3</td><td>实训过程
(__分)</td><td>全程参与；完成任务</td><td>良好</td><td>一般</td><td>较差</td><td></td><td></td><td></td></tr>
<tr><td>4</td><td>成果情况
(__分)</td><td>对成果有贡献；对结果有理解；有收获</td><td>良好</td><td>一般</td><td>较差</td><td></td><td></td><td></td></tr>
<tr><td colspan="6">合计</td><td></td><td></td><td></td></tr>
<tr><td colspan="7">个人实训终成绩=本团队成绩×60%+自评×10%+组内评×10%+教师评 20%</td><td colspan="2"></td></tr>
</table>

附录2 食品安全监管相关网站地址

附表2-1 推荐食品安全相关网站

网站	二维码
1. 中华人民共和国驻联合国粮农机构办事处	
2. 世界卫生组织(WHO)中文版	
3. 食品法典委员会(CAC)中文版	
4. 中华人民共和国中央人民政府	
5. 中华人民共和国农业农村部	
6. 中华人民共和国国家卫生健康委员会	
7. 国家市场监管总局	

续表

8. 国家海关总署	
9. 国家食品安全风险评估中心	
10. 国家标准化管理委员会	
11. 国家认证认可监督管理委员会	
12. 中国质量认证中心	
13. 中国合格评定国家认可委员会	
14. 中国认证认可协会	
15. 中国物品编码中心	

续表

16. 中国农产品质量安全网	
17. 中国绿色食品发展中心	
18. 中绿华夏有机产品认证中心	
19. 食品标准 _ 食品伙伴网下载中心	
20. 中国食品安全网	

附录3 《食品安全法》全文

中华人民共和国食品安全法

(2009年2月28日第十一届全国人民代表大会常务委员会第七次会议通过 2015年4月24日第十二届全国人民代表大会常务委员会第十四次会议修订；2018年12月29日第十三届全国人民代表大会常务委员会第七次会议《全国人民代表大会常务委员会关于修改〈中华人民共和国产品质量法〉等五部法律的决定》修订；根据2021年4月29日第十三届全国人民代表大会常务委员会第二十八次会议通过的《全国人民代表大会常务委员会关于修改〈中华人民共和国道路交通安全法〉等八部法律的决定》修正)

目　录

第一章　总则
第二章　食品安全风险监测和评估
第三章　食品安全标准
第四章　食品生产经营
　第一节　一般规定
　第二节　生产经营过程控制
　第三节　标签、说明书和广告
　第四节　特殊食品
第五章　食品检验
第六章　食品进出口
第七章　食品安全事故处置
第八章　监督管理
第九章　法律责任
第十章　附则

第一章　总　则

第一条　为保证食品安全，保障公众身体健康和生命安全，制定本法。

第二条　在中华人民共和国境内从事下列活动，应当遵守本法：

(一)食品生产和加工(以下称食品生产)，食品销售和餐饮服务(以下称食品经营)；

(二)食品添加剂的生产经营；

(三)用于食品的包装材料、容器、洗涤剂、消毒剂和用于食品生产经营的工具、设备(以下称食品相关产品)的生产经营；

(四)食品生产经营者使用食品添加剂、食品相关产品；

（五）食品的储存和运输；

（六）对食品、食品添加剂、食品相关产品的安全管理。

供食用的源于农业的初级产品（以下称食用农产品）的质量安全管理，遵守《中华人民共和国农产品质量安全法》的规定。但是，食用农产品的市场销售、有关质量安全标准的制定、有关安全信息的公布和本法对农业投入品作出规定的，应当遵守本法的规定。

第三条 食品安全工作实行预防为主、风险管理、全程控制、社会共治，建立科学、严格的监督管理制度。

第四条 食品生产经营者对其生产经营食品的安全负责。

食品生产经营者应当依照法律、法规和食品安全标准从事生产经营活动，保证食品安全，诚信自律，对社会和公众负责，接受社会监督，承担社会责任。

第五条 国务院设立食品安全委员会，其职责由国务院规定。

国务院食品药品监督管理部门依照本法和国务院规定的职责，对食品生产经营活动实施监督管理。

国务院卫生行政部门依照本法和国务院规定的职责，组织开展食品安全风险监测和风险评估，会同国务院食品药品监督管理部门制定并公布食品安全国家标准。

国务院其他有关部门依照本法和国务院规定的职责，承担有关食品安全工作。

第六条 县级以上地方人民政府对本行政区域的食品安全监督管理工作负责，统一领导、组织、协调本行政区域的食品安全监督管理工作以及食品安全突发事件应对工作，建立健全食品安全全程监督管理工作机制和信息共享机制。

县级以上地方人民政府依照本法和国务院的规定，确定本级食品药品监督管理、卫生行政部门和其他有关部门的职责。有关部门在各自职责范围内负责本行政区域的食品安全监督管理工作。

县级人民政府食品药品监督管理部门可以在乡镇或者特定区域设立派出机构。

第七条 县级以上地方人民政府实行食品安全监督管理责任制。上级人民政府负责对下一级人民政府的食品安全监督管理工作进行评议、考核。县级以上地方人民政府负责对本级食品药品监督管理部门和其他有关部门的食品安全监督管理工作进行评议、考核。

第八条 县级以上人民政府应当将食品安全工作纳入本级国民经济和社会发展规划，将食品安全工作经费列入本级政府财政预算，加强食品安全监督管理能力建设，为食品安全工作提供保障。

县级以上人民政府食品药品监督管理部门和其他有关部门应当加强沟通、密切配合，按照各自职责分工，依法行使职权，承担责任。

第九条 食品行业协会应当加强行业自律，按照章程建立健全行业规范和奖惩机制，提供食品安全信息、技术等服务，引导和督促食品生产经营者依法生产经营，推动行业诚信建设，宣传、普及食品安全知识。

消费者协会和其他消费者组织对违反本法规定，损害消费者合法权益的行为，依法进行社会监督。

第十条 各级人民政府应当加强食品安全的宣传教育，普及食品安全知识，鼓励社会组织、基层群众性自治组织、食品生产经营者开展食品安全法律、法规以及食品安全标准和知识的普及工作，倡导健康的饮食方式，增强消费者食品安全意识和自我保护能力。

新闻媒体应当开展食品安全法律、法规以及食品安全标准和知识的公益宣传，并对食品安全违法行为进行舆论监督。有关食品安全的宣传报道应当真实、公正。

第十一条 国家鼓励和支持开展与食品安全有关的基础研究、应用研究，鼓励和支持食品生产经营者为提高食品安全水平采用先进技术和先进管理规范。

国家对农药的使用实行严格的管理制度，加快淘汰剧毒、高毒、高残留农药，推动替代产品的研发和应用，鼓励使用高效低毒低残留农药。

第十二条 任何组织或者个人有权举报食品安全违法行为，依法向有关部门了解食品安全信息，对食品安全监督管理工作提出意见和建议。

第十三条 对在食品安全工作中做出突出贡献的单位和个人，按照国家有关规定给予表彰、奖励。

第二章 食品安全风险监测和评估

第十四条 国家建立食品安全风险监测制度，对食源性疾病、食品污染以及食品中的有害因素进行监测。

国务院卫生行政部门会同国务院食品药品监督管理、质量监督等部门，制定、实施国家食品安全风险监测计划。

国务院食品药品监督管理部门和其他有关部门获知有关食品安全风险信息后，应当立即核实并向国务院卫生行政部门通报。对有关部门通报的食品安全风险信息以及医疗机构报告的食源性疾病等有关疾病信息，国务院卫生行政部门应当会同国务院有关部门分析研究，认为必要的，及时调整国家食品安全风险监测计划。

省、自治区、直辖市人民政府卫生行政部门会同同级食品药品监督管理、质量监督等部门，根据国家食品安全风险监测计划，结合本行政区域的具体情况，制定、调整本行政区域的食品安全风险监测方案，报国务院卫生行政部门备案并实施。

第十五条 承担食品安全风险监测工作的技术机构应当根据食品安全风险监测计划和监测方案开展监测工作，保证监测数据真实、准确，并按照食品安全风险监测计划和监测方案的要求报送监测数据和分析结果。

食品安全风险监测工作人员有权进入相关食用农产品种植养殖、食品生产经营场所采集样品、收集相关数据。采集样品应当按照市场价格支付费用。

第十六条 食品安全风险监测结果表明可能存在食品安全隐患的，县级以上人民政府卫生行政部门应当及时将相关信息通报同级食品药品监督管理等部门，并报告本级人民政府和上级人民政府卫生行政部门。食品药品监督管理等部门应当组织开展进一步调查。

第十七条 国家建立食品安全风险评估制度，运用科学方法，根据食品安全风险监测信息、科学数据以及有关信息，对食品、食品添加剂、食品相关产品中生物性、化学性和物理性危害因素进行风险评估。

国务院卫生行政部门负责组织食品安全风险评估工作，成立由医学、农业、食品、营养、生物、环境等方面的专家组成的食品安全风险评估专家委员会进行食品安全风险评估。食品安全风险评估结果由国务院卫生行政部门公布。

对农药、肥料、兽药、饲料和饲料添加剂等的安全性评估，应当有食品安全风险评估专家委员会的专家参加。

食品安全风险评估不得向生产经营者收取费用，采集样品应当按照市场价格支付费用。

第十八条 有下列情形之一的，应当进行食品安全风险评估：

（一）通过食品安全风险监测或者接到举报发现食品、食品添加剂、食品相关产品可能存在安全隐患的；

（二）为制定或者修订食品安全国家标准提供科学依据需要进行风险评估的；

（三）为确定监督管理的重点领域、重点品种需要进行风险评估的；

（四）发现新的可能危害食品安全因素的；

（五）需要判断某一因素是否构成食品安全隐患的；

（六）国务院卫生行政部门认为需要进行风险评估的其他情形。

第十九条 国务院食品药品监督管理、质量监督、农业行政等部门在监督管理工作中发现需要进行食品安全风险评估的，应当向国务院卫生行政部门提出食品安全风险评估的建议，并提供风险来源、相关检验数据和结论等信息、资料。属于本法第十八条规定情形的，国务院卫生行政部门应当及时进行食品安全风险评估，并向国务院有关部门通报评估结果。

第二十条 省级以上人民政府卫生行政、农业行政部门应当及时相互通报食品、食用农产品安全风险监测信息。

国务院卫生行政、农业行政部门应当及时相互通报食品、食用农产品安全风险评估结果等信息。

第二十一条 食品安全风险评估结果是制定、修订食品安全标准和实施食品安全监督管理的科学依据。

经食品安全风险评估，得出食品、食品添加剂、食品相关产品不安全结论的，国务院食品药品监督管理、质量监督等部门应当依据各自职责立即向社会公告，告知消费者停止食用或者使用，并采取相应措施，确保该食品、食品添加剂、食品相关产品停止生产经营；需要制定、修订相关食品安全国家标准的，国务院卫生行政部门应当会同国务院食品药品监督管理部门立即制定、修订。

第二十二条 国务院食品药品监督管理部门应当会同国务院有关部门，根据食品安全风险评估结果、食品安全监督管理信息，对食品安全状况进行综合分析。对经综合分析表明可能具有较高程度安全风险的食品，国务院食品药品监督管理部门应当及时提出食品安全风险警示，并向社会公布。

第二十三条 县级以上人民政府食品药品监督管理部门和其他有关部门、食品安全风险评估专家委员会及其技术机构，应当按照科学、客观、及时、公开的原则，组织食品生产经营者、食品检验机构、认证机构、食品行业协会、消费者协会以及新闻媒体等，就食品安全风险评估信息和食品安全监督管理信息进行交流沟通。

第三章 食品安全标准

第二十四条 制定食品安全标准，应当以保障公众身体健康为宗旨，做到科学合理、安全可靠。

第二十五条 食品安全标准是强制执行的标准。除食品安全标准外，不得制定其他食品强制性标准。

第二十六条 食品安全标准应当包括下列内容：

(一)食品、食品添加剂、食品相关产品中的致病性微生物，农药残留、兽药残留、生物毒素、重金属等污染物质以及其他危害人体健康物质的限量规定；

(二)食品添加剂的品种、使用范围、用量；

(三)专供婴幼儿和其他特定人群的主辅食品的营养成分要求；

(四)对与卫生、营养等食品安全要求有关的标签、标志、说明书的要求；

(五)食品生产经营过程的卫生要求；

(六)与食品安全有关的质量要求；

(七)与食品安全有关的食品检验方法与规程；

(八)其他需要制定为食品安全标准的内容。

第二十七条 食品安全国家标准由国务院卫生行政部门会同国务院食品药品监督管理部门制定、公布，国务院标准化行政部门提供国家标准编号。

食品中农药残留、兽药残留的限量规定及其检验方法与规程由国务院卫生行政部门、国务院农业行政部门会同国务院食品药品监督管理部门制定。

屠宰畜、禽的检验规程由国务院农业行政部门会同国务院卫生行政部门制定。

第二十八条 制定食品安全国家标准，应当依据食品安全风险评估结果并充分考虑食用农产品安全风险评估结果，参照相关的国际标准和国际食品安全风险评估结果，并将食品安全国家标准草案向社会公布，广泛听取食品生产经营者、消费者、有关部门等方面的意见。

食品安全国家标准应当经国务院卫生行政部门组织的食品安全国家标准审评委员会审查通过。食品安全国家标准审评委员会由医学、农业、食品、营养、生物、环境等方面的专家以及国务院有关部门、食品行业协会、消费者协会的代表组成，对食品安全国家标准草案的科学性和实用性等进行审查。

第二十九条 对地方特色食品，没有食品安全国家标准的，省、自治区、直辖市人民政府卫生行政部门可以制定并公布食品安全地方标准，报国务院卫生行政部门备案。食品安全国家标准制定后，该地方标准即行废止。

第三十条 国家鼓励食品生产企业制定严于食品安全国家标准或者地方标准的企业标准，在本企业适用，并报省、自治区、直辖市人民政府卫生行政部门备案。

第三十一条 省级以上人民政府卫生行政部门应当在其网站上公布制定和备案的食品安全国家标准、地方标准和企业标准，供公众免费查阅、下载。

对食品安全标准执行过程中的问题，县级以上人民政府卫生行政部门应当会同有关部门及时给予指导、解答。

第三十二条 省级以上人民政府卫生行政部门应当会同同级食品药品监督管理、质量监督、农业行政等部门，分别对食品安全国家标准和地方标准的执行情况进行跟踪评价，并根据评价结果及时修订食品安全标准。

省级以上人民政府食品药品监督管理、质量监督、农业行政等部门应当对食品安全标准执行中存在的问题进行收集、汇总，并及时向同级卫生行政部门通报。

食品生产经营者、食品行业协会发现食品安全标准在执行中存在问题的，应当立即向卫生行政部门报告。

第四章 食品生产经营

第一节 一般规定

第三十三条 食品生产经营应当符合食品安全标准，并符合下列要求：

（一）具有与生产经营的食品品种、数量相适应的食品原料处理和食品加工、包装、储存等场所，保持该场所环境整洁，并与有毒、有害场所以及其他污染源保持规定的距离；

（二）具有与生产经营的食品品种、数量相适应的生产经营设备或者设施，有相应的消毒、更衣、盥洗、采光、照明、通风、防腐、防尘、防蝇、防鼠、防虫、洗涤以及处理废水、存放垃圾和废弃物的设备或者设施；

（三）有专职或者兼职的食品安全专业技术人员、食品安全管理人员和保证食品安全的规章制度；

（四）具有合理的设备布局和工艺流程，防止待加工食品与直接入口食品、原料与成品交叉污染，避免食品接触有毒物、不洁物；

（五）餐具、饮具和盛放直接入口食品的容器，使用前应当洗净、消毒，炊具、用具用后应当洗净，保持清洁；

（六）储存、运输和装卸食品的容器、工具和设备应当安全、无害，保持清洁，防止食品污染，并符合保证食品安全所需的温度、湿度等特殊要求，不得将食品与有毒、有害物品一同储存、运输；

（七）直接入口的食品应当使用无毒、清洁的包装材料、餐具、饮具和容器；

（八）食品生产经营人员应当保持个人卫生，生产经营食品时，应当将手洗净，穿戴清洁的工作衣、帽等；销售无包装的直接入口食品时，应当使用无毒、清洁的容器、售货工具和设备；

（九）用水应当符合国家规定的生活饮用水卫生标准；

（十）使用的洗涤剂、消毒剂应当对人体安全、无害；

（十一）法律、法规规定的其他要求。

非食品生产经营者从事食品储存、运输和装卸的，应当符合前款第六项的规定。

第三十四条 禁止生产经营下列食品、食品添加剂、食品相关产品：

（一）用非食品原料生产的食品或者添加食品添加剂以外的化学物质和其他可能危害人体健康物质的食品，或者用回收食品作为原料生产的食品；

（二）致病性微生物，农药残留、兽药残留、生物毒素、重金属等污染物质以及其他危害人体健康的物质含量超过食品安全标准限量的食品、食品添加剂、食品相关产品；

（三）用超过保质期的食品原料、食品添加剂生产的食品、食品添加剂；

（四）超范围、超限量使用食品添加剂的食品；

（五）营养成分不符合食品安全标准的专供婴幼儿和其他特定人群的主辅食品；

（六）腐败变质、油脂酸败、霉变生虫、污秽不洁、混有异物、掺假掺杂或者感官性状异常的食品、食品添加剂；

（七）病死、毒死或者死因不明的禽、畜、兽、水产动物肉类及其制品；

（八）未按规定进行检疫或者检疫不合格的肉类，或者未经检验或者检验不合格的肉类制品；

（九）被包装材料、容器、运输工具等污染的食品、食品添加剂；

（十）标注虚假生产日期、保质期或者超过保质期的食品、食品添加剂；

（十一）无标签的预包装食品、食品添加剂；

（十二）国家为防病等特殊需要明令禁止生产经营的食品；

（十三）其他不符合法律、法规或者食品安全标准的食品、食品添加剂、食品相关产品。

第三十五条　国家对食品生产经营实行许可制度。从事食品生产、食品销售、餐饮服务，应当依法取得许可。但是，销售食用农产品和仅销售预包装食品的，不需要取得许可。仅销售预包装食品的，应当报所在地县级以上地方人民政府食品安全监督管理部门备案。

县级以上地方人民政府食品药品监督管理部门应当依照《中华人民共和国行政许可法》的规定，审核申请人提交的本法第三十三条第一款第一项至第四项规定要求的相关资料，必要时对申请人的生产经营场所进行现场核查；对符合规定条件的，准予许可；对不符合规定条件的，不予许可并书面说明理由。

第三十六条　食品生产加工小作坊和食品摊贩等从事食品生产经营活动，应当符合本法规定的与其生产经营规模、条件相适应的食品安全要求，保证所生产经营的食品卫生、无毒、无害，食品药品监督管理部门应当对其加强监督管理。

县级以上地方人民政府应当对食品生产加工小作坊、食品摊贩等进行综合治理，加强服务和统一规划，改善其生产经营环境，鼓励和支持其改进生产经营条件，进入集中交易市场、店铺等固定场所经营，或者在指定的临时经营区域、时段经营。

食品生产加工小作坊和食品摊贩等的具体管理办法由省、自治区、直辖市制定。

第三十七条　利用新的食品原料生产食品，或者生产食品添加剂新品种、食品相关产品新品种，应当向国务院卫生行政部门提交相关产品的安全性评估材料。国务院卫生行政部门应当自收到申请之日起六十日内组织审查；对符合食品安全要求的，准予许可并公布；对不符合食品安全要求的，不予许可并书面说明理由。

第三十八条　生产经营的食品中不得添加药品，但是可以添加按照传统既是食品又是中药材的物质。按照传统既是食品又是中药材的物质目录由国务院卫生行政部门会同国务院食品药品监督管理部门制定、公布。

第三十九条　国家对食品添加剂生产实行许可制度。从事食品添加剂生产，应当具有与所生产食品添加剂品种相适应的场所、生产设备或者设施、专业技术人员和管理制度，并依照本法第三十五条第二款规定的程序，取得食品添加剂生产许可。

生产食品添加剂应当符合法律、法规和食品安全国家标准。

第四十条　食品添加剂应当在技术上确有必要且经过风险评估证明安全可靠，方可列入允许使用的范围；有关食品安全国家标准应当根据技术必要性和食品安全风险评估结果及时修订。

食品生产经营者应当按照食品安全国家标准使用食品添加剂。

第四十一条　生产食品相关产品应当符合法律、法规和食品安全国家标准。对直接接触食品的包装材料等具有较高风险的食品相关产品，按照国家有关工业产品生产许可证管理的规定实施生产许可。质量监督部门应当加强对食品相关产品生产活动的监督管理。

第四十二条 国家建立食品安全全程追溯制度。

食品生产经营者应当依照本法的规定，建立食品安全追溯体系，保证食品可追溯。国家鼓励食品生产经营者采用信息化手段采集、留存生产经营信息，建立食品安全追溯体系。

国务院食品药品监督管理部门会同国务院农业行政等有关部门建立食品安全全程追溯协作机制。

第四十三条 地方各级人民政府应当采取措施鼓励食品规模化生产和连锁经营、配送。

国家鼓励食品生产经营企业参加食品安全责任保险。

第二节 生产经营过程控制

第四十四条 食品生产经营企业应当建立健全食品安全管理制度，对职工进行食品安全知识培训，加强食品检验工作，依法从事生产经营活动。

食品生产经营企业的主要负责人应当落实企业食品安全管理制度，对本企业的食品安全工作全面负责。

食品生产经营企业应当配备食品安全管理人员，加强对其培训和考核。经考核不具备食品安全管理能力的，不得上岗。食品药品监督管理部门应当对企业食品安全管理人员随机进行监督抽查考核并公布考核情况。监督抽查考核不得收取费用。

第四十五条 食品生产经营者应当建立并执行从业人员健康管理制度。患有国务院卫生行政部门规定的有碍食品安全疾病的人员，不得从事接触直接入口食品的工作。

从事接触直接入口食品工作的食品生产经营人员应当每年进行健康检查，取得健康证明后方可上岗工作。

第四十六条 食品生产企业应当就下列事项制定并实施控制要求，保证所生产的食品符合食品安全标准：

(一)原料采购、原料验收、投料等原料控制；

(二)生产工序、设备、储存、包装等生产关键环节控制；

(三)原料检验、半成品检验、成品出厂检验等检验控制；

(四)运输和交付控制。

第四十七条 食品生产经营者应当建立食品安全自查制度，定期对食品安全状况进行检查评价。生产经营条件发生变化，不再符合食品安全要求的，食品生产经营者应当立即采取整改措施；有发生食品安全事故潜在风险的，应当立即停止食品生产经营活动，并向所在地县级人民政府食品药品监督管理部门报告。

第四十八条 国家鼓励食品生产经营企业符合良好生产规范要求，实施危害分析与关键控制点体系，提高食品安全管理水平。

对通过良好生产规范、危害分析与关键控制点体系认证的食品生产经营企业，认证机构应当依法实施跟踪调查；对不再符合认证要求的企业，应当依法撤销认证，及时向县级以上人民政府食品药品监督管理部门通报，并向社会公布。认证机构实施跟踪调查不得收取费用。

第四十九条 食用农产品生产者应当按照食品安全标准和国家有关规定使用农药、肥料、兽药、饲料和饲料添加剂等农业投入品，严格执行农业投入品使用安全间隔期或者休药期的规定，不得使用国家明令禁止的农业投入品。禁止将剧毒、高毒农药用于蔬菜、瓜果、茶叶和中草药材等国家规定的农作物。

食用农产品的生产企业和农民专业合作经济组织应当建立农业投入品使用记录制度。

县级以上人民政府农业行政部门应当加强对农业投入品使用的监督管理和指导，建立健全农业投入品安全使用制度。

第五十条 食品生产者采购食品原料、食品添加剂、食品相关产品，应当查验供货者的许可证和产品合格证明；对无法提供合格证明的食品原料，应当按照食品安全标准进行检验；不得采购或者使用不符合食品安全标准的食品原料、食品添加剂、食品相关产品。

食品生产企业应当建立食品原料、食品添加剂、食品相关产品进货查验记录制度，如实记录食品原料、食品添加剂、食品相关产品的名称、规格、数量、生产日期或者生产批号、保质期、进货日期以及供货者名称、地址、联系方式等内容，并保存相关凭证。记录和凭证保存期限不得少于产品保质期满后六个月；没有明确保质期的，保存期限不得少于二年。

第五十一条 食品生产企业应当建立食品出厂检验记录制度，查验出厂食品的检验合格证和安全状况，如实记录食品的名称、规格、数量、生产日期或者生产批号、保质期、检验合格证号、销售日期以及购货者名称、地址、联系方式等内容，并保存相关凭证。记录和凭证保存期限应当符合本法第五十条第二款的规定。

第五十二条 食品、食品添加剂、食品相关产品的生产者，应当按照食品安全标准对所生产的食品、食品添加剂、食品相关产品进行检验，检验合格后方可出厂或者销售。

第五十三条 食品经营者采购食品，应当查验供货者的许可证和食品出厂检验合格证或者其他合格证明(以下称合格证明文件)。

食品经营企业应当建立食品进货查验记录制度，如实记录食品的名称、规格、数量、生产日期或者生产批号、保质期、进货日期以及供货者名称、地址、联系方式等内容，并保存相关凭证。记录和凭证保存期限应当符合本法第五十条第二款的规定。

实行统一配送经营方式的食品经营企业，可以由企业总部统一查验供货者的许可证和食品合格证明文件，进行食品进货查验记录。

从事食品批发业务的经营企业应当建立食品销售记录制度，如实记录批发食品的名称、规格、数量、生产日期或者生产批号、保质期、销售日期以及购货者名称、地址、联系方式等内容，并保存相关凭证。记录和凭证保存期限应当符合本法第五十条第二款的规定。

第五十四条 食品经营者应当按照保证食品安全的要求储存食品，定期检查库存食品，及时清理变质或者超过保质期的食品。

食品经营者储存散装食品，应当在储存位置标明食品的名称、生产日期或者生产批号、保质期、生产者名称及联系方式等内容。

第五十五条 餐饮服务提供者应当制定并实施原料控制要求，不得采购不符合食品安全标准的食品原料。倡导餐饮服务提供者公开加工过程，公示食品原料及其来源等信息。

餐饮服务提供者在加工过程中应当检查待加工的食品及原料，发现有本法第三十四条第六项规定情形的，不得加工或者使用。

第五十六条 餐饮服务提供者应当定期维护食品加工、储存、陈列等设施、设备；定期清洗、校验保温设施及冷藏、冷冻设施。

餐饮服务提供者应当按照要求对餐具、饮具进行清洗消毒，不得使用未经清洗消毒的餐具、饮具；餐饮服务提供者委托清洗消毒餐具、饮具的，应当委托符合本法规定条件的餐具、饮具集中消毒服务单位。

第五十七条 学校、托幼机构、养老机构、建筑工地等集中用餐单位的食堂应当严格遵守法律、法规和食品安全标准；从供餐单位订餐的，应当从取得食品生产经营许可的企业订购，并按照要求对订购的食品进行查验。供餐单位应当严格遵守法律、法规和食品安全标准，当餐加工，确保食品安全。

学校、托幼机构、养老机构、建筑工地等集中用餐单位的主管部门应当加强对集中用餐单位的食品安全教育和日常管理，降低食品安全风险，及时消除食品安全隐患。

第五十八条 餐具、饮具集中消毒服务单位应当具备相应的作业场所、清洗消毒设备或者设施，用水和使用的洗涤剂、消毒剂应当符合相关食品安全国家标准和其他国家标准、卫生规范。

餐具、饮具集中消毒服务单位应当对消毒餐具、饮具进行逐批检验，检验合格后方可出厂，并应当随附消毒合格证明。消毒后的餐具、饮具应当在独立包装上标注单位名称、地址、联系方式、消毒日期以及使用期限等内容。

第五十九条 食品添加剂生产者应当建立食品添加剂出厂检验记录制度，查验出厂产品的检验合格证和安全状况，如实记录食品添加剂的名称、规格、数量、生产日期或者生产批号、保质期、检验合格证号、销售日期以及购货者名称、地址、联系方式等相关内容，并保存相关凭证。记录和凭证保存期限应当符合本法第五十条第二款的规定。

第六十条 食品添加剂经营者采购食品添加剂，应当依法查验供货者的许可证和产品合格证明文件，如实记录食品添加剂的名称、规格、数量、生产日期或者生产批号、保质期、进货日期以及供货者名称、地址、联系方式等内容，并保存相关凭证。记录和凭证保存期限应当符合本法第五十条第二款的规定。

第六十一条 集中交易市场的开办者、柜台出租者和展销会举办者，应当依法审查入场食品经营者的许可证，明确其食品安全管理责任，定期对其经营环境和条件进行检查，发现其有违反本法规定行为的，应当及时制止并立即报告所在地县级人民政府食品药品监督管理部门。

第六十二条 网络食品交易第三方平台提供者应当对入网食品经营者进行实名登记，明确其食品安全管理责任；依法应当取得许可证的，还应当审查其许可证。

网络食品交易第三方平台提供者发现入网食品经营者有违反本法规定行为的，应当及时制止并立即报告所在地县级人民政府食品药品监督管理部门；发现严重违法行为的，应当立即停止提供网络交易平台服务。

第六十三条 国家建立食品召回制度。食品生产者发现其生产的食品不符合食品安全标准或者有证据证明可能危害人体健康的，应当立即停止生产，召回已经上市销售的食品，通知相关生产经营者和消费者，并记录召回和通知情况。

食品经营者发现其经营的食品有前款规定情形的，应当立即停止经营，通知相关生产经营者和消费者，并记录停止经营和通知情况。食品生产者认为应当召回的，应当立即召回。由于食品经营者的原因造成其经营的食品有前款规定情形的，食品经营者应当召回。

食品生产经营者应当对召回的食品采取无害化处理、销毁等措施，防止其再次流入市场。但是，对因标签、标志或者说明书不符合食品安全标准而被召回的食品，食品生产者在采取补救措施且能保证食品安全的情况下可以继续销售；销售时应当向消费者明示补救措施。

食品生产经营者应当将食品召回和处理情况向所在地县级人民政府食品药品监督管理部门报告；需要对召回的食品进行无害化处理、销毁的，应当提前报告时间、地点。食品药品监督管理部门认为必要的，可以实施现场监督。

食品生产经营者未依照本条规定召回或者停止经营的，县级以上人民政府食品药品监督管理部门可以责令其召回或者停止经营。

第六十四条　食用农产品批发市场应当配备检验设备和检验人员或者委托符合本法规定的食品检验机构，对进入该批发市场销售的食用农产品进行抽样检验；发现不符合食品安全标准的，应当要求销售者立即停止销售，并向食品药品监督管理部门报告。

第六十五条　食用农产品销售者应当建立食用农产品进货查验记录制度，如实记录食用农产品的名称、数量、进货日期以及供货者名称、地址、联系方式等内容，并保存相关凭证。记录和凭证保存期限不得少于六个月。

第六十六条　进入市场销售的食用农产品在包装、保鲜、储存、运输中使用保鲜剂、防腐剂等食品添加剂和包装材料等食品相关产品，应当符合食品安全国家标准。

第三节　标签、说明书和广告

第六十七条　预包装食品的包装上应当有标签。标签应当标明下列事项：

(一)名称、规格、净含量、生产日期；

(二)成分或者配料表；

(三)生产者的名称、地址、联系方式；

(四)保质期；

(五)产品标准代号；

(六)储存条件；

(七)所使用的食品添加剂在国家标准中的通用名称；

(八)生产许可证编号；

(九)法律、法规或者食品安全标准规定应当标明的其他事项。

专供婴幼儿和其他特定人群的主辅食品，其标签还应当标明主要营养成分及其含量。

食品安全国家标准对标签标注事项另有规定的，从其规定。

第六十八条　食品经营者销售散装食品，应当在散装食品的容器、外包装上标明食品的名称、生产日期或者生产批号、保质期以及生产经营者名称、地址、联系方式等内容。

第六十九条　生产经营转基因食品应当按照规定显著标示。

第七十条　食品添加剂应当有标签、说明书和包装。标签、说明书应当载明本法第六十七条第一款第一项至第六项、第八项、第九项规定的事项，以及食品添加剂的使用范围、用量、使用方法，并在标签上载明“食品添加剂”字样。

第七十一条　食品和食品添加剂的标签、说明书，不得含有虚假内容，不得涉及疾病预防、治疗功能。生产经营者对其提供的标签、说明书的内容负责。

食品和食品添加剂的标签、说明书应当清楚、明显，生产日期、保质期等事项应当显著标注，容易辨识。

食品和食品添加剂与其标签、说明书的内容不符的，不得上市销售。

第七十二条 食品经营者应当按照食品标签标示的警示标志、警示说明或者注意事项的要求销售食品。

第七十三条 食品广告的内容应当真实合法，不得含有虚假内容，不得涉及疾病预防、治疗功能。食品生产经营者对食品广告内容的真实性、合法性负责。

县级以上人民政府食品药品监督管理部门和其他有关部门以及食品检验机构、食品行业协会不得以广告或者其他形式向消费者推荐食品。消费者组织不得以收取费用或者其他牟取利益的方式向消费者推荐食品。

第四节 特殊食品

第七十四条 国家对保健食品、特殊医学用途配方食品和婴幼儿配方食品等特殊食品实行严格监督管理。

第七十五条 保健食品声称保健功能，应当具有科学依据，不得对人体产生急性、亚急性或者慢性危害。

保健食品原料目录和允许保健食品声称的保健功能目录，由国务院食品药品监督管理部门会同国务院卫生行政部门、国家中医药管理部门制定、调整并公布。

保健食品原料目录应当包括原料名称、用量及其对应的功效；列入保健食品原料目录的原料只能用于保健食品生产，不得用于其他食品生产。

第七十六条 使用保健食品原料目录以外原料的保健食品和首次进口的保健食品应当经国务院食品药品监督管理部门注册。但是，首次进口的保健食品中属于补充维生素、矿物质等营养物质的，应当报国务院食品药品监督管理部门备案。其他保健食品应当报省、自治区、直辖市人民政府食品药品监督管理部门备案。

进口的保健食品应当是出口国(地区)主管部门准许上市销售的产品。

第七十七条 依法应当注册的保健食品，注册时应当提交保健食品的研发报告、产品配方、生产工艺、安全性和保健功能评价、标签、说明书等材料及样品，并提供相关证明文件。国务院食品药品监督管理部门经组织技术审评，对符合安全和功能声称要求的，准予注册；对不符合要求的，不予注册并书面说明理由。对使用保健食品原料目录以外原料的保健食品作出准予注册决定的，应当及时将该原料纳入保健食品原料目录。

依法应当备案的保健食品，备案时应当提交产品配方、生产工艺、标签、说明书以及表明产品安全性和保健功能的材料。

第七十八条 保健食品的标签、说明书不得涉及疾病预防、治疗功能，内容应当真实，与注册或者备案的内容相一致，载明适宜人群、不适宜人群、功效成分或者标志性成分及其含量等，并声明“本品不能代替药物”。保健食品的功能和成分应当与标签、说明书相一致。

第七十九条 保健食品广告除应当符合本法第七十三条第一款的规定外，还应当声明“本品不能代替药物”；其内容应当经生产企业所在地省、自治区、直辖市人民政府食品药品监督管理部门审查批准，取得保健食品广告批准文件。省、自治区、直辖市人民政府食品药品监督管理部门应当公布并及时更新已经批准的保健食品广告目录以及批准的广告内容。

第八十条 特殊医学用途配方食品应当经国务院食品药品监督管理部门注册。注册时，应当提交产品配方、生产工艺、标签、说明书以及表明产品安全性、营养充足性和特殊医学用途临床效果的材料。

特殊医学用途配方食品广告适用《中华人民共和国广告法》和其他法律、行政法规关于药品广告管理的规定。

第八十一条 婴幼儿配方食品生产企业应当实施从原料进厂到成品出厂的全过程质量控制，对出厂的婴幼儿配方食品实施逐批检验，保证食品安全。

生产婴幼儿配方食品使用的生鲜乳、辅料等食品原料、食品添加剂等，应当符合法律、行政法规的规定和食品安全国家标准，保证婴幼儿生长发育所需的营养成分。

婴幼儿配方食品生产企业应当将食品原料、食品添加剂、产品配方及标签等事项向省、自治区、直辖市人民政府食品药品监督管理部门备案。

婴幼儿配方乳粉的产品配方应当经国务院食品药品监督管理部门注册。注册时，应当提交配方研发报告和其他表明配方科学性、安全性的材料。

不得以分装方式生产婴幼儿配方乳粉，同一企业不得用同一配方生产不同品牌的婴幼儿配方乳粉。

第八十二条 保健食品、特殊医学用途配方食品、婴幼儿配方乳粉的注册人或者备案人应当对其提交材料的真实性负责。

省级以上人民政府食品药品监督管理部门应当及时公布注册或者备案的保健食品、特殊医学用途配方食品、婴幼儿配方乳粉目录，并对注册或者备案中获知的企业商业秘密予以保密。

保健食品、特殊医学用途配方食品、婴幼儿配方乳粉生产企业应当按照注册或者备案的产品配方、生产工艺等技术要求组织生产。

第八十三条 生产保健食品，特殊医学用途配方食品、婴幼儿配方食品和其他专供特定人群的主辅食品的企业，应当按照良好生产规范的要求建立与所生产食品相适应的生产质量管理体系，定期对该体系的运行情况进行自查，保证其有效运行，并向所在地县级人民政府食品药品监督管理部门提交自查报告。

第五章 食品检验

第八十四条 食品检验机构按照国家有关认证认可的规定取得资质认定后，方可从事食品检验活动。但是，法律另有规定的除外。

食品检验机构的资质认定条件和检验规范，由国务院食品药品监督管理部门规定。

符合本法规定的食品检验机构出具的检验报告具有同等效力。

县级以上人民政府应当整合食品检验资源，实现资源共享。

第八十五条 食品检验由食品检验机构指定的检验人独立进行。

检验人应当依照有关法律、法规的规定，并按照食品安全标准和检验规范对食品进行检验，尊重科学，恪守职业道德，保证出具的检验数据和结论客观、公正，不得出具虚假检验报告。

第八十六条 食品检验实行食品检验机构与检验人负责制。食品检验报告应当加盖食品检验机构公章，并有检验人的签名或者盖章。食品检验机构和检验人对出具的食品检验报告负责。

第八十七条 县级以上人民政府食品药品监督管理部门应当对食品进行定期或者不定期的抽样检验，并依据有关规定公布检验结果，不得免检。进行抽样检验，应当购买抽取的样品，委托符合本法规定的食品检验机构进行检验，并支付相关费用；不得向食品生产经营者收取检验费和其他费用。

第八十八条 对依照本法规定实施的检验结论有异议的，食品生产经营者可以自收到检验结论之日起七个工作日内向实施抽样检验的食品药品监督管理部门或者其上一级食品药品监督管理部门提出复检申请，由受理复检申请的食品药品监督管理部门在公布的复检机构名录中随机确定复检机构进行复检。复检机构出具的复检结论为最终检验结论。复检机构与初检机构不得为同一机构。复检机构名录由国务院认证认可监督管理、食品药品监督管理、卫生行政、农业行政等部门共同公布。

采用国家规定的快速检测方法对食用农产品进行抽查检测，被抽查人对检测结果有异议的，可以自收到检测结果时起四小时内申请复检。复检不得采用快速检测方法。

第八十九条 食品生产企业可以自行对所生产的食品进行检验，也可以委托符合本法规定的食品检验机构进行检验。

食品行业协会和消费者协会等组织、消费者需要委托食品检验机构对食品进行检验的，应当委托符合本法规定的食品检验机构进行。

第九十条 食品添加剂的检验，适用本法有关食品检验的规定。

第六章 食品进出口

第九十一条 国家出入境检验检疫部门对进出口食品安全实施监督管理。

第九十二条 进口的食品、食品添加剂、食品相关产品应当符合我国食品安全国家标准。

进口的食品、食品添加剂应当经出入境检验检疫机构依照进出口商品检验相关法律、行政法规的规定检验合格。

进口的食品、食品添加剂应当按照国家出入境检验检疫部门的要求随附合格证明材料。

第九十三条 进口尚无食品安全国家标准的食品，由境外出口商、境外生产企业或者其委托的进口商向国务院卫生行政部门提交所执行的相关国家(地区)标准或者国际标准。国务院卫生行政部门对相关标准进行审查，认为符合食品安全要求的，决定暂予适用，并及时制定相应的食品安全国家标准。进口利用新的食品原料生产的食品或者进口食品添加剂新品种、食品相关产品新品种，依照本法第三十七条的规定办理。

出入境检验检疫机构按照国务院卫生行政部门的要求，对前款规定的食品、食品添加剂、食品相关产品进行检验。检验结果应当公开。

第九十四条 境外出口商、境外生产企业应当保证向我国出口的食品、食品添加剂、食品相关产品符合本法以及我国其他有关法律、行政法规的规定和食品安全国家标准的要求，并对标签、说明书的内容负责。

进口商应当建立境外出口商、境外生产企业审核制度，重点审核前款规定的内容；审核不合格的，不得进口。

发现进口食品不符合我国食品安全国家标准或者有证据证明可能危害人体健康的，进口商应当立即停止进口，并依照本法第六十三条的规定召回。

第九十五条 境外发生的食品安全事件可能对我国境内造成影响，或者在进口食品、食品添加剂、食品相关产品中发现严重食品安全问题的，国家出入境检验检疫部门应当及时采取风险预警或者控制措施，并向国务院食品药品监督管理、卫生行政、农业行政部门通报。接到通报的部门应当及时采取相应措施。

县级以上人民政府食品药品监督管理部门对国内市场上销售的进口食品、食品添加剂实施监督管理。发现存在严重食品安全问题的，国务院食品药品监督管理部门应当及时向国家出入境检验检疫部门通报。国家出入境检验检疫部门应当及时采取相应措施。

第九十六条 向我国境内出口食品的境外出口商或者代理商、进口食品的进口商应当向国家出入境检验检疫部门备案。向我国境内出口食品的境外食品生产企业应当经国家出入境检验检疫部门注册。已经注册的境外食品生产企业提供虚假材料，或者因其自身的原因致使进口食品发生重大食品安全事故的，国家出入境检验检疫部门应当撤销注册并公告。

国家出入境检验检疫部门应当定期公布已经备案的境外出口商、代理商、进口商和已经注册的境外食品生产企业名单。

第九十七条 进口的预包装食品、食品添加剂应当有中文标签；依法应当有说明书的，还应当有中文说明书。标签、说明书应当符合本法以及我国其他有关法律、行政法规的规定和食品安全国家标准的要求，并载明食品的原产地以及境内代理商的名称、地址、联系方式。预包装食品没有中文标签、中文说明书或者标签、说明书不符合本条规定的，不得进口。

第九十八条 进口商应当建立食品、食品添加剂进口和销售记录制度，如实记录食品、食品添加剂的名称、规格、数量、生产日期、生产或者进口批号、保质期、境外出口商和购货者名称、地址及联系方式、交货日期等内容，并保存相关凭证。记录和凭证保存期限应当符合本法第五十条第二款的规定。

第九十九条 出口食品生产企业应当保证其出口食品符合进口国(地区)的标准或者合同要求。

出口食品生产企业和出口食品原料种植、养殖场应当向国家出入境检验检疫部门备案。

第一百条 国家出入境检验检疫部门应当收集、汇总下列进出口食品安全信息，并及时通报相关部门、机构和企业：

(一)出入境检验检疫机构对进出口食品实施检验检疫发现的食品安全信息；

(二)食品行业协会和消费者协会等组织、消费者反映的进口食品安全信息；

(三)国际组织、境外政府机构发布的风险预警信息及其他食品安全信息，以及境外食品行业协会等组织、消费者反映的食品安全信息；

(四)其他食品安全信息。

国家出入境检验检疫部门应当对进出口食品的进口商、出口商和出口食品生产企业实施信用管理，建立信用记录，并依法向社会公布。对有不良记录的进口商、出口商和出口食品生产企业，应当加强对其进出口食品的检验检疫。

第一百零一条 国家出入境检验检疫部门可以对向我国境内出口食品的国家(地区)的食品安全管理体系和食品安全状况进行评估和审查，并根据评估和审查结果，确定相应检验检疫要求。

第七章 食品安全事故处置

第一百零二条 国务院组织制定国家食品安全事故应急预案。

县级以上地方人民政府应当根据有关法律、法规的规定和上级人民政府的食品安全事故应急预案以及本行政区域的实际情况，制定本行政区域的食品安全事故应急预案，并报上一级人民政府备案。

食品安全事故应急预案应当对食品安全事故分级、事故处置组织指挥体系与职责、预防预警机制、处置程序、应急保障措施等作出规定。

食品生产经营企业应当制定食品安全事故处置方案，定期检查本企业各项食品安全防范措施的落实情况，及时消除事故隐患。

第一百零三条 发生食品安全事故的单位应当立即采取措施，防止事故扩大。事故单位和接收病人进行治疗的单位应当及时向事故发生地县级人民政府食品药品监督管理、卫生行政部门报告。

县级以上人民政府质量监督、农业行政等部门在日常监督管理中发现食品安全事故或者接到事故举报，应当立即向同级食品药品监督管理部门通报。

发生食品安全事故，接到报告的县级人民政府食品药品监督管理部门应当按照应急预案的规定向本级人民政府和上级人民政府食品药品监督管理部门报告。县级人民政府和上级人民政府食品药品监督管理部门应当按照应急预案的规定上报。

任何单位和个人不得对食品安全事故隐瞒、谎报、缓报，不得隐匿、伪造、毁灭有关证据。

第一百零四条 医疗机构发现其接收的病人属于食源性疾病病人或者疑似病人的，应当按照规定及时将相关信息向所在地县级人民政府卫生行政部门报告。县级人民政府卫生行政部门认为与食品安全有关的，应当及时通报同级食品药品监督管理部门。

县级以上人民政府卫生行政部门在调查处理传染病或者其他突发公共卫生事件中发现与食品安全相关的信息，应当及时通报同级食品药品监督管理部门。

第一百零五条 县级以上人民政府食品药品监督管理部门接到食品安全事故的报告后，应当立即会同同级卫生行政、质量监督、农业行政等部门进行调查处理，并采取下列措施，防止或者减轻社会危害：

(一)开展应急救援工作，组织救治因食品安全事故导致人身伤害的人员；

(二)封存可能导致食品安全事故的食品及其原料，并立即进行检验；对确认属于被污染的食品及其原料，责令食品生产经营者依照本法第六十三条的规定召回或者停止经营；

(三)封存被污染的食品相关产品，并责令进行清洗消毒；

(四)做好信息发布工作，依法对食品安全事故及其处理情况进行发布，并对可能产生的危害加以解释、说明。

发生食品安全事故需要启动应急预案的，县级以上人民政府应当立即成立事故处置指挥机构，启动应急预案，依照前款和应急预案的规定进行处置。

发生食品安全事故，县级以上疾病预防控制机构应当对事故现场进行卫生处理，并对与事故有关的因素开展流行病学调查，有关部门应当予以协助。县级以上疾病预防控制机构应当向同级食品药品监督管理、卫生行政部门提交流行病学调查报告。

第一百零六条 发生食品安全事故，设区的市级以上人民政府食品药品监督管理部门应当立即会同有关部门进行事故责任调查，督促有关部门履行职责，向本级人民政府和上一级人民政府食品药品监督管理部门提出事故责任调查处理报告。

涉及两个以上省、自治区、直辖市的重大食品安全事故由国务院食品药品监督管理部门依照前款规定组织事故责任调查。

第一百零七条 调查食品安全事故，应当坚持实事求是、尊重科学的原则，及时、准确查清事故性质和原因，认定事故责任，提出整改措施。

调查食品安全事故，除了查明事故单位的责任，还应当查明有关监督管理部门、食品检验机构、认证机构及其工作人员的责任。

第一百零八条 食品安全事故调查部门有权向有关单位和个人了解与事故有关的情况，并要求提供相关资料和样品。有关单位和个人应当予以配合，按照要求提供相关资料和样品，不得拒绝。

任何单位和个人不得阻挠、干涉食品安全事故的调查处理。

第八章　监督管理

第一百零九条 县级以上人民政府食品药品监督管理、质量监督部门根据食品安全风险监测、风险评估结果和食品安全状况等，确定监督管理的重点、方式和频次，实施风险分级管理。

县级以上地方人民政府组织本级食品药品监督管理、质量监督、农业行政等部门制定本行政区域的食品安全年度监督管理计划，向社会公布并组织实施。

食品安全年度监督管理计划应当将下列事项作为监督管理的重点：

(一)专供婴幼儿和其他特定人群的主辅食品；

(二)保健食品生产过程中的添加行为和按照注册或者备案的技术要求组织生产的情况，保健食品标签、说明书以及宣传材料中有关功能宣传的情况；

(三)发生食品安全事故风险较高的食品生产经营者；

(四)食品安全风险监测结果表明可能存在食品安全隐患的事项。

第一百一十条 县级以上人民政府食品药品监督管理、质量监督部门履行各自食品安全监督管理职责，有权采取下列措施，对生产经营者遵守本法的情况进行监督检查：

(一)进入生产经营场所实施现场检查；

(二)对生产经营的食品、食品添加剂、食品相关产品进行抽样检验；

(三)查阅、复制有关合同、票据、账簿以及其他有关资料；

(四)查封、扣押有证据证明不符合食品安全标准或者有证据证明存在安全隐患以及用于违法生产经营的食品、食品添加剂、食品相关产品；

(五)查封违法从事生产经营活动的场所。

第一百一十一条 对食品安全风险评估结果证明食品存在安全隐患，需要制定、修订食品安全标准的，在制定、修订食品安全标准前，国务院卫生行政部门应当及时会同国务院有关部门规定食品中有害物质的临时限量值和临时检验方法，作为生产经营和监督管理的依据。

第一百一十二条 县级以上人民政府食品药品监督管理部门在食品安全监督管理工作中可以采用国家规定的快速检测方法对食品进行抽查检测。

对抽查检测结果表明可能不符合食品安全标准的食品，应当依照本法第八十七条的规定进行检验。抽查检测结果确定有关食品不符合食品安全标准的，可以作为行政处罚的依据。

第一百一十三条 县级以上人民政府食品药品监督管理部门应当建立食品生产经营者食品安全信用档案，记录许可颁发、日常监督检查结果、违法行为查处等情况，依法向社会公布并实时更新；对有不良信用记录的食品生产经营者增加监督检查频次，对违法行为情节严重的食品生产经营者，可以通报投资主管部门、证券监督管理机构和有关的金融机构。

第一百一十四条 食品生产经营过程中存在食品安全隐患，未及时采取措施消除的，县级以上人民政府食品药品监督管理部门可以对食品生产经营者的法定代表人或者主要负责人进行责任约谈。食品生产经营者应当立即采取措施，进行整改，消除隐患。责任约谈情况和整改情况应当纳入食品生产经营者食品安全信用档案。

第一百一十五条 县级以上人民政府食品药品监督管理、质量监督等部门应当公布本部门的电子邮件地址或者电话，接受咨询、投诉、举报。接到咨询、投诉、举报，对属于本部门职责的，应当受理并在法定期限内及时答复、核实、处理；对不属于本部门职责的，应当移交有权处理的部门并书面通知咨询、投诉、举报人。有权处理的部门应当在法定期限内及时处理，不得推诿。对查证属实的举报，给予举报人奖励。

有关部门应当对举报人的信息予以保密，保护举报人的合法权益。举报人举报所在企业的，该企业不得以解除、变更劳动合同或者其他方式对举报人进行打击报复。

第一百一十六条 县级以上人民政府食品药品监督管理、质量监督等部门应当加强对执法人员食品安全法律、法规、标准和专业知识与执法能力等的培训，并组织考核。不具备相应知识和能力的，不得从事食品安全执法工作。

食品生产经营者、食品行业协会、消费者协会等发现食品安全执法人员在执法过程中有违反法律、法规规定的行为以及不规范执法行为的，可以向本级或者上级人民政府食品药品监督管理、质量监督等部门或者监察机关投诉、举报。接到投诉、举报的部门或者机关应当进行核实，并将经核实的情况向食品安全执法人员所在部门通报；涉嫌违法违纪的，按照本法和有关规定处理。

第一百一十七条 县级以上人民政府食品药品监督管理等部门未及时发现食品安全系统性风险，未及时消除监督管理区域内的食品安全隐患的，本级人民政府可以对其主要负责人进行责任约谈。

地方人民政府未履行食品安全职责，未及时消除区域性重大食品安全隐患的，上级人民政府可以对其主要负责人进行责任约谈。

被约谈的食品药品监督管理等部门、地方人民政府应当立即采取措施，对食品安全监督管理工作进行整改。

责任约谈情况和整改情况应当纳入地方人民政府和有关部门食品安全监督管理工作评议、考核记录。

第一百一十八条　国家建立统一的食品安全信息平台，实行食品安全信息统一公布制度。国家食品安全总体情况、食品安全风险警示信息、重大食品安全事故及其调查处理信息和国务院确定需要统一公布的其他信息由国务院食品药品监督管理部门统一公布。食品安全风险警示信息和重大食品安全事故及其调查处理信息的影响限于特定区域的，也可以由有关省、自治区、直辖市人民政府食品药品监督管理部门公布。未经授权不得发布上述信息。

县级以上人民政府食品药品监督管理、质量监督、农业行政部门依据各自职责公布食品安全日常监督管理信息。

公布食品安全信息，应当做到准确、及时，并进行必要的解释说明，避免误导消费者和社会舆论。

第一百一十九条　县级以上地方人民政府食品药品监督管理、卫生行政、质量监督、农业行政部门获知本法规定需要统一公布的信息，应当向上级主管部门报告，由上级主管部门立即报告国务院食品药品监督管理部门；必要时，可以直接向国务院食品药品监督管理部门报告。

县级以上人民政府食品药品监督管理、卫生行政、质量监督、农业行政部门应当相互通报获知的食品安全信息。

第一百二十条　任何单位和个人不得编造、散布虚假食品安全信息。

县级以上人民政府食品药品监督管理部门发现可能误导消费者和社会舆论的食品安全信息，应当立即组织有关部门、专业机构、相关食品生产经营者等进行核实、分析，并及时公布结果。

第一百二十一条　县级以上人民政府食品药品监督管理、质量监督等部门发现涉嫌食品安全犯罪的，应当按照有关规定及时将案件移送公安机关。对移送的案件，公安机关应当及时审查；认为有犯罪事实需要追究刑事责任的，应当立案侦查。

公安机关在食品安全犯罪案件侦查过程中认为没有犯罪事实，或者犯罪事实显著轻微，不需要追究刑事责任，但依法应当追究行政责任的，应当及时将案件移送食品药品监督管理、质量监督等部门和监察机关，有关部门应当依法处理。

公安机关商请食品药品监督管理、质量监督、环境保护等部门提供检验结论、认定意见以及对涉案物品进行无害化处理等协助的，有关部门应当及时提供，予以协助。

第九章　法律责任

第一百二十二条　违反本法规定，未取得食品生产经营许可从事食品生产经营活动，或者未取得食品添加剂生产许可从事食品添加剂生产活动的，由县级以上人民政府食品药品监督管理部门没收违法所得和违法生产经营的食品、食品添加剂以及用于违法生产经营的工具、设备、原料等物品；违法生产经营的食品、食品添加剂货值金额不足一万元的，并处五万元以上十万元以下罚款；货值金额一万元以上的，并处货值金额十倍以上二十倍以下罚款。

明知从事前款规定的违法行为，仍为其提供生产经营场所或者其他条件的，由县级以上人民政府食品药品监督管理部门责令停止违法行为，没收违法所得，并处五万元以上十万元以下罚款；使消费者的合法权益受到损害的，应当与食品、食品添加剂生产经营者承担连带责任。

第一百二十三条　违反本法规定，有下列情形之一，尚不构成犯罪的，由县级以上人民政府食品药品监督管理部门没收违法所得和违法生产经营的食品，并可以没收用于违法生产经营的工具、设备、原料等物品；违法生产经营的食品货值金额不足一万元的，并处十万元以上十五万元以下罚款；货值金额一万元以上的，并处货值金额十五倍以上三十倍以下罚款；情节严重的，吊销许可证，并可以由公安机关对其直接负责的主管人员和其他直接责任人员处五日以上十五日以下拘留：

（一）用非食品原料生产食品、在食品中添加食品添加剂以外的化学物质和其他可能危害人体健康的物质，或者用回收食品作为原料生产食品，或者经营上述食品；

（二）生产经营营养成分不符合食品安全标准的专供婴幼儿和其他特定人群的主辅食品；

（三）经营病死、毒死或者死因不明的禽、畜、兽、水产动物肉类，或者生产经营其制品；

（四）经营未按规定进行检疫或者检疫不合格的肉类，或者生产经营未经检验或者检验不合格的肉类制品；

（五）生产经营国家为防病等特殊需要明令禁止生产经营的食品；

（六）生产经营添加药品的食品。

明知从事前款规定的违法行为，仍为其提供生产经营场所或者其他条件的，由县级以上人民政府食品药品监督管理部门责令停止违法行为，没收违法所得，并处十万元以上二十万元以下罚款；使消费者的合法权益受到损害的，应当与食品生产经营者承担连带责任。

违法使用剧毒、高毒农药的，除依照有关法律、法规规定给予处罚外，可以由公安机关依照第一款规定给予拘留。

第一百二十四条　违反本法规定，有下列情形之一，尚不构成犯罪的，由县级以上人民政府食品药品监督管理部门没收违法所得和违法生产经营的食品、食品添加剂，并可以没收用于违法生产经营的工具、设备、原料等物品；违法生产经营的食品、食品添加剂货值金额不足一万元的，并处五万元以上十万元以下罚款；货值金额一万元以上的，并处货值金额十倍以上二十倍以下罚款；情节严重的，吊销许可证：

（一）生产经营致病性微生物，农药残留、兽药残留、生物毒素、重金属等污染物质以及其他危害人体健康的物质含量超过食品安全标准限量的食品、食品添加剂；

（二）用超过保质期的食品原料、食品添加剂生产食品、食品添加剂，或者经营上述食品、食品添加剂；

（三）生产经营超范围、超限量使用食品添加剂的食品；

（四）生产经营腐败变质、油脂酸败、霉变生虫、污秽不洁、混有异物、掺假掺杂或者感官性状异常的食品、食品添加剂；

（五）生产经营标注虚假生产日期、保质期或者超过保质期的食品、食品添加剂；

（六）生产经营未按规定注册的保健食品、特殊医学用途配方食品、婴幼儿配方乳粉，或者未按注册的产品配方、生产工艺等技术要求组织生产；

（七）以分装方式生产婴幼儿配方乳粉，或者同一企业以同一配方生产不同品牌的婴幼儿配方乳粉；

（八）利用新的食品原料生产食品，或者生产食品添加剂新品种，未通过安全性评估；

（九）食品生产经营者在食品药品监督管理部门责令其召回或者停止经营后，仍拒不召回或者停止经营。

除前款和本法第一百二十三条、第一百二十五条规定的情形外，生产经营不符合法律、法规或者食品安全标准的食品、食品添加剂的，依照前款规定给予处罚。

生产食品相关产品新品种，未通过安全性评估，或者生产不符合食品安全标准的食品相关产品的，由县级以上人民政府质量监督部门依照第一款规定给予处罚。

第一百二十五条 违反本法规定，有下列情形之一的，由县级以上人民政府食品药品监督管理部门没收违法所得和违法生产经营的食品、食品添加剂，并可以没收用于违法生产经营的工具、设备、原料等物品；违法生产经营的食品、食品添加剂货值金额不足一万元的，并处五千元以上五万元以下罚款；货值金额一万元以上的，并处货值金额五倍以上十倍以下罚款；情节严重的，责令停产停业，直至吊销许可证：

（一）生产经营被包装材料、容器、运输工具等污染的食品、食品添加剂；

（二）生产经营无标签的预包装食品、食品添加剂或者标签、说明书不符合本法规定的食品、食品添加剂；

（三）生产经营转基因食品未按规定进行标示；

（四）食品生产经营者采购或者使用不符合食品安全标准的食品原料、食品添加剂、食品相关产品。

生产经营的食品、食品添加剂的标签、说明书存在瑕疵但不影响食品安全且不会对消费者造成误导的，由县级以上人民政府食品药品监督管理部门责令改正；拒不改正的，处二千元以下罚款。

第一百二十六条 违反本法规定，有下列情形之一的，由县级以上人民政府食品药品监督管理部门责令改正，给予警告；拒不改正的，处五千元以上五万元以下罚款；情节严重的，责令停产停业，直至吊销许可证：

（一）食品、食品添加剂生产者未按规定对采购的食品原料和生产的食品、食品添加剂进行检验；

（二）食品生产经营企业未按规定建立食品安全管理制度，或者未按规定配备或者培训、考核食品安全管理人员；

（三）食品、食品添加剂生产经营者进货时未查验许可证和相关证明文件，或者未按规定建立并遵守进货查验记录、出厂检验记录和销售记录制度；

（四）食品生产经营企业未制定食品安全事故处置方案；

（五）餐具、饮具和盛放直接入口食品的容器，使用前未经洗净、消毒或者清洗消毒不合格，或者餐饮服务设施、设备未按规定定期维护、清洗、校验；

（六）食品生产经营者安排未取得健康证明或者患有国务院卫生行政部门规定的有碍食品安全疾病的人员从事接触直接入口食品的工作；

（七）食品经营者未按规定要求销售食品；

（八）保健食品生产企业未按规定向食品药品监督管理部门备案，或者未按备案的产品配方、生产工艺等技术要求组织生产；

（九）婴幼儿配方食品生产企业未将食品原料、食品添加剂、产品配方、标签等向食品药品监督管理部门备案；

（十）特殊食品生产企业未按规定建立生产质量管理体系并有效运行，或者未定期提交自查报告；

（十一）食品生产经营者未定期对食品安全状况进行检查评价，或者生产经营条件发生变化，未按规定处理；

（十二）学校、托幼机构、养老机构、建筑工地等集中用餐单位未按规定履行食品安全管理责任；

（十三）食品生产企业、餐饮服务提供者未按规定制定、实施生产经营过程控制要求。

餐具、饮具集中消毒服务单位违反本法规定用水，使用洗涤剂、消毒剂，或者出厂的餐具、饮具未按规定检验合格并随附消毒合格证明，或者未按规定在独立包装上标注相关内容的，由县级以上人民政府卫生行政部门依照前款规定给予处罚。

食品相关产品生产者未按规定对生产的食品相关产品进行检验的，由县级以上人民政府质量监督部门依照第一款规定给予处罚。

食用农产品销售者违反本法第六十五条规定的，由县级以上人民政府食品药品监督管理部门依照第一款规定给予处罚。

第一百二十七条 对食品生产加工小作坊、食品摊贩等的违法行为的处罚，依照省、自治区、直辖市制定的具体管理办法执行。

第一百二十八条 违反本法规定，事故单位在发生食品安全事故后未进行处置、报告的，由有关主管部门按照各自职责分工责令改正，给予警告；隐匿、伪造、毁灭有关证据的，责令停产停业，没收违法所得，并处十万元以上五十万元以下罚款；造成严重后果的，吊销许可证。

第一百二十九条 违反本法规定，有下列情形之一的，由出入境检验检疫机构依照本法第一百二十四条的规定给予处罚：

（一）提供虚假材料，进口不符合我国食品安全国家标准的食品、食品添加剂、食品相关产品；

（二）进口尚无食品安全国家标准的食品，未提交所执行的标准并经国务院卫生行政部门审查，或者进口利用新的食品原料生产的食品或者进口食品添加剂新品种、食品相关产品新品种，未通过安全性评估；

（三）未遵守本法的规定出口食品；

（四）进口商在有关主管部门责令其依照本法规定召回进口的食品后，仍拒不召回。

违反本法规定，进口商未建立并遵守食品、食品添加剂进口和销售记录制度、境外出口商或者生产企业审核制度的，由出入境检验检疫机构依照本法第一百二十六条的规定给予处罚。

第一百三十条 违反本法规定，集中交易市场的开办者、柜台出租者、展销会的举办者允许未依法取得许可的食品经营者进入市场销售食品，或者未履行检查、报告等义务的，由县级以上人民政府食品药品监督管理部门责令改正，没收违法所得，并处五万元以上二十万元以下罚款；造成严重后果的，责令停业，直至由原发证部门吊销许可证；使消费者的合法权益受到损害的，应当与食品经营者承担连带责任。

食用农产品批发市场违反本法第六十四条规定的，依照前款规定承担责任。

第一百三十一条 违反本法规定，网络食品交易第三方平台提供者未对入网食品经营者进行实名登记、审查许可证，或者未履行报告、停止提供网络交易平台服务等义务的，由县级以上人民政府食品药品监督管理部门责令改正，没收违法所得，并处五万元以上二十万元以下罚款；造成严重后果的，责令停业，直至由原发证部门吊销许可证；使消费者的合法权益受到损害的，应当与食品经营者承担连带责任。

消费者通过网络食品交易第三方平台购买食品，其合法权益受到损害的，可以向入网食品经营者或者食品生产者要求赔偿。网络食品交易第三方平台提供者不能提供入网食品经营者的真实名称、地址和有效联系方式的，由网络食品交易第三方平台提供者赔偿。网络食品交易第三方平台提供者赔偿后，有权向入网食品经营者或者食品生产者追偿。网络食品交易第三方平台提供者作出更有利于消费者承诺的，应当履行其承诺。

第一百三十二条 违反本法规定，未按要求进行食品储存、运输和装卸的，由县级以上人民政府食品药品监督管理等部门按照各自职责分工责令改正，给予警告；拒不改正的，责令停产停业，并处一万元以上五万元以下罚款；情节严重的，吊销许可证。

第一百三十三条 违反本法规定，拒绝、阻挠、干涉有关部门、机构及其工作人员依法开展食品安全监督检查、事故调查处理、风险监测和风险评估的，由有关主管部门按照各自职责分工责令停产停业，并处二千元以上五万元以下罚款；情节严重的，吊销许可证；构成违反治安管理行为的，由公安机关依法给予治安管理处罚。

违反本法规定，对举报人以解除、变更劳动合同或者其他方式打击报复的，应当依照有关法律的规定承担责任。

第一百三十四条 食品生产经营者在一年内累计三次因违反本法规定受到责令停产停业、吊销许可证以外处罚的，由食品药品监督管理部门责令停产停业，直至吊销许可证。

第一百三十五条 被吊销许可证的食品生产经营者及其法定代表人、直接负责的主管人员和其他直接责任人员自处罚决定作出之日起五年内不得申请食品生产经营许可，或者从事食品生产经营管理工作、担任食品生产经营企业食品安全管理人员。

因食品安全犯罪被判处有期徒刑以上刑罚的，终身不得从事食品生产经营管理工作，也不得担任食品生产经营企业食品安全管理人员。

食品生产经营者聘用人员违反前两款规定的，由县级以上人民政府食品药品监督管理部门吊销许可证。

第一百三十六条 食品经营者履行了本法规定的进货查验等义务，有充分证据证明其不知道所采购的食品不符合食品安全标准，并能如实说明其进货来源的，可以免予处罚，但应当依法没收其不符合食品安全标准的食品；造成人身、财产或者其他损害的，依法承担赔偿责任。

第一百三十七条 违反本法规定，承担食品安全风险监测、风险评估工作的技术机构、技术人员提供虚假监测、评估信息的，依法对技术机构直接负责的主管人员和技术人员给予撤职、开除处分；有执业资格的，由授予其资格的主管部门吊销执业证书。

第一百三十八条 违反本法规定，食品检验机构、食品检验人员出具虚假检验报告的，由授予其资质的主管部门或者机构撤销该食品检验机构的检验资质，没收所收取的检验费用，并处检验费用五倍以上十倍以下罚款，检验费用不足一万元的，并处五万元以上十万元以下罚款；依法对食品检验机构直接负责的主管人员和食品检验人员给予撤职或者开除处分；导致发生重大食品安全事故的，对直接负责的主管人员和食品检验人员给予开除处分。

违反本法规定，受到开除处分的食品检验机构人员，自处分决定作出之日起十年内不得从事食品检验工作；因食品安全违法行为受到刑事处罚或者因出具虚假检验报告导致发生重大食品安全事故受到开除处分的食品检验机构人员，终身不得从事食品检验工作。食品检验机构聘用不得从事食品检验工作的人员的，由授予其资质的主管部门或者机构撤销该食品检验机构的检验资质。

食品检验机构出具虚假检验报告，使消费者的合法权益受到损害的，应当与食品生产经营者承担连带责任。

第一百三十九条 违反本法规定，认证机构出具虚假认证结论，由认证认可监督管理部门没收所收取的认证费用，并处认证费用五倍以上十倍以下罚款，认证费用不足一万元的，并处五万元以上十万元以下罚款；情节严重的，责令停业，直至撤销认证机构批准文件，并向社会公布；对直接负责的主管人员和负有直接责任的认证人员，撤销其执业资格。

认证机构出具虚假认证结论，使消费者的合法权益受到损害的，应当与食品生产经营者承担连带责任。

第一百四十条 违反本法规定，在广告中对食品作虚假宣传，欺骗消费者，或者发布未取得批准文件、广告内容与批准文件不一致的保健食品广告的，依照《中华人民共和国广告法》的规定给予处罚。

广告经营者、发布者设计、制作、发布虚假食品广告，使消费者的合法权益受到损害的，应当与食品生产经营者承担连带责任。

社会团体或者其他组织、个人在虚假广告或者其他虚假宣传中向消费者推荐食品，使消费者的合法权益受到损害的，应当与食品生产经营者承担连带责任。

违反本法规定，食品药品监督管理等部门、食品检验机构、食品行业协会以广告或者其他形式向消费者推荐食品，消费者组织以收取费用或者其他牟取利益的方式向消费者推荐食品的，由有关主管部门没收违法所得，依法对直接负责的主管人员和其他直接责任人员给予记大过、降级或者撤职处分；情节严重的，给予开除处分。

对食品作虚假宣传且情节严重的，由省级以上人民政府食品药品监督管理部门决定暂停销售该食品，并向社会公布；仍然销售该食品的，由县级以上人民政府食品药品监督管理部门没收违法所得和违法销售的食品，并处二万元以上五万元以下罚款。

第一百四十一条 违反本法规定，编造、散布虚假食品安全信息，构成违反治安管理行为的，由公安机关依法给予治安管理处罚。

媒体编造、散布虚假食品安全信息的，由有关主管部门依法给予处罚，并对直接负责的主管人员和其他直接责任人员给予处分；使公民、法人或者其他组织的合法权益受到损害的，依法承担消除影响、恢复名誉、赔偿损失、赔礼道歉等民事责任。

第一百四十二条 违反本法规定，县级以上地方人民政府有下列行为之一的，对直接负责的主管人员和其他直接责任人员给予记大过处分；情节较重的，给予降级或者撤职处分；情节严重的，给予开除处分；造成严重后果的，其主要负责人还应当引咎辞职：

(一)对发生在本行政区域内的食品安全事故，未及时组织协调有关部门开展有效处置，造成不良影响或者损失；

(二)对本行政区域内涉及多环节的区域性食品安全问题，未及时组织整治，造成不良影响或者损失；

(三)隐瞒、谎报、缓报食品安全事故；

(四)本行政区域内发生特别重大食品安全事故，或者连续发生重大食品安全事故。

第一百四十三条 违反本法规定，县级以上地方人民政府有下列行为之一的，对直接负责的主管人员和其他直接责任人员给予警告、记过或者记大过处分；造成严重后果的，给予降级或者撤职处分：

(一)未确定有关部门的食品安全监督管理职责，未建立健全食品安全全程监督管理工作机制和信息共享机制，未落实食品安全监督管理责任制；

(二)未制定本行政区域的食品安全事故应急预案，或者发生食品安全事故后未按规定立即成立事故处置指挥机构、启动应急预案。

第一百四十四条 违反本法规定，县级以上人民政府食品药品监督管理、卫生行政、质量监督、农业行政等部门有下列行为之一的，对直接负责的主管人员和其他直接责任人员给予记大过处分；情节较重的，给予降级或者撤职处分；情节严重的，给予开除处分；造成严重后果的，其主要负责人还应当引咎辞职：

(一)隐瞒、谎报、缓报食品安全事故；

(二)未按规定查处食品安全事故，或者接到食品安全事故报告未及时处理，造成事故扩大或者蔓延；

(三)经食品安全风险评估得出食品、食品添加剂、食品相关产品不安全结论后，未及时采取相应措施，造成食品安全事故或者不良社会影响；

(四)对不符合条件的申请人准予许可，或者超越法定职权准予许可；

(五)不履行食品安全监督管理职责，导致发生食品安全事故。

第一百四十五条 违反本法规定，县级以上人民政府食品药品监督管理、卫生行政、质量监督、农业行政等部门有下列行为之一，造成不良后果的，对直接负责的主管人员和其他直接责任人员给予警告、记过或者记大过处分；情节较重的，给予降级或者撤职处分；情节严重的，给予开除处分：

(一)在获知有关食品安全信息后，未按规定向上级主管部门和本级人民政府报告，或者未按规定相互通报；

(二)未按规定公布食品安全信息；

(三)不履行法定职责，对查处食品安全违法行为不配合，或者滥用职权、玩忽职守、徇私舞弊。

第一百四十六条 食品药品监督管理、质量监督等部门在履行食品安全监督管理职责过程中，违法实施检查、强制等执法措施，给生产经营者造成损失的，应当依法予以赔偿，对直接负责的主管人员和其他直接责任人员依法给予处分。

第一百四十七条 违反本法规定，造成人身、财产或者其他损害的，依法承担赔偿责任。生产经营者财产不足以同时承担民事赔偿责任和缴纳罚款、罚金时，先承担民事赔偿责任。

第一百四十八条 消费者因不符合食品安全标准的食品受到损害的，可以向经营者要求赔偿损失，也可以向生产者要求赔偿损失。接到消费者赔偿要求的生产经营者，应当实行首负责任制，先行赔付，不得推诿；属于生产者责任的，经营者赔偿后有权向生产者追偿；属于经营者责任的，生产者赔偿后有权向经营者追偿。

生产不符合食品安全标准的食品或者经营明知是不符合食品安全标准的食品，消费者除要求赔偿损失外，还可以向生产者或者经营者要求支付价款十倍或者损失三倍的赔偿金；增加赔偿的金额不足一千元的，为一千元。但是，食品的标签、说明书存在不影响食品安全且不会对消费者造成误导的瑕疵的除外。

第一百四十九条 违反本法规定，构成犯罪的，依法追究刑事责任。

第十章 附则

第一百五十条 本法下列用语的含义：

食品，指各种供人食用或者饮用的成品和原料以及按照传统既是食品又是中药材的物品，但是不包括以治疗为目的的物品。

食品安全，指食品无毒、无害，符合应当有的营养要求，对人体健康不造成任何急性、亚急性或者慢性危害。

预包装食品，指预先定量包装或者制作在包装材料、容器中的食品。

食品添加剂，指为改善食品品质和色、香、味以及为防腐、保鲜和加工工艺的需要而加入食品中的人工合成或者天然物质，包括营养强化剂。

用于食品的包装材料和容器，指包装、盛放食品或者食品添加剂用的纸、竹、木、金属、搪瓷、陶瓷、塑料、橡胶、天然纤维、化学纤维、玻璃等制品和直接接触食品或者食品添加剂的涂料。

用于食品生产经营的工具、设备，指在食品或者食品添加剂生产、销售、使用过程中直接接触食品或者食品添加剂的机械、管道、传送带、容器、用具、餐具等。

用于食品的洗涤剂、消毒剂，指直接用于洗涤或者消毒食品、餐具、饮具以及直接接触食品的工具、设备或者食品包装材料和容器的物质。

食品保质期，指食品在标明的储存条件下保持品质的期限。

食源性疾病，指食品中致病因素进入人体引起的感染性、中毒性等疾病，包括食物中毒。

食品安全事故，指食源性疾病、食品污染等源于食品，对人体健康有危害或者可能有危害的事故。

第一百五十一条 转基因食品和食盐的食品安全管理，本法未作规定的，适用其他法律、行政法规的规定。

第一百五十二条 铁路、民航运营中食品安全的管理办法由国务院食品药品监督管理部门会同国务院有关部门依照本法制定。

保健食品的具体管理办法由国务院食品药品监督管理部门依照本法制定。

食品相关产品生产活动的具体管理办法由国务院质量监督部门依照本法制定。

国境口岸食品的监督管理由出入境检验检疫机构依照本法以及有关法律、行政法规的规定实施。

军队专用食品和自供食品的食品安全管理办法由中央军事委员会依照本法制定。

第一百五十三条 国务院根据实际需要，可以对食品安全监督管理体制作出调整。

第一百五十四条 本法自 2015 年 10 月 1 日起施行。

附录4 无公害农产品认证资料

材料编号：(省级工作机构填写)

无公害农产品产地认定与产品认证
申请和审查报告
(2014版)

申请主体(盖章)：______________________

法人代表(签字)：______________________

首次认证□ 扩项认证□ 整体认证□ 复查换证□

申请日期：______年______月______日

农业部农产品质量安全中心印制

申请须知

1. 申报材料请用钢笔、签字笔填写或用计算机打印，要求字迹工整、术语规范、印章清晰，内容完整真实。

2. 首次认证随《无公害农产品产地认定与产品认证申请和审查报告》须报以下材料：

(1)国家法律法规规定申请人必须具备的资质证明文件复印件

(2)《无公害农产品内检员证书》复印件

(3)无公害农产品生产质量控制措施(内容包括组织管理、投入品管理、卫生防疫、产品检测、产地保护等)

(4)最近生产周期农业投入品(农药、兽药、渔药等)使用记录复印件

(5)《产地环境检验报告》及《产地环境现状评价报告》(省级工作机构选定的产地环境检测机构出具)或《产地环境调查报告》(省级工作机构出具)

(6)*《产品检验报告》原件或复印件加盖检测机构印章(农业部农产品质量安全中心选定的产品检测机构出具)

(7)*《无公害农产品认证现场检查报告》原件(负责现场检查的工作机构出具)

(8)无公害农产品认证信息登录表(电子版)

(9)其他要求提交的有关材料。

注：申请产品**扩项认证**的，除《无公害农产品产地认定与产品认证申请和审查报告》外，附报材料须提交(4)(6)(7)(8)和《无公害农产品产地认定证书》及已获得的《无公害农产品证书》。

申请**复查换证**的，除《无公害农产品产地认定与产品认证申请和审查报告》外，附报材料须提交(7)(8)。

申请**整体认证**的，除《无公害农产品产地认定与产品认证申请和审查报告》外，附报材料须提交(1)～(8)以及土地使用权证明、3年内种植(养殖)计划清单、生产基地图等。

3. 申请材料须**装订2份**同时报县级无公害农产品工作机构，**统一以《无公害农产品产地认定与产品认证申请和审查报告》作为封面**，其中1份按照附报材料清单顺序装订成册，另1份将标“*”材料(复查换证产品检验按各省要求执行)装订成册。

4. 申请人需登录《中国农产品质量安全网》(www.aqsc.gov.cn)认真阅读《无公害农产品标识征订说明及使用规定》，了解无公害农产品标识征订及使用的相关规定。适宜使用标识的产品，申请人应在其申请的产品通过认证评审并在《中国农产品质量安全网》公告6个月内，向农业部农产品质量安全中心申订全国统一的无公害农产品标识。

5. 法人代表及联系人手机是各级认证审查机构与申请人及时沟通的重要通道，请准确填写手机号码并保持畅通。

6. 申请日期为附报材料齐全后正式向县级工作机构提交认证申请的时间。

7. 联系方式：

(1)农业部农产品质量安全中心

地址：北京市海淀区学院南路59号　　邮编：100081

电话：010-62191437；传真：010-62191434

E-mail：aqscshc@163. com

(2)农业部农产品质量安全中心种植业产品认证分中心

地址：北京市朝阳区朝外大街223号　　邮编：100020

电话：010-65520112；传真：010-65520107

E-mail：ynwugonghai@163. com

(3)农业部农产品质量安全中心畜牧业产品认证分中心

地址：北京市朝阳区麦子店街20号楼527室　　邮编：100026

电话：010-59191489，59194646，59194645

传真：010-59191485，59194779

E-mail：zbc504@126. com

(4)农业部农产品质量安全中心渔业产品认证分中心

地址：北京市丰台区永定路南青塔150号邮编：100141

电话：010-68673907，68673913

传真：010-68673907

E-mail：cffpq@cafs. ac. cn

承　诺　书

1. 我申请无公害农产品产地认定和产品认证所提交的材料和填写的内容全部真实。如有虚假成分，愿负法律责任。

2. 我将严格按照《农产品质量安全法》的要求，建立内部农产品质量安全管理制度，健全内部农产品质量安全控制体系，制定切实可行的生产操作规程，落实生产记录制度。申请认证的产品在其生产过程中，保证落实无公害农产品质量控制措施，严格执行该产品生产技术规范(规程)和质量安全标准，严格按照国家法律法规要求使用投入品和添加物，确保产品质量合格。

3. 我已认真阅读《无公害农产品标识征订说明及使用规定》，申请认证的产品通过评审后，对适宜使用无公害农产品标识的产品，在中国农产品质量安全网公告6个月内向农业部农产品质量安全中心申订全国统一的无公害农产品标识，且保证严格按照无公害农产品标志管理的有关规定，在相应产品或产品包装上使用。

4. 我接受各级无公害农产品工作机构及有关部门对本单位无公害农产品生产和无公害农产品标识使用情况的监督检查，并对监督检查发现的问题及时整改。

申请主体(盖章)：

法人代表(签字)：

年　月　日

附表 4-1 申请主体基本情况

<table>
<tr><td>申请主体全称</td><td colspan="5"></td></tr>
<tr><td>单位性质</td><td colspan="5">□企业 □合作社 □家庭农场(经注册登记) □其他</td></tr>
<tr><td>是否龙头企业</td><td>□是 □否</td><td>龙头企业级别</td><td colspan="3">□国家级 □省级 □市级 □县级</td></tr>
<tr><td>法人代表</td><td></td><td>联系电话</td><td></td><td>手机</td><td></td></tr>
<tr><td>联系人</td><td></td><td>联系电话</td><td></td><td>手机</td><td></td></tr>
<tr><td>内检员</td><td></td><td>证书编号</td><td colspan="3"></td></tr>
<tr><td>传 真</td><td colspan="2"></td><td>E-mail</td><td colspan="2"></td></tr>
<tr><td>通信地址</td><td colspan="3"></td><td>邮政编码</td><td></td></tr>
<tr><td>职工人数</td><td></td><td>管理人员数</td><td></td><td>技术人员数</td><td></td></tr>
<tr><td colspan="6">产地基本情况</td></tr>
<tr><td>产地规模(公顷、万头、万只、立方米水体)</td><td colspan="5"></td></tr>
<tr><td>产地详细地址</td><td colspan="5">______省(区、市)______市______县______乡(镇)__________村</td></tr>
<tr><td rowspan="6">生产经营类型</td><td colspan="5">□自产自销型(申请人自有基地、统一生产、统一销售)</td></tr>
<tr><td colspan="2">□公司＋农户型</td><td>农户数</td><td colspan="2"></td></tr>
<tr><td colspan="2">□公司＋合作社＋农户型</td><td>农户数</td><td colspan="2"></td></tr>
<tr><td colspan="2">□合作社</td><td>社员(会员)数</td><td colspan="2"></td></tr>
<tr><td colspan="2">□合作社＋农户型</td><td>农户数</td><td colspan="2"></td></tr>
<tr><td colspan="5">□其他______________________________</td></tr>
</table>

附表 4-2 申请产品情况

产品名称	生产规模* (公顷/万头/万只/立方米水体)	生产周期	包装规格	年产量(吨)	年销售量(吨)

注:* 存在套作、混养等情况的生产方式，需详细说明套作、混养的品种。

附表 4-3 县、地级工作机构推荐意见

<table>
<tr><td>县级工作机构推荐意见</td><td>

负责人(签字)：
(加盖县级工作机构印章)
年　月　日</td></tr>
<tr><td>地级工作机构审核意见</td><td>

负责人(签字)：
(加盖地级工作机构印章)
年　月　日</td></tr>
</table>

附表 4-4　省级工作机构产地认定终审和产品认证初审意见

省级工作机构检查员意见		检查员(签字)： 年　月　日
省级工作机构综合审查意见	(一)产地认定终审意见	
	(二)产品认证初审意见	省级工作机构负责人(签字)： (加盖省级工作机构印章) 年　月　日

附表 4-5 部专业分中心复审意见

<table>
<tr><td>部专业分中心复审意见</td><td>

检查员(签字):
年 月 日</td></tr>
<tr><td>部专业分中心复审意见</td><td>

部专业分中心主任(签字):
(加盖部专业分中心印章)
年 月 日</td></tr>
</table>

附表 4-6 农业部农产品质量安全中心终审意见

<table>
<tr><td>农业部农产品质量安全中心终审意见</td><td>

部中心主任(签字)：
(加盖部中心印章)
年 月 日</td></tr>
</table>

附录5 绿色食品认证资料

绿色食品标志使用申请书

初次申请□ 续展申请□

申请人(盖章) ______________________

申请日期 ______年______月______日

中国绿色食品发展中心

填 写 说 明

一、本申请书一式三份，中国绿色食品发展中心、省级工作机构和申请人各一份。

二、本申请书无签名、盖章无效。

三、申请书的内容可打印或用蓝、黑钢笔或签字笔填写，语言规范准确、印章(签名)端正清晰。

四、申请书可从 http://www.moa.gov.cn/sydw/lssp/下载，用A4纸打印。

五、本申请书由中国绿色食品发展中心负责解释。

保 证 声 明

我单位已仔细阅读《绿色食品标志管理办法》有关内容，充分了解绿色食品相关标准和技术规范等有关规定，自愿向中国绿色食品发展中心申请使用绿色食品标志。现郑重声明如下：

1. 保证《绿色食品标志使用申请书》中填写的内容和提供的有关材料全部真实、准确，如有虚假成分，我单位愿承担法律责任。

2. 保证申请前三年内无质量安全事故和不良诚信记录。

3. 保证严格按《绿色食品标志管理办法》、绿色食品相关标准和技术规范等有关规定组织生产、加工和销售。

4. 保证开放所有生产环节，接受中国绿色食品发展中心组织实施的现场检查和年度检查。

5. 凡因产品质量问题给绿色食品事业造成的不良影响，愿接受中国绿色食品发展中心所作的决定，并承担经济和法律责任。

法定代表人(签字)：　　　　　　　　　　申请人(盖章)

年　　月　　日

附表 5-1　申请人基本情况

申请人(中文)					
申请人(英文)					
联系地址				邮　编	
网址					
营业执照注册号			首次获证时间		
企业法定代表人		座机		手机	
联 系 人		座机		手机	
传真		E-mail			
龙头企业	国家级□　省(市)级□　地市级□　其他□				
年生产总值 (万元)			年利润 (万元)		

续表

申请人简介	

内检员(签字)：

注：1. 内检员适用于已有中心注册内检员的申请人。
　　2. 首次获证时间仅适用于续展申请。

附表 5-2　申请产品情况

产品名称	商标	产量(吨)	是否有包装	包装规格	备注

注：1. 续展产品名称、商标变化等情况需在备注栏说明。
　　2. 若此表不够，可附页。

附表 5-3 原料供应情况

原料来源	原料供应情况		
绿色食品	生产商	产品名称	使用量(吨)
全国绿色食品原料标准化生产基地	基地名称	使用面积(万亩)	使用量(吨)

注：可根据需要增加行数。

附表 5-4 申请产品统计表

产品名称	年产值(万元)	年销售额(万元)	年出口量(吨)	年出口额(万美元)	绿色食品包装印刷数量

注：可根据需要增加行数。

种植产品调查表

申请人(盖章) ________________________

申请日期 ______年______月______日

中国绿色食品发展中心

填 表 说 明

一、本表适用于收获后，不添加任何配料和添加剂，只进行清洁、脱粒、干燥、分选等简单物理处理过程的产品(或原料)，如原粮、新鲜果蔬、饲料原料等。

二、本表无盖章、签字无效。

三、本表应如实填写，所有栏目不得空缺，未填部分应说明理由。

四、本表的内容可打印或用蓝、黑钢笔或签字笔填写，语言规范准确、印章(签名)端正清晰。

五、本表可从 http://www.moa.gov.cn/sydw/lssp/下载，用 A4 纸打印。

六、本表由中国绿色食品发展中心负责解释。

附表 5-5　种植产品基本情况

名称	面积(万亩)	年产量(吨)	基地位置

附表 5-6　产地环境基本情况

产地是否位于生态环境良好、无污染地区	
产地是否远离工矿区和公路铁路干线	
产地周围 5 km，主导风向的上风向 20 km 内是否有工矿污染源	
绿色食品生产区和常规生产区域之间是否有缓冲带或物理屏障？请具体描述	
请描述产地及周边的动植物生长、布局等情况	

注：相关标准见《绿色食品　产地环境质量》(NY/T 391)和《绿色食品产地环境调查、监测与评价规范》(NY/T 1054)

附表 5-7 栽培措施及土壤处理

<table>
<tr><td>采用何种耕作模式(轮作、间作或套作)?请具体描述</td><td colspan="4"></td></tr>
<tr><td>采用何种栽培类型(露地、保护地或其他)</td><td colspan="4"></td></tr>
<tr><td>播前土壤是否进行消毒或改良?请具体描述</td><td colspan="4"></td></tr>
<tr><td>是否进行客土?请说明客土原因、类型及来源</td><td colspan="4"></td></tr>
<tr><td rowspan="4">土壤培肥处理</td><td>名称</td><td>年用量(吨/亩)</td><td>来源</td><td>无害化处理</td></tr>
<tr><td></td><td></td><td></td><td></td></tr>
<tr><td></td><td></td><td></td><td></td></tr>
<tr><td></td><td></td><td></td><td></td></tr>
</table>

附表 5-8 种子(种苗)处理

种子(种苗)来源	
种子(种苗)是否经过包衣等处理?请具体描述处理方法	
播种(育苗)时间	

附表 5-9 病虫草害农业防治措施

当地常见病虫草害	
简述减少病虫草害发生的生态及农业措施	
采用何种物理防治措施?请具体描述防治方法和防治对象	
采用何种生物防治措施?请具体描述防治方法和防治对象	

注:若有间作或套作作物,请同时填写其病虫草害防治情况。

附表 5-10 肥料使用情况

产品名称	肥料名称	有效成分(%)			施用方法	施用量(kg/亩)	施用时间	当地同种作物习惯施用无机氮种类及用量(kg/亩·年)
		氮	磷	钾				
水稻	农家肥				基肥深施	4000	4月上旬	
	尿素	46			追肥	20	8月上旬	铵态氮 40
	有机无机复混肥	16	16	16	底肥	40	4月上旬	酰胺态氮 50
								硝态氮 20

注：1. 相关标准见《绿色食品　肥料使用准则》(NY/T 394)。
2. 该表可根据不同产品名称依次填写。

附表 5-11 病虫草害防治农药使用情况

产品名称	农药名称	登记证号	剂型规格	防治对象	使用方法	每次用量(g/公顷)	使用时间	安全间隔期(天)
水稻	多菌灵	PD 20100459	50%粉剂	稻瘟病	喷雾	500		10
	氰氟草酯	PD 20060541	10%乳油	杂草	喷雾	700～1000		15
	辛硫磷	PD 20120944	50%乳油	害虫	喷雾	300～600		15

注：1. 相关标准见《绿色食品　农药使用准则》(NY/T393)。
2. 若有间作或套作作物，请同时填写其病虫草害农药防治情况。
3. 该表可根据不同产品名称依次填写。

附表 5-12 灌溉情况

是否灌溉		灌溉水来源	
灌溉方式		全年灌溉用水量(吨)	

附表 5-13 收获后处理

收获时间	
收获后是否有清洁过程？请描述方法	
收获后是否对产品进行挑选、分级？请描述方法	
收获后是否有干燥过程？请描述方法	
收获后是否采取保鲜措施？请描述方法	
收获后是否需要进行其他预处理？请描述过程	
使用何种包装材料？包装方式是什么	
仓储时采取何种措施防虫、防鼠、防潮	
请说明如何防止绿色食品与非绿色食品混淆	

附表 5-14 废弃物处理及环境保护措施

填表人： 内检员：

注：内检员适用于已有中心注册内检员的申请人。

畜禽产品调查表

申请人(盖章) ______________________

申请日期 ______年______月______日

中国绿色食品发展中心

填 表 说 明

一、本表适用于畜禽养殖、生鲜乳及禽蛋收集等。

二、本表应如实填写，所有栏目不得空缺，未填部分应说明理由。

三、本表无签字、盖章无效。

四、本表的内容可打印或用蓝、黑钢笔或签字笔填写，语言规范准确、印章(签名)端正清晰。

五、本表可从 http://www.moa.gov.cn/sydw/lssp/下载，用 A4 纸打印。

六、本表由中国绿色食品发展中心负责解释。

附表 5-15　养殖场基本情况

<table>
<tr><td rowspan="2">畜禽名称</td><td rowspan="2"></td><td rowspan="2">养殖面积</td><td>放牧场所(万亩)</td><td></td></tr>
<tr><td>栏舍(m^2)</td><td></td></tr>
<tr><td>基地位置</td><td colspan="4"></td></tr>
<tr><td colspan="5">养殖场基本情况</td></tr>
<tr><td colspan="3">养殖场是否在无规定疫病区域</td><td colspan="2"></td></tr>
<tr><td colspan="3">养殖场是否距离交通要道、城镇、居民区、医院和公共场所 2 km 以上</td><td colspan="2"></td></tr>
<tr><td colspan="3">养殖场是否距离垃圾处理场和风景旅游区 5 km 以上</td><td colspan="2"></td></tr>
<tr><td colspan="3">天然牧场周边是否有矿区</td><td colspan="2"></td></tr>
</table>

注：相关标准见《绿色食品动物卫生准则》(NY/T 473)和《绿色食品畜禽饲养防疫准则》(NY/T 1892)。

附表 5-16　养殖场基础设施

养殖场建筑材料、饲喂设施材料是否对畜禽有害？请具体说明	
养殖场房舍照明、隔离、加热和通风等自动化设施是否齐备且符合要求？请具体说明	
是否有生物防护设施？请具体说明	
是否有粪尿沟等污道设施	
是否有畜禽活动场所和遮荫设施	
请说明养殖用水来源	

注：相关标准见《绿色食品动物卫生准则》(NY/T 473)和《绿色食品畜禽饲养防疫准则》(NY/T 1892)。

附表 5-17　养殖场管理措施

养殖场内净道和污道是否分开？生产区和生活区是否严格分开	
养殖场是否定期消毒？请描述使用消毒剂名称、用量、使用方法和时间	
是否建立了规范完整的养殖档案	
是否存在平行生产？如何有效隔离	

附表 5-18 畜禽饲料及饲料添加剂使用情况

畜禽名称					养殖规模					
品种名称					种畜禽来源					
年出栏量及产量					养殖周期					
生长阶段 饲料及饲料添加剂									年用量（吨）	来源
	用量（吨）	比例（%）	用量（吨）	比例（%）	用量（吨）	比例（%）	用量（吨）	比例（%）		

注：1. 相关标准见《绿色食品 畜禽饲料及饲料添加剂使用准则》（NY/T 471）。

2. 养殖周期及生长阶段应包括从幼畜或幼雏到出栏。

附表 5-19 畜禽疫苗及兽药使用情况

畜禽名称						
疫苗使用情况						
疫苗名称	疫苗类型	批准文号	用途			
兽药使用情况						
兽药名称	批准文号	用途	用量	使用方法	使用时间	停药期

注：1. 相关标准见《绿色食品　兽药使用准则》(NY/T 472)。

2. 疫苗类型栏填写：灭活疫苗、减毒疫苗、基因工程疫苗等。

附表 5-20 饲料加工及存贮情况

饲料是否由申请人自行组织加工？请描述加工过程及出成率(委托加工的，请填写加工产品调查表)	
饲料存贮过程采取何种措施防潮、防鼠、防虫？	
请说明如何防止绿色食品与非绿色食品饲料混淆？	

附表 5-21 畜禽、禽蛋、生鲜乳收集

待宰畜禽如何运输？请说明	
禽蛋如何收集、清洗和储存	
生鲜乳如何收集？收集器具如何清洗消毒？生鲜乳如何储存、运输	
请就上述内容，描述绿色食品与非绿色食品的区分管理措施	

附表 5-22　资源综合利用和废弃物处理

养殖场是否具备有效的粪便和污水处理系统？是否实现了粪污资源化利用	
养殖场对病死畜禽如何处理？请具体描述	

填表人：　　　　　　　内检员：

注：内检员适用于已有中心注册内检员的申请人。

加工产品调查表

申请人(盖章) ______________________

申请日期 ______年______月______日

中国绿色食品发展中心

填表说明

一、本表适用于按照绿色食品标准生产的植物、动物和微生物原料收获或外购入库后，进行的加工、包装、储藏和运输的全过程，包括食品和饲料，如米面及其制品、食用植物油、肉食加工品、乳制品、酒类、全价饲料和预混料等。

二、本表无盖章、签字无效。

三、本表应如实填写，所有栏目不得空缺，未填部分应说明理由。

四、本表的内容可打印或用蓝、黑钢笔或签字笔填写，语言规范准确、印章(签名)端正清晰。

五、本表可从 http://www.moa.gov.cn/sydw/lssp/下载，用 A4 纸打印。

六、本表由中国绿色食品发展中心负责解释。

附表 5-23　加工产品基本情况

产品名称	商标	年产量(吨)	包装规格	备注

附表 5-24　加工厂环境基本情况

加工厂地址	
加工厂是否远离工矿区和公路铁路干线	
加工厂周围 5 km，主导风向的上风向 20 km 内是否有工矿企业、医院、垃圾处理场等	
绿色食品生产区和生活区域是否具备有效的隔离措施？请具体描述	

注：相关标准见《绿色食品　产地环境质量》(NY/T 391)。

附表 5-25　加工产品配料情况

<table>
<tr><td>产品名称</td><td></td><td>年产量(吨)</td><td></td><td>出成率(%)</td><td></td></tr>
<tr><td colspan="6">主辅料使用情况表</td></tr>
<tr><td>名称</td><td>比例(%)</td><td>年用量(吨)</td><td colspan="3">来源</td></tr>
<tr><td></td><td></td><td></td><td colspan="3"></td></tr>
<tr><td></td><td></td><td></td><td colspan="3"></td></tr>
<tr><td></td><td></td><td></td><td colspan="3"></td></tr>
<tr><td></td><td></td><td></td><td colspan="3"></td></tr>
<tr><td colspan="6">添加剂使用情况</td></tr>
<tr><td>名称</td><td>比例(‰)</td><td>年用量(吨)</td><td>用途</td><td colspan="2">来源</td></tr>
<tr><td></td><td></td><td></td><td></td><td colspan="2"></td></tr>
<tr><td></td><td></td><td></td><td></td><td colspan="2"></td></tr>
<tr><td></td><td></td><td></td><td></td><td colspan="2"></td></tr>
<tr><td colspan="6">加工助剂使用情况</td></tr>
<tr><td>名称</td><td>有效成分</td><td>年用量(吨)</td><td>用途</td><td colspan="2">来源</td></tr>
<tr><td></td><td></td><td></td><td></td><td colspan="2"></td></tr>
<tr><td></td><td></td><td></td><td></td><td colspan="2"></td></tr>
<tr><td></td><td></td><td></td><td></td><td colspan="2"></td></tr>
<tr><td colspan="3">是否使用加工水？请说明其来源、年用量(吨)、作用，并说明是否使用净水设备</td><td colspan="3"></td></tr>
<tr><td colspan="3">主辅料是否有预处理过程？如是，请提供预处理工艺流程、方法、使用物质名称和预处理场所</td><td colspan="3"></td></tr>
</table>

注：1. 相关标准见《绿色食品　食品添加剂使用准则》(NY/T 392)和《绿色食品　畜禽饲料及饲料添加剂使用准则》(NY/T 471)。

2. 主辅料“比例(%)”应扣除加入的水后计算。

附表 5-26 加工产品配料统计表

配料	名称	合计年用量(吨)	备注
主辅料			
添加剂(食品级□ 饲料级□)			

附表 5-27 产品加工情况

工艺流程及工艺条件	
各产品加工工艺流程图(应体现所有加工环节，包括所用原料、添加剂、加工助剂等)，并描述各步骤所需生产条件(温度、湿度、反应时间等)：	
请选择产品加工过程中所采用的处理方法及工艺： □机械 □冷冻 □加热 □微波 □烟熏 □微生物发酵工艺 □提取 □浓缩 □沉淀 □过滤 □其他：________ 如果采用了提取工艺，请列出所使用的溶剂： □水 □乙醇 □动植物油 □醋 □正己烷等有机溶剂 □二氧化碳 □氮 □羧酸 □其他：________ 如果采用了浓缩工艺，请列出浓缩方法： □蒸发浓缩 □膜浓缩 □冷冻浓缩 □结晶 □真空浓缩 □其他：________	
是否建立生产加工记录管理程序	
是否建立批次号追溯体系	

附表 5-28　包装、储藏、运输

包装材料(来源、材质)、包装充填剂	
包装使用情况	□可重复使用　□可回收利用　□可降解
是否设计了产品预包装示样	
库房是否远离粉尘、污水等污染源和生活区等潜在污染源	
库房建筑材料(墙体、房顶、地面)、设施结构和质量是否符合相应食品类别的储藏设施的规定	
是否建立储藏设计管理记录程序和批次号追溯体系	
库房数量、容积及类型(常温、冷藏或气调等)	
申报产品是否与常规产品同库储藏？如是，请简述区分方法	
是否借用储藏库？如是，请提供其库房地址、数量、容积、类型(常温、冷藏或气调等)	
申请人是否自有交通工具运输产品	
申请人运输申报产品专车专用	
申报产品运输过程中是否需要采取控温措施	
是否承租交通工具运输？如是，请提供货运公司名称、载重规格、运输频率	

注：相关标准见《绿色食品　包装通用准则》(NY/T 658)和《绿色食品　储藏运输准则》(NY/T 1056)。

附表 5-29　平行加工

是否存在平行生产？如是，请列出常规产品的名称、执行标准和生产规模	
常规产品及非绿色食品产品在申请人生产总量中所占的比例	
请详细说明常规及非绿色食品产品在工艺流程上与绿色食品产品的区别	
在原料运输、加工及储藏各环节中进行隔离与管理，避免交叉污染的措施	□从空间上隔离(不同的加工设备) □从时间上隔离(相同的加工设备) □其他措施，请具体描述：

附表 5-30 设备清洗、维护及有害生物防治

加工过程中加工车间、设备所需使用的清洗、消毒方法及物质	
加工过程中有害(生物、微生物)的控制方法	
包装车间、设备的清洁、消毒、杀菌方式方法	
库房对杂菌、虫、鼠防治措施，所用设备及药品的名称、使用方法、用量	
运输用交通工具消毒措施	

附表 5-31 污水、废弃物处理情况及环境保护措施

加工过程中产生的污水的处理方式、排放措施和渠道	
加工过程中产生的废弃物处理措施	
其他环境保护措施	

填表人： 内检员：

注：内检员适用于已有中心注册内检员的申请人。

附录6 有机食品认证资料

有机产品认证申请书

初次认证□ 再认证□

申请单位：________________________

法人/负责人(签字、盖章)：____________

申请日期：______年______月______日

中绿华夏有机食品认证中心

地址：北京市海淀区学院南路59号 邮编：100081

官网：www.ofcc.org.cn E-mail:cofcc@126.com

注 意 事 项

1. 本表无法人(负责人)签字和单位盖章视为无效。
2. 本表涂改后无确认单位确认章(或签字)无效。
3. 本表应打印或用黑墨水正楷填写，否则不予受理。
4. 本表交付后不再受理补充修改说明材料。
5. 本表必须如实填写，所有栏目不得空缺，不填写的须说明理由。

有机产品认证申请单位承诺书

作为有机产品认证申请单位和生产者，我自愿向中绿华夏有机食品认证中心申请有机产品认证，并做出如下承诺：

1. 我认真地学习了GB/T 19630《有机产品》，完全了解该标准的要求。

2. 我申请的项目完全按照GB/T 19630《有机产品》的要求操作，所有生产过程都有详细记录，所提供资料的内容都是真实的。

3. 我支持内部检查员的工作，保证不影响其工作的独立性。

4. 我同意严格履行认证合同并及时支付认证的相关费用。

5. 我完全清楚申请认证并不意味着获得认证。

6. 我保证按照中绿华夏有机食品认证中心和其委派的检查员提出的合理整改要求改进工作。

7. 我保证允许中绿华夏有机食品认证中心委派的检查员进入所有与认证相关区域进行检查，并提供所有相关文件，包括财务记录。

8. 我同意如果认证证书被暂停或撤销，将立即停止使用相应的认证证书和认证标志。

申请单位(公章)：

法定代表人(签字)：

1. 申请单位基本情况

<table>
<tr><td>申请单位中文名称</td><td colspan="5"></td></tr>
<tr><td>申请单位英文名称</td><td colspan="5"></td></tr>
<tr><td>组织机构代码</td><td colspan="5"></td></tr>
<tr><td>经济类型*</td><td colspan="2"></td><td>企业类型*</td><td colspan="2"></td></tr>
<tr><td>注册办公地址</td><td colspan="5"></td></tr>
<tr><td>邮政编码</td><td></td><td>电话</td><td></td><td>传真</td><td></td></tr>
<tr><td>电子信箱</td><td colspan="2"></td><td>网址</td><td colspan="2"></td></tr>
<tr><td rowspan="2">法定代表人姓名</td><td rowspan="2"></td><td>职务</td><td>电话号码</td><td colspan="2">手机号码</td></tr>
<tr><td></td><td></td><td colspan="2"></td></tr>
<tr><td rowspan="2">联系人姓名</td><td rowspan="2"></td><td>职务</td><td>电话号码</td><td colspan="2">手机号码</td></tr>
<tr><td></td><td></td><td colspan="2"></td></tr>
<tr><td>证书、合同、发票邮寄地址</td><td colspan="5"></td></tr>
<tr><td>邮政编码</td><td></td><td>联系人</td><td></td><td>电话</td><td></td></tr>
<tr><td>注册资本(万元)</td><td></td><td>员工人数</td><td></td><td>技术人员数</td><td></td></tr>
</table>

注：1.“经济类型”指“国有”“股份制”“私营”等；

2.“企业类型”指“种植业”“养殖业”“水产业”“加工业”。

2. 申请认证产品基本情况

序号	产品名称	商品名称	规模（亩/尾/头/只）	预计产量（吨）	预计年产值（万元）（总产量×市场价格）
1					
2					
3					
4					
5					
合 计					
认证基地总面积（亩）					

注：1. 如产品较多，请另附表格。

2.“产品名称”须与国家认监委公布的《有机产品认证目录》中相应的“产品名称”保持一致，“商品名称”指产品销售包装上使用的商品的称呼。

3. 如申请缩短或免除转换期，请另填写《缩短、免除转换期申请书》。

3. 上年度颁证产品基本情况（再认证时适用）

序号	产品名称	商品名称	有机产品		有机产品转换期 第____年	
			规模（亩/尾/头/只）	产量（吨）	规模（亩/尾/头/只）	产量（吨）
1						
2						
3						
4						
5						

注：如产品较多，请另附表格。

4. 上年度有机产品销售基本情况（再认证时适用）

产品名称	销售总量（吨）	销售额（万元）		销售地区
		国内	境外	

5. 请申请人按照《有机产品认证（再认证）文件资料清单》提供相关材料

有机产品认证调查表
(植物生产)

申请单位(盖章)：________________

法人/负责人(签字)：________________

申请日期：____年____月____日

中绿华夏有机食品认证中心

地址：北京市海淀区学院南路59号　邮编：100081

官网：www.ofcc.org.cn　E-mail:cofcc@126.com

注 意 事 项

1. 本表仅适用于植物收获及其简单处理产品。对于收获后需进行加工的产品(以 QS 证为准)，应同时填写“加工”类别《有机产品认证调查表》。

2. 本表无法人(负责人、内检员)签字和单位盖章均视为无效。

3. 本表涂改后无确认章(或签字)无效。

4. 本表应打印或用钢笔、签字笔填写，字迹工整、清晰。如无某项目内容时应划斜线表示，若因故无法填写时，应注明原因。

5. 填报数据一律用阿拉伯数字，文字说明一律用汉字。

第一部分 基本情况

1. 生产单元名称与地址

生产单元(基地)名称			
生产单元(基地)地址			
生产负责人		电话/手机	

2. 生产组织模式与生产类型

(1)生产组织模式： □公司 □合作社 □公司＋农户或合作社＋农户 □其他，请描述__________ 如实际生产涉及农户，请填写农户数：__________ (2)生产类型： □大田种植 □设施栽培 □大田种植＋设施栽培

3. 生产单元(基地)生态环境

海拔高度(m)	
年降水量(mm/年)	
无霜期(天/年)	
年平均气温(℃)	

4. 有机产品认证历史

此前是否通过其他认证机构的有机认证？如是，哪家认证机构？证书有效期是多少	
此前是否被拒绝通过有机认证或被撤销过认证证书？哪家认证机构？被拒绝或撤销认证的原因是什么	

第二部分 植物生产管理

1. 转换期

(1)生产单元(基地)是否为新开垦土地或长期撂荒土地？□是 □否 如是，请提供相应的县级或县级以上主管部门出具的证明文件，并说明撂荒开始的时间：__________ (2)本生产单元(基地)何时开始有机产品生产？__________

2. 缓冲带

(1)有机生产区域附近有无以下污染源？ □城区 □工矿区 □交通主干线 □工业污染源 □生活垃圾场 如有，有机生产区域与以上污染区域的距离：__________m；有机生产区域处在以上区域的方位： □上风向 □下风向 (2)邻近常规生产区域是否可能对有机生产区域造成污染风险？□是 □否 如是，有机生产区域与常规生产区域之间的缓冲带或物理屏障类型：□林带 □道路 □灌木 □野生植物 □农田 □河流 □草地 □其他：________ 缓冲带或物理屏障的高度或宽度：______________m

3. 生产单元内其他情况

(1)除申报产品外，同一生产单元内是否还有其它按有机方式生产但不申请认证的植物产品？ □是 □否 如是，请填写作物名称及面积：__________
(2)除申报产品外，同一生产单元内是否还有非有机方式种植的作物？ □是 □否 如是，填写这些作物的名称及面积：__________

4. 种子和植物繁殖材料 □不涉及(当生产单元内不使用时)

作物名称	种子/种苗来源		种子属性		使用量(kg/亩)	播种时间	是否为转基因种子、包衣种子或使用化学农药浸种
	自留	外购	有机	常规			

5. 过去三年土地及种子、种苗管理情况 □不涉及

年度	地块编号	作物名称	种子/种苗来源		种子属性		使用量(kg/亩)	播种时间	是否为转基因种子、包衣种子或使用化学农药浸种
			自留种	外购	有机	常规			

6. 土肥管理

(1)生产单元采取何种措施维持和提高土壤肥力?

□作物轮作 □间作/套种 □秸秆还田 □绿肥作物翻埋 □深翻 □种植豆科作物 □少耕/免耕 □休闲撂荒 □其他：＿＿＿＿＿＿

(2)本年度施用或计划使用的肥料。

地块编号	面积(亩)	作物名称	肥料名称	原料组成	肥料来源(外购/自制)	施用或计划施用的数量(吨)	施肥时间

(3)如生产单元使用堆肥，请详细描述堆制过程，原料组成及其所占比例(可另附页)。

7. 过去三年土地培肥管理情况

年度	地块编号	面积(亩)	作物名称	肥料名称	原料组成	肥料来源(外购/自制)	施用量(吨)	施用时间

8. 本年度病虫草害防治

(1)病害防治

①请选择采取的防治措施：

□抗病品种 □非化学药剂种子处理 □培育壮苗 □适时耕种 □耕翻晒垡 □清洁田园 □轮作倒茬 □休闲撂荒

□控制种植密度 □将病株带出农场 □间作 □其他(请说明)：________________

②列出有机生产中使用或计划使用的病害控制物质 □不涉及(当生产单元内不使用时)

地块编号	面积(亩)	作物名称	病害名称	使用物质名称	有效成分	用量	防治时间

③若使用铜盐作为病害防治物质，请列出单位面积年使用总量(以铜计)：

□>6 kg Cu/公顷·年 □≤6 kg Cu/公顷·年

(2)虫害防治

①请选择采取的防治措施：

□抗虫品种 □非化学药剂种子处理 □培育壮苗 □适时耕种 □间作 □轮作倒茬 □危害植株带出农场 □保护和发展有益生物栖息地 □虫害监测 □人工捕捉 □机械捕捉 □诱捕作物

□物理屏障 □物理清除 □陷阱 □灯光诱杀 □色彩诱杀 □昆虫驱避 □动物驱避 □释放寄生性天敌 □其他(请说明)：__________

②列出有机生产中使用或计划使用的虫害控制物质 □不涉及(当生产单元内不使用时)

地块编号	面积(亩)	作物名称	虫害名称	使用物质名称	有效成分	用量	防治时间

(3)草害防治

①请列出生产单元中的主要草害及发生季节：________________________________

②请选择采取的防治措施：

□加强栽培管理 □轮作倒茬 □适时耕种 □中耕除草 □土壤消毒 □人工除草 □火焰除草

□蒸汽除草 □除草机 □放养动物 □作物秸秆覆盖 □地膜覆盖 □灌水除草 □其他(请说明)：________________

9. 过去三年病虫草害防治情况

年度	地块编号	面积（亩）	病虫害管理情况					杂草管理	
			作物	病虫害名称	使用物质名称	使用量	使用时间	杂草名称	防除方法

10. 栽培管理措施

(1)是否采用作物轮作、间作套作等栽培方式？□否 □是 如是，请描述轮作植物名称：__________；间套作植物名称：__________；

(2)是否存在冬季休耕？□是 □否

(3)是否进行灌溉？□否 □是 如是，采用何种方式：□漫灌 □滴灌 □喷灌 □渗灌 □其他__________；

灌溉水来源：□天然降水 □地下水 □河流 □市政供水 □其他__________

11. 本年度种植及收获统计

基地名称	地块编号	面积（亩）	前一季的作物		现在的作物				下一季计划种植的作物
			作物	生长周期	作物	生长周期[2]	亩产（kg/亩）	预计产量（吨）	
基地面积合计（亩）									

注：1. 不同品种、不同位置的作物应分别编号，不能合并在同一地块中。

2. 生长周期应填写具体时间(如5月×日至9月×日)。

12. 过去三年种植及收获统计

年度	地块编号	面积（亩）	作物	收获时间	亩产（kg）	产量（吨）

13. 污染控制措施

(1)常规农田的水是否能渗透或漫入有机地块？□是 □否 □不涉及
(2)外部来源的肥料是否会造成禁用物质对有机生产的污染？□是 □否 □不涉及
(3)常规农业系统的设备在用于有机生产前是否进行清洁？□是 □否 □不涉及
(4)是否使用保护性建筑覆盖物、塑料薄膜、防虫网等？□是 □否
如是，请选择使用物材质：□聚乙烯 □聚丙烯 □聚碳酸酯 □聚氯类 □其他________
(5)上述物质保护性覆盖物等使用完后，是否从土壤中清除？□是 □否
如是，选择措施方法：□焚烧 □收拾集中处理 □其他，请描述____________________

14. 水土保持和生物多样性保护措施

(1)使用了哪些保护措施防止水土流失、土壤沙化和盐碱化？
□梯田 □等高耕作 □条耕 □套种/间作 □冬季覆盖作物 □少耕/免耕 □永久性排灌水渠 □防风设施 □防火带 □林带 □澄清池 □岸线管理 □保护野生动植物栖息地 □其他(请说明)：________
(2)是否采取措施保护天敌及其栖息地？□是 □否
(3)作物收获后如何处理作物秸秆？□秸秆还田 □运出田块 □焚烧 □其他：________
如焚烧，请说明理由：__________________

第三部分 收获后处理

[此部分仅适用于植物收获及其简单处理产品。对于收获后需进行加工的产品(以QS证为准)，应同时填写《有机产品认证调查表》]

1. 分选清洗及其他收获后处理

(1)收获方式：□机械 □人工
(2)收获后处理：□无需进行处理 □清洁 □分拣 □脱粒 □脱壳 □切割 □保鲜 □干燥 □其他，请描述__________________
(3)用于处理有机植物的设备是否也被用于处理非有机植物？□是 □否
(4)是否对设备器具进行清洁或消毒？□是 □否
如是，请列出清洁或消毒剂的名称：____________________

2. 投入产出统计

成品名	原料名称	原料用量(吨)	出成率(%)	成品量(吨)

3. 包装、储藏和运输

(1)包装
产品是否包装？□是 □否 如是，请说明包装材料：________________
包装物或容器是否接触过禁用物质？□是 □否 如是，请描述物质名称：________
包装过程中是否使用填充物质？□是 □否 如是，请描述物质名称：________
(2)产品储藏 □无关

仓库名称	仓库属性		储藏能力(吨)
	自有仓库	外租仓库	

(3)仓库有害生物控制措施：杀虫灯 防虫网 粘鼠板 捕鼠笼 挡鼠板 温湿度控制 中草药 其他：________
是否使用熏蒸剂：□否 □是 如是，具体名称：________
(4)产品运输是否有专用运输工具？□是 □否 □无关
如否，请描述清洁措施：________

第四部分 标识与销售

1. 标识 □不涉及

(1)是否计划在获证产品或者产品的最小销售包装上加施有机认证标志、有机码？
□是 □否 如是，请选择加施的方式：□购买使用有机产品防伪标签 □申请自行印制

2. 销售 □不涉及

在产品销售时采取何种措施保证有机产品的完整性和可追溯性：
□避免将有机产品与非有机产品混合
□避免将有机产品与禁用物质接触
□建立有机产品的购买、运输、储存、出入库和销售等记录
□其他(请说明)：________________

第五部分 管理体系

1. 文件控制

(1)提交的质量管理体系文件是否为最新有效版本？ □是 □否
(2)是否能确保在使用时可获得适用文件的有效版本？ □是 □否
(3)是否保存了有效的有机生产记录？ □是 □否

2. 资源管理

姓名	职务	是否了解或熟悉国家有机标准要求	任职年限
	生产管理者	□不了解 □了解 □熟悉 □掌握	
	内部检查员	□不了解 □了解 □熟悉 □掌握	

声　明

我在此声明，在我个人的经历、知识和能力范围内，本调查表中所填写并反映的所有生产、加工和经营的情况都是真实的、准确的。我在此认同，后续必要的现场检查(包括抽样检测，查验原始记录及票据)是为了验证符合有机产品标准的需要。同时我也知道，即使本调查内容经审查得到通过，并不意味着申报产品通过了有机产品认证。

负责人(签字)：________________；内检员(签字)：________________

有机产品认证调查表
(有机产品加工)

申请单位(盖章)：____________________________________

法人/负责人(签字)：__________________

申请日期：______年______月______日

中绿华夏有机食品认证中心

地址：北京市海淀区学院南路59号　邮编：100081

官网：www.ofcc.org.cn　E-mail:cofcc@126.com

注 意 事 项

1. 本表适用于食品及饲料加工。

2. 本表无法人(负责人、内检员)签字和单位盖章均视为无效。

3. 本表涂改后无确认章(或签字)无效。

4. 本表应打印或用钢笔、签字笔填写，字迹工整、清晰。如无某项目内容时应划斜线表示，若因故无法填写时，应注明原因。

5. 填报数据一律用阿拉伯数字，文字说明一律用汉字。

第一部分 基本情况

1. 加工场所

加工厂名称			
加工厂地址/邮编			
联系人		电话/手机	
加工厂面积(m^2)		员工人数	

2. 生产组织模式

(1)加工厂性质： □国有 □私营 □股份公司 □其他，请描述：________ (2)申请认证单位与加工场所的关系： □自有 □委托加工 □其他，请描述：________ (3)产品类型 □食品加工 □饲料加工

3. 有机产品生产历史

此前是否通过其他认证机构的有机认证？如是，如是，哪家认证机构？证书有效期是多少	
此前是否被拒绝通过有机认证或被撤销过认证证书？如是，为哪家认证机构？被拒绝认证或撤销证书的原因是什么	
其他补充说明的重要问题	

4. 加工场所环境

围栏类型		围栏高度(m)	
加工场所所处位置类型：□城区 □乡村 □食品工业园区 □其他			
加工场所周边是否存在污染源？□是 □否 如是，何种污染源：________________________； 采取何种措施防止污染风险：____________________			
加工场所是否符合所在国家及行业部门有关规定并具有相关资质？□是 □否			

第二部分 加工配料

1. 加工配料概况

配料	名称	来源	有机/常规	是否涉及转基因？
原料				
辅料(包括食品添加剂、加工助剂和营养强化剂等)				
加工用水	加工过程中是否涉及加工用水？□是 □否 水源：□市政供水 □公司水井 □山泉水 □其他：________ 水在加工过程中的作用： □配料 □加工助剂 □蒸煮 □冷却 □运输产品 □清洁有机产品 □清洁设备 □其他用途：________			
食用盐	是否符合 GB 2721 食用盐卫生标准？□是 □否 □不涉及			

注：如原料品种较多，请另附表格；如食品添加剂、加工助剂和营养强化剂等品种较多，请另附表格。

2. 投入、产出统计

成品名	有机配料(包括原料、添加剂、加工助剂等所有投入物质)			出成率(%)	成品量(吨)
	原料、添加剂、加工助剂名称	在终产品中所占比例	用量(吨)		

第三部分　加工

1. 工艺流程及工艺条件

<table>
<tr><td>(1)列出产品加工过程中所采用的处理方法及工艺：
□机械　□冷冻　□加热　□微波　□烟熏　□微生物发酵工艺
□提取　□浓缩　□沉淀　□过滤　□辐射　□其他：______</td></tr>
<tr><td>(2)详述各申报产品的加工工艺流程图(体现所有涉及的加工环节，包括从原料验收至成品出库全过程)：</td></tr>
<tr><td>(3)如果采用了提取工艺，请列出所使用的溶剂：□不涉及
□水　□乙醇　□动植物油　□醋　□二氧化碳　□氮　□羧酸　□其他：______
(4)如果采用了浓缩工艺，请列出浓缩方法：□不涉及
□蒸发浓缩　□真空浓缩　□冷冻浓缩　□其他：______
(5)加工过程中是否使用过滤材料？□是　□否
如是，请说明其材质______
该过滤材料是否可能被有害物质渗透？□是　□否　□不涉及</td></tr>
</table>

2. 卫生管理及有害生物防治

<table>
<tr><td>加工场所内常见的有害生物：
□鼠　□蚊蝇等昆虫　□小型动物　□鸟类　□其他：______
采取何种管理措施来预防有害生物的发生？
□消除有害生物的孳生条件
□防止有害生物接触加工和处理设备
□通过对温度、湿度、光照、空气等环境因素的控制，防止有害生物的繁殖
□其他：______
使用何种设施或材料防治有害生物：□杀虫灯　□防虫网　□粘鼠板　□捕鼠笼　□挡鼠板
□温湿度控制　□中草药　□其他：______
加工过程中是否使用消毒剂？□是　□否
如是，使用何种物质：□乙醇　□次氯酸钙　□次氯酸钠　□二氧化氯　□过氧化氢
其他：______</td></tr>
</table>

3. 加工场所内平行加工情况

除了申请的产品外，同一加工场所是否还加工常规产品	□是 □否 如是，请描述：________
如同时加工有机产品与常规产品， 请描述在原料运输、加工及储藏各环节中进行隔离与管理，避免混淆污染的措施	□从空间上隔离(不同的加工设备) □从时间上隔离(相同的加工设备，不同的加工时间段) □其他措施： □具体描述：

4. 污水排放和加工废弃物处理方法

第四部分 包装、储藏、运输

1. 包装

说明所用包装材料材质	
是否使用包装填充剂	□否 □是 如是，请列出：□二氧化碳 □氮 □其他：________
包装物或容器是否接触过禁用物质	□否 □是 如是，请描述物质名称：________
是否在申请认证的加工场所外对产品进行二次分装或分割	□是 □否

2. 储藏与运输

仓库名称	仓库属性		储藏能力(吨)
	自有仓库	外租仓库	

列出原料、半成品、成品储藏方法	□常温 □气调 □温度控制 □干燥 □湿度 □其他：________
仓库是否为有机专用	□是 □否 如否，请说明避免混杂存储方法：

第五部分 标识与销售

1. 标识 □不涉及

是否计划在获证产品或者产品的最小销售包装上加施有机认证标志、有机码？ □是 □否 □不涉及 如是，请选择加施的方式：□购买使用有机产品防伪标签 □申请自行印制

2. 销售 □不涉及

在产品销售时采取何种措施保证有机产品的完整性和可追溯性： □避免将有机产品与非有机产品混合 □避免将有机产品与禁用物质接触 □建立有机产品的购买、运输、储存、出入库和销售等记录 □其他(请说明)：________________

第六部分 管理体系

1. 文件控制

(1)提交的质量管理体系文件是否为最新有效版本？	□是	□否
(2)是否能确保在使用时可获得适用文件的有效版本？	□是	□否
(3)是否保存了有效的有机生产记录？	□是	□否

2. 资源管理

姓名	职务	是否了解或熟悉国家有机标准要求	任职年限
	生产管理者	□不了解 □了解 □熟悉 □掌握	
	内部检查员	□不了解 □了解 □熟悉 □掌握	

声 明

我在此声明，在我个人的经历、知识和能力范围内，本调查表中所填写并反映的所有生产、加工和经营的情况都是真实的、准确的。我在此认同，后续必要的现场检查(包括抽样检测，查验原始记录及票据)是为了验证符合有机产品标准的需要。同时我也知道，即使本调查内容经审查得到通过，并不意味着申报产品通过了有机产品认证。

负责人(签字)：________________；内检员(签字)：________________

有机产品认证文件资料清单(植物生产和加工)

申请单位应提供以下文件资料并按序号编排、装订后提交。

植物生产
1.《有机产品认证申请书》 2.《有机产品认证调查表》(植物生产) 3. 营业执照副本复印件和组织机构代码证复印件 4. 土地使用权证明文件 要求:(1)土地承租或流转的,提供土地承租/流转合同(其中应体现范围、面积、详细地址、合同有效期限); (2)公司/合作社+农户组织模式的,应提供申请单位与生产者签订的有机种植合同(合同中应体现范围、面积、详细地址、合同有效期限及有机生产的相关要求); (3)新开垦的土地必须出具县级以上政府部门开具的开发批复。 5. 农户清单及农户管理制度(适用于公司/合作社+农户的组织模式) 要求:(1)农户清单应至少包含农户姓名、身份证号、地块编号、种植品种、面积等; (2)农户管理制度应体现有机生产的相关要求和对农户有效的管理。 6. 产地(基地)区域位置图 要求:(1)基地所在地的行政图(市、县或乡的行政图,表明基地所在的位置); (2)地块分布图(多地块和分布分散情况下,应提供全部地块分布情况的地图); (3)地块图(需体现出每个地块的形状、面积、周边土地利用情况、缓冲带设置情况、主要标示物、河流、水井或其他水源的位置等信息)。 7. 本年度产地环境质量监(检)测报告 要求:(1)环境监(检)测机构应具有相关资质; (2)土壤和水的检测报告委托方应为申请单位; (3)大气可提供检测报告或当地县级(农业)环保部门出具的证明。 8. 有机产品生产、加工规划 9. 有机转换计划(适用于多年生作物存在平行生产的情况) 10. 有机生产质量管理手册 要求:请参考 GB/T 19630.4《有机产品》第 4 部分:管理体系 4.2.4 编制 11. 有机生产、经营操作规程 (1)作物种植技术规程 至少包括:a. 种子和种苗的处理方法、播种育苗的规程及获得有机种子和种苗的计划(适用于一年生作物);b. 土壤肥力的保持与管理措施;c. 常发病、虫、草害的防治措施;d. 作物的轮作计划及轮作作物的种植规程; (2)防止有机生产、加工和经营过程中受禁用物质污染所采取的预防措施; (3)植物产品收获规程及收获后运输、临时保管规程; (4)运输工具、机械设备及仓储设施的维护、清洁规程; (5)防止有机产品与非有机产品混杂所采取的措施(存在平行生产的企业须提交); (6)标签及生产批号的管理规程; (7)员工福利与劳动保护规程。 12. 外购种子或种苗的购买单据、非转基因及未经禁用物质处理的证明 13. 若自制肥料,提供肥料生产过程记录 14. 农事活动记录(播种、施肥、病虫草害防治等)

续表

植物生产
15. 所有生产投入品的购买单据、产品说明书、台账记录(来源、购买数量、使用去向与数量、库存数量等) 16. 植物收获记录，包括品种、数量、收获日期、收获方式、生产批号等 17. 销售记录 18. 有机标识的使用管理记录 19. 培训记录(时间、培训内容、参与人员、授课人员) 20. 内部检查记录 21. 产品召回记录 22. 客户投诉处理记录 23. 介绍和说明基地情况的照片
有机产品加工 (对于收获后需进行加工的产品(以CS证为准)，还需同时提交以下资料)
1.《有机产品认证调查表》(有机产品加工) 2. QS证书复印件 3. 加工厂行政位置图 4. 加工厂区平面图及车间设备位置图(应标明加工厂周边环境、加工、包装车间、仓库及相关设备的分布) 5. 本年度加工用水的检测报告(适用时) 6. 如为委托加工，提供委托加工合同 7. 有机产品加工规程 (1)各产品加工工艺流程图及各环节操作规程； (2)产品的包装材料、方法和储藏等环节规程； (3)废水、废渣等废弃物的处理规程； (4)加工厂卫生管理与有害生物控制规程。 8. 原料的运输记录(运输工具、时间、原料名称、批次号、数量) 9. 产品加工记录(工序名称、时间、原料名称、批次号、加工数量、出成率、成品数量) 10. 添加剂、加工助剂的购买单据、产品说明书及台账记录(来源、购买数量、使用数量、库存数量等) 11. 产品出入库记录 12. 机械设备清洁记录(时间、设备名称、清扫清洁方法、药剂名称、用量) 13. 加工厂有害生物防治记录 14. 介绍和说明加工厂情况的照片

注：1. 以上文件是对申请有机植物生产和加工认证的一般性要求，在现场检查时检查员可能会针对生产的具体情况要求申请单位提供本清单未涉及的文件。

2. 记录文件应由记录人亲笔签字或加盖公章确认。

3. 对于不适用或无法提供的文件，应统一提交书面说明，负责人签字并加盖公章确认。

附录 7 食品安全管理体系——食品链中各类组织的要求

ICS 67.020

X 00

中 华 人 民 共 和 国 国 家 标 准

GB/T 22000—2006/ISO 22000：2005

食品安全管理体系——

食品链中各类组织的要求

Food safety management system—

Requirements for any organization in the food chain

（ISO 22000：2005，IDT）

2006-3-1 发布　　　　2006-07-01 实施

中华人民共和国国家质量监督检验检疫总局
中国国家标准化管理委员会　发布

目　次

前言 …… Ⅲ

引言 …… Ⅳ

1 范围 …… 1

2 规范性引用文件 …… 2

3 术语和定义 …… 2

4 食品安全管理体系 …… 5

4.1 总要求 …… 5

4.2 文件要求 …… 5

5 管理职责 …… 6

5.1 管理承诺 …… 6

5.2 食品安全方针 …… 6

5.3 食品安全管理体系策划 …… 7

5.4 职责和权限 …… 7

5.5 食品安全小组组长 …… 7

5.6 沟通 …… 7

5.7 应急准备和响应 …… 8

5.8 管理评审 …… 8

6 资源管理 …… 9

6.1 资源提供 …… 9

6.2 人力资源 …… 9

6.3 基础设施 …… 10

6.4 工作环境 …… 10

7 安全产品的策划和实现 …… 10

7.1 总则 …… 10

7.2 前提方案(PRP(s)) …… 10

7.3 实施危害分析的预备步骤 …… 11
7.4 危害分析 …… 13
7.5 操作性前提方案(PRPs)的建立 …… 15
7.6 HACCP 计划的建立 …… 15
7.7 预备信息的更新、规定前提方案和 HACCP 计划文件的更新 …… 16
7.8 验证策划 …… 16
7.9 可追溯性系统 …… 17
7.10 不符合控制 …… 17
8 食品安全管理体系的确认、验证和改进 …… 19
8.1 总则 …… 19
8.2 控制措施组合的确认 …… 19
8.3 监视和测量的控制 …… 20
8.4 食品安全管理体系的验证 …… 20
8.5 改进 …… 21
附录 A(资料性附录)GB/T 22000—2006 与 GB/T 19001—2000 之间的对应关系 …… 23
附录 B(资料性附录)HACCP 与 GB/T 22000—2006 的对应关系 …… 29
附录 C(资料性附录)提供控制措施实例的法典参考文献 …… 30
参考文献 …… 33

前　言

本标准等同采用国际标准 ISO 22000《食品安全管理体系——适用于食品链中各类组织的要求》(Food safety management system—Requirements for any organization in the food chain)。

本标准的附录 A、附录 B、附录 C 均为资料性附录。

本标准由中国标准化研究院和国家认证认可监督管理委员会注册管理部提出。

本标准由中国标准化研究院归口。

本标准主要起草单位：中国标准化研究院、国家认证认可监督管理委员会注册管理部、中国认证机构国家认可委员会、农业部畜牧局、卫生部卫生监督中心、商务部屠宰技术鉴定中心、中国质量认证中心、中检集团认证中心、方圆标志认证中心等。

本标准主要起草人：刘文、史小卫、王菁、杨志刚、吴晶、刘继业、包大跃、赵箭、刘克、刘俊华、姜宏、赵志伟。

引 言

食品安全与消费环节(由消费者摄入)食源性危害的存在状况有关。由于食品链的任何环节均可能引入食品安全危害，必须对整个食品链进行充分的控制。因此，食品安全必须通过食品链中所有参与方的共同努力来保证。

食品链中的组织包括：饲料生产者、初级生产者，以及食品生产制造者、运输和仓储经营者，零售分包商、餐饮服务与经营者(包括与其密切相关的其他组织，如设备、包装材料、清洁剂、添加剂和辅料的生产者)，也包括相关服务提供者等。

为了确保整个食品链直至最终消费的食品安全，本标准规定了食品安全管理体系的要求。该体系结合了下列公认的关键要素：

——相互沟通；

——体系管理；

——前提方案；

——HACCP 原理。

为了确保食品链每个环节所有相关的食品危害均得到识别和充分控制，整个食品链中各组织的沟通必不可少。因此，组织与其在食品链中的上游和下游组织之间均需要沟通。尤其对于已确定的危害和采取的控制措施，应与顾客和供方进行沟通，这将有助于明确顾客和供方的要求(如在可行性、需求和对终产品的影响方面)。

为了确保整个食品链中的组织进行有效的相互沟通，向最终消费者提供安全的食品，认清组织在食品链中的作用和所处的位置是必要的。图 1 表明了食品链中相关方之间沟通渠道的一个实例。

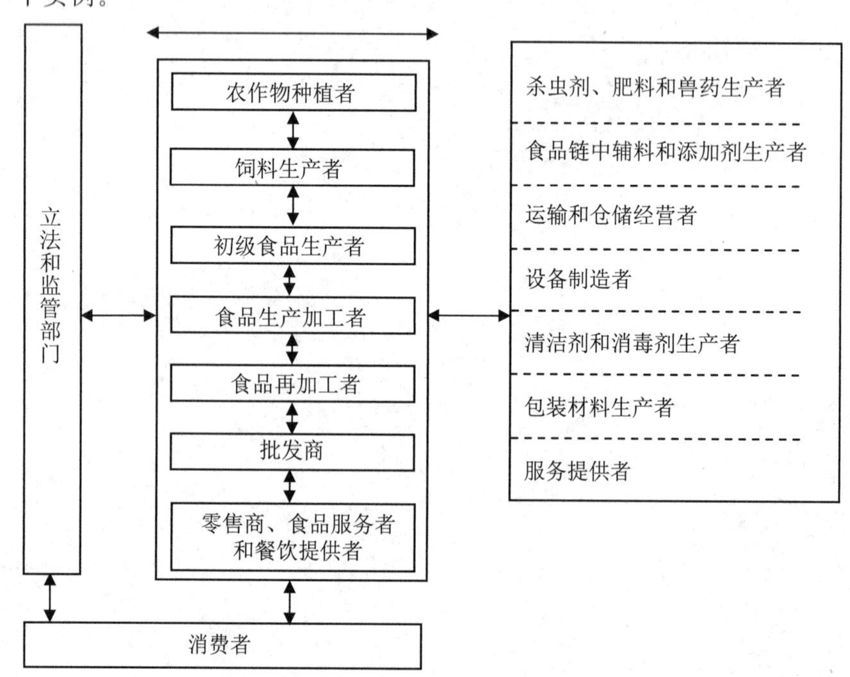

图 1 食品链上的沟通实例

注：此图并未表示沿食品链的跨越式相互沟通的类型。

在已构建的管理体系框架内，建立、运行和更新最有效的食品安全体系，并将其纳入组织的整体管理活动，将为组织和相关方带来最大利益。本标准与GB/T 19001—2000相协调，以加强两者的兼容性。附录A提供了本标准和GB/T 19001—2000的对应关系表。

本标准可以独立于其他管理体系标准之外单独使用，其实施可结合或整合组织已有的相关管理体系要求，同时组织也可利用现有的管理体系建立一个符合本标准要求的食品安全管理体系。

本标准整合了国际食品法典委员会(CAC)制定的危害分析和关键控制点(HACCP)体系和实施步骤；基于审核的需要，本标准将HACCP计划与前提方案(PRPs)相合。由于危害分析有助于建立有效的控制措施组合，所以它是建立有效的食品安全管理体系的关键。本标准要求对食品链内合理预期发生的所有危害，包括与各种过程和所用设施有关的危害，进行识别和评价，因此，对于已确定的危害是否需要组织控制，本标准提供了判断并形成文件的方法。

在危害分析过程中，组织应通过组合前提方案、操作性前提方案和HACCP计划，选择和确定危害控制的方法。

国际食品法典委员会(CAC)制定的危害分析和关键控制点(HACCP)原则和实施步骤(参考文献11)与本标准的对应关系见附件B。

为便于应用，本标准制定成为了可用于审核的标准，但各组织也可根据各自的需要，选择相应的方法和途径来满足本标准要求。为帮助各组织实施本标准，ISO/TS 22004提供了本标准的应用指南。

虽然本标准仅对食品安全方面进行了阐述，但本标准提供的方法同样可用于食品的其他特定方面，如风俗习惯、消费者意识等。

本标准允许组织(如小型和(或)欠发达组织)实施由外部制定的控制措施组合。

本标准旨在为满足食品链内商务活动的需要，协调全球范围内关于食品安全管理的要求，尤其适用于组织寻求一套重点突出、连贯且完整的食品安全管理体系，而不仅仅是满足于通常意义上的法规要求。本标准要求组织通过食品安全管理体系以满足与食品安全相关的法律法规要求。

食品安全管理体系——食品链中各类组织的要求

1 范围

本标准规定了食品安全管理体系的要求，以便食品链中的组织证实其有能力控制食品安全危害，确保其提供给人类消费的食品是安全的。

本标准适用于食品链中任何方面和任何规模的、希望通过实施食品安全管理体系以稳定提供安全产品的所有组织。组织可以通过利用内部和(或)外部资源来实现本标准的要求。

本标准规定的要求使组织能够：

——策划、实施、运行、保持和更新食品安全管理体系，确保提供的产品按预期用途对消费者是安全的；

——证实符合适用的食品安全法律法规要求；

——评价和评估顾客要求，并证实其符合双方商定的、与食品安全有关的顾客要求，以增强顾客满意；

——与供方、顾客及食品链中的其他相关方在食品安全方面进行有效沟通；

——确保符合其声明的食品安全方针；

——证实符合其他相关方的要求；

——按照本标准，寻求由外部组织对其食品安全管理体系的认证或注册，或进行符合性自我评价，或自我声明。

本标准所有要求都是通用的，适用于食品链中各种规模和复杂程度的所有组织，包括直接或间接介入食品链中的一个或多个环节的组织。直接介入的组织包括但不限于：饲料生产者、收获者，农作物种植者，辅料生产者、食品生产制造者、零售商，餐饮服务与经营者，提供清洁和消毒、运输、储存和分销服务的组织。其他间接介入食品链的组织包括但不限于：设备、清洁剂、包装材料以及其他与食品接触材料的供应商。

本标准允许任何组织实施外部开发的控制措施组合，特别是小型和(或)欠发达组织(如小农场，小分包商，小零售或食品服务商)。

注：ISO/TS 22004 提供了本标准的应用指南。

2 规范性引用文件

下列文件中的条款通过本标准的引用而成为本标准的条款。凡是注日期的引用文件，其随后所有的修改单(不包括勘误的内容)或修订版均不适用于本标准。凡是不注日期的引用文件，其最新版本适用于本标准。

GB/T 19000—2000 质量管理体系基础和术语

3 术语和定义

GB/T 19000—2000 确立的以及下列术语和定义适用于本标准。

为方便本标准的使用者，对引用 GB/T 19000—2000 的部分定义加以注释，但这些注释仅适用于本特定用途。

注：未定义的术语保持其字典含义。定义中黑体字表明参考了本章的其他术语，引用

的条款号在括号内。

3.1 食品安全(Food Safety)

食品在按照预期用途进行制备和(或)食用时，不会对消费者造成伤害的概念。

注 1：改编自文献[11]。

注 2：食品安全与食品安全危害(见 3.3)的发生有关，但不包括与人类健康相关的其他方面，如营养不良。

3.2 食品链(Food Chain)

从初级生产直至消费的各环节和操作的顺序，涉及食品及其辅料的生产、加工、分销、储存和处理。

注 1：食品链包括食源性动物的饲料生产，和用于生产食品的动物的饲料生产。

注 2：食品链也包括与食品接触材料或原材料的生产。

3.3 食品安全危害(Food Safety Hazard)

食品中所含有的对健康有潜在不良影响的生物、化学或物理的因素或食品存在状况。

注 1：改编自文献[11]。

注 2：术语“危害”不应和“风险”混淆。对食品安全而言，“风险”是食品暴露于特定危害时，对健康产生不良影响的概率(如生病)与影响的严重程度(死亡、住院、缺勤等)之间构成的函数。风险在 ISO/IEC 导则 51 中定义为伤害发生的概率与其严重程度的组合。

注 3：食品安全危害包括过敏原。

注 4：对饲料和饲料配料而言，相关食品安全危害是指可能存在或出现于饲料和饲料配料中，再通过动物消费饲料转移至食品中，并由此可能导致人类不良健康后果的因素。对饲料和食品的间接操作(如包装材料、清洁剂等的生产者)而言，相关食品安全危害是指按所提供产品和(或)服务的预期用途，可能直接或间接转移到食品中，并由此可能造成人类不良健康后果的因素。

3.4 食品安全方针(Food Safety Policy)

由组织的最高管理者正式发布的该组织总的食品安全(见 3.9)宗旨和方向。

3.5 终产品(End Product)

组织不再进一步加工或转化的产品。

注：需其他组织进一步加工或转化的产品，是该组织的终产品或下游组织的原料或辅料。

3.6 流程图(Flow Diagram)

以图解的方式系统地表达各环节之间的顺序及相互作用。

3.7 控制措施(Control Measure)

能够用于防止或消除食品安全危害(见 3.3)或将其降低到可接受水平的行动或活动。

注：改编自参考文献[11]。

3.8 前提方案 PRP(PreRequisite Program)

在整个食品链(见 3.2)中为保持卫生环境所必需的基本条件和活动，以适合生产、处理和提供安全终产品和人类消费的安全食品；

注：前提方案决定于组织在食品链中的位置及类型(见附录 C)，等同术语如：良好农业操作规范(GAP)、良好兽医操作规范(GVP)、良好操作规范(GMP)、良好卫生操作规

范(GHP)、良好生产操作规范(GPP)、良好分销操作规范(GDP)、良好贸易操作规范(GTP)。

3.9 操作性前提方案(Operational PreRequisite Program)

为控制食品安全危害(见3.3)在产品或产品加工环境中引入和(或)污染或扩散的可能性，通过危害分析确定的必不可少的前提方案(见3.8)。

3.10 关键控制点 CCP(Critical Control Point)

能够进行控制，并且该控制对防止、消除某一食品安全危害(见3.3)或将其降低到可接受水平所必需的某一步骤。

注：引自参考文献[11]。

3.11 关键限值 Critical Limit(CL)区分可接收和不可接收的判定值。

注1：改编自文献[11]。

注2：设定关键限值保证关键控制点(CCP)(见3.10)受控。当超出或违反关键限值时，受影响产品应视为潜在不安全产品进行处理。

3.12 监视(Monitoring)

为评估控制措施(见3.7)是否按预期运行，对控制参数进行策划并实施一系列的观察或测量活动。

3.13 纠正(Correction)

为消除已发现的不合格产品所采取的措施。[GB/T 19000—2000，定义见3.6.6]

注1：在本标准中，纠正与潜在不安全产品的处理有关，所以可以连同纠正措施(见3.14)一起实施。

注2：纠正可以是重新加工，进一步加工，和(或)消除不合格的不良影响(如改做其他用途或特定标识)等。

3.14 纠正措施(Corrective Action)

为消除已发现的不合格或其他不期望情况的原因所采取的措施。[GB/T 19000—2000，定义见3.6.5]

注1：一个不合格可以有若干个原因。

注2：纠正措施包括原因分析和采取措施防止再发生。

3.15 确认(Validation)

获取证据以证实由 HACCP 计划和操作性前提方案安排的控制措施有效。

注：本定义基于文献[11]，比 GB/T 19000 的定义更适用于食品安全(见3.1)领域。

3.16 验证(Verification)

通过提供客观证据对规定要求已得到满足的认定。[GB/T 19000—2000，定义见3.8.4]

3.17 更新(Updating)

为确保应用最新信息而进行的即时和(或)有计划的活动。

4 食品安全管理体系

4.1 总要求

组织应按本标准的要求建立有效的食品安全管理体系，并形成文件，加以实施和保持，必要时进行更新。组织应确定食品安全管理体系的范围。该范围应规定食品安全管理体系中所涉及的产品或产品类别、过程和生产场地。

组织应：

a)确保在体系范围内合理预期发生的、与产品相关的食品安全危害得到识别、评价和控制，以避免组织的产品直接或间接伤害消费者；

b)在整个食品链内沟通与产品安全有关的适宜信息；

c)在组织内就有关食品安全管理体系建立、实施和更新进行必要的信息沟通，以满足本标准的要求，确保食品安全；

d)定期评价食品安全管理体系，必要时更新，以确保体系反映组织的活动并包含需控制的食品安全危害的最新信息。

组织应确保控制所选择的任何可能影响终产品符合性且源于外部的过程，并应在食品安全管理体系中加以识别，形成文件。

4.2 文件要求

4.2.1 总则

食品安全管理体系文件应包括：

a)形成文件的食品安全方针和相关目标的声明(见 5.2)；

b)本标准要求的形成文件的程序和记录；

c)组织为确保食品安全管理体系有效建立、实施和更新所需的文件。

4.2.2 文件控制

食品安全管理体系所要求的文件应予以控制。记录是一种特殊类型的文件，应依据 4.2.3 的要求进行控制。

文件控制应确保所有提出的更改在实施前加以评审，以明确其对食品安全的效果及对食品安全管理体系的影响。

应编制形成文件的程序，以规定以下方面所需的控制：

a)文件发布前得到批准，以确保文件是充分与适宜的；

b)必要时对文件进行评审与更新，并再次批准；

c)确保文件的更改和现行修订状态得到识别；

d)确保在使用处获得适用文件的有关版本；

e)确保文件保持清晰、易于识别；

f)确保相关的外来文件得到识别，并控制其分发；

g)防止作废文件的非预期使用，若因任何原因而保留作废文件时，确保对这些文件进行适当的标识。

4.2.3 记录控制

应建立并保持记录，以提供符合要求和食品安全管理体系有效运行的证据。记录应保持清晰、易于识别和检索。应编制形成文件的程序，以规定记录的标识、储存、保护、检索、保存期限和处理所需的控制。

5 管理职责

5.1 管理承诺

最高管理者应通过以下活动，对其建立、实施食品安全管理体系并持续改进其有效性的承诺提供证据。

a)表明组织的经营目标支持食品安全；

b)向组织传达满足与食品安全相关的法律法规、本标准以及顾客要求的重要性；

c)制定食品安全方针；

d)进行管理评审；

e)确保资源的获得。

5.2 食品安全方针

最高管理者应制定食品安全方针，形成文件并对其进行沟通。

最高管理者应确保食品安全方针：

a)与组织在食品链中的作用相适宜；

b)既符合法律法规的要求，又符合与顾客商定的对食品安全的要求；

c)在组织的各层次进行沟通、实施并保持；

d)在持续适宜性方面得到评审(见 5.8)；

e)充分体现沟通(见 5.6)；

f)由可测量的目标来支持。

5.3 食品安全管理体系策划

最高管理者应确保：

a)对食品安全管理体系进行策划，以满足 4.1 的要求，同时实现支持食品安全的组织目标；

b)在对食品安全管理体系的变更进行策划和实施时，保持体系的完整性。

5.4 职责和权限

最高管理者应确保规定各项职责和权限并在组织内进行沟通，以确保食品安全管理体系有效运行和保持。

所有员工有责任向指定人员报告与食品安全管理体系有关的问题。指定人员应有明确的职责和权限，以采取措施并予以记录。

5.5 食品安全小组组长

组织的最高管理者应任命食品安全小组组长，无论其在其他方面的职责如何，应具有以下方面的职责和权限：

a)管理食品安全小组(见 7.3.2)，并组织其工作；

b)确保食品安全小组成员的相关培训和教育；

c)确保建立、实施、保持和更新食品安全管理体系；

d)向组织的最高管理者报告食品安全管理体系的有效性和适宜性。

注：食品安全小组组长的职责可包括与食品安全管理体系有关事宜的外部联络。

5.6 沟通

5.6.1 外部沟通

为确保在整个食品链中能够获得充分的食品安全方面的信息，组织应制定、实施和保持有效的措施，以便与下列各方进行沟通：

a)供方和承包方；

b)顾客或消费者，特别是在产品信息(包括预期用途、特定储存要求以及保质期等信息的说明)、问询、合同或订单处理及其修改，以及顾客反馈信息(包括抱怨)等方面进行沟通；

c)立法和监管部门；

d)对食品安全管理体系的有效性或更新具有影响或将受其影响的其他组织。

外部沟通应提供组织的产品在食品安全方面的信息，这些信息可能与食品链中其他组织相关。这种沟通尤其适用于那些需要由食品链中其他组织控制的已知的食品安全危害。沟通记录应予以保持。

应获得来自顾客和立法与监管部门的食品安全要求。

指定人员应具有规定的职责和权限以进行有关食品安全信息的对外沟通。通过外部沟通获得的信息应作为体系更新(见 8.5.2)和管理评审(见 5.8.2)的输入。

5.6.2 内部沟通

组织应制订、实施和保持有效的安排，以便与有关人员就影响食品安全的事项进行沟通。

为保持食品安全管理体系的有效性，组织应确保食品安全小组及时获得变更的信息，包括但不限于以下方面：

a)产品或新产品；

b)原料、辅料和服务；

c)生产系统和设备；

d)生产场所，设备位置，周边环境；

e)清洁和消毒程序；

f)包装、储存和分销系统；

g)人员资格水平和(或)职责及权限分配；

h)法律法规及有关标准要求；

i)与食品安全危害和控制措施有关的知识；

j)组织遵守的顾客、行业和其他要求；

k)来自外部相关方的有关问询；

l)表明与产品有关的食品安全危害的抱怨；

m)影响食品安全的其他条件。

食品安全小组应确保食品安全管理体系的更新(见 8.2.5)包括上述信息。最高管理者应确保将相关信息作为管理评审的输入(见 8.2.5)。

5.7 应急准备和响应

最高管理者应建立、实施并保持程序，以管理能影响食品安全的潜在紧急情况和事故，并应与组织在食品链中的作用相适宜。

5.8 管理评审

5.8.1 总则

最高管理者应按策划的时间间隔评审食品安全管理体系，以确保其持续的适宜性、充分性和有效性。评审应包括评价食品安全管理体系改进的机会和变更的需求，包括食品安全方针。

管理评审的记录应予以保持(见 4.2.3)。

5.8.2 评审输入

管理评审输入应包括但不限于以下信息：

a)以往管理评审的跟踪措施；

b)验证活动结果的分析(见 8.4.3)；

c)可能影响食品安全的环境变化(见 5.6.2)；

d)紧急情况、事故(见 5.7)和撤回(见 7.10.4)；

e)体系更新活动的评审结果(见 8.5.2)；

f)包括顾客反馈的沟通活动的评审(见 5.6.1)；

g)外部审核或检验。

注：撤回包括召回。

提交给最高管理者的资料的形式，应能使其理解所含信息与已声明的食品安全管理体系目标之间的关系。

5.8.3 评审输出

管理评审输出的决定和措施应与以下方面有关：

a)食品安全保证(见 4.1)；

b)食品安全管理体系有效性的改进(见 8.5)；

c)资源需求(见 6.1)；

d)组织食品安全方针和相关目标的修订(见 5.2)。

6 资源管理

6.1 资源提供

组织应提供充足资源，以建立、实施、保持和更新食品安全管理体系。

6.2 人力资源

6.2.1 总则

食品安全小组和其他从事影响食品安全活动的人员应是能够胜任的，并受到适当的教育和培训，具有适当的技能和经验。

当需要外部专家帮助建立、实施、运行或评价食品安全管理体系时，应在签订的协议或合同中对这些专家的职责和权限予以规定。

6.2.2 能力、意识和培训

组织应：

a)确定从事影响食品安全活动的人员所必需的能力；

b)提供必要的培训或采取其他措施以确保人员具有这些必要的能力；

c)确保对食品安全管理体系负责监视、纠正、采取纠正措施的人员受到培训；

d)评价上述 a)、b)和 c)的实施及其有效性；

e)确保这些人员认识到其活动对实现食品安全的相关性和重要性；

f)确保所有影响食品安全的人员理解有效沟通(见 5.6)的要求；

g)保持 b)和 c)中规定的培训和措施的适当记录。

6.3 基础设施

组织应提供资源以建立和保持实施本标准要求所需的基础设施。

6.4 工作环境

组织应提供资源以建立、管理和保持实施本标准要求所需的工作环境。

7 安全产品的策划和实现

7.1 总则

组织应策划和开发实现安全产品所需的过程。

组织应实施和运行所策划的活动及其变更并确保其有效，包括前提方案、操作性前提方案和(或)HACCP 计划。

7.2 前提方案

7.2.1 组织应建立、实施和保持前提方案，以助于控制：

a)食品安全危害通过工作环境引入产品的可能性；

b)产品的生物性、化学性和物理性污染，包括产品之间的交叉污染；

c)产品和产品加工环境的食品安全危害水平。

7.2.2 前提方案应：

a)与组织在食品安全方面的需求相适宜；

b)与组织运行的规模和类型、制造和(或)处置的产品性质相适宜；

c)无论是普遍适用还是适用于特定产品或生产线，前提方案都应在整个生产系统中实施；

d)并获得食品安全小组的批准；

组织应识别与以上相关的法律法规要求。

7.2.3 当选择和(或)制定前提方案时，组织应考虑和利用适当信息(如法律法规要求、顾客要求、公认的指南、国际食品法典委员会的法典原则和操作规范，国家、国际或行业标准)。

注：附录 C 提供了法典的相关出版物清单。

在制定这些方案时，组织应考虑如下信息：

a)建筑物和相关设施的构造与布局；

b)包括工作空间和员工设施在内的厂房布局；

c)空气、水、能源和其他基础条件的供给；

d)包括废弃物和污水处理在内的支持性服务；

e)设备的适宜性，及其清洁、保养和预防性维护的可实现性；

f)对采购材料(如原料、辅料、化学品和包装材料等)、供给(如水、空气、蒸汽、冰等)、清理(如废弃物和污水处理)和产品处置(如储存和运输)的管理。

g)交叉污染的预防措施；

h)清洁和消毒；

i)虫害控制；

j)人员卫生；

k)其他有关方面。

应对前提方案的验证进行策划(见 7.8)，必要时应对前提方案进行更改(见 7.7)。应保持验证和更改的记录。

文件宜规定如何管理前提方案中所包括的活动。

7.3 实施危害分析的预备步骤

7.3.1 总则

应收集、保持和更新实施危害分析需要的所有相关信息，形成文件，并保持记录。

7.3.2 食品安全小组

应任命食品安全小组。

食品安全小组应具备多学科的知识和建立与实施食品安全管理体系的经验。这些知识和经验包括但不限于组织的食品安全管理体系范围内的产品、过程、设备和食品安全危害。

应保持记录，以证实食品安全小组具备所要求的知识和经验(见 6.2.2)。

7.3.3 产品特性

7.3.3.1 原料、辅料和与产品接触的材料

应在文件中对所有原料、辅料和与产品接触的材料予以描述，其详略程度应足以实施危害分析(见 7.4)。适宜时，描述内容包括以下方面。

a)化学、生物和物理特性；

b)配制辅料的组成，包括添加剂和加工助剂；

c)产地；

d)生产方法；

e)包装和交付方式；

f)储存条件和保质期；

g)使用或生产前的预处理；

h)与采购材料和辅料预期用途相适宜的有关食品安全的接收准则或规范。

组织应识别与以上方面有关的食品安全法律法规要求。

上述描述应保持更新，需要时，包括按照 7.7 要求进行的更新。

7.3.3.2 终产品特性

终产品特性应在文件中予以规定，其详略程度应足以进行危害分析(见 7.4)，适宜时，描述内容包括以下方面的信息。

a)产品名称或类似标识；

b)成分；

c)与食品安全有关的化学、生物和物理特性；

d)预期的保质期和储存条件；

e)包装；

f)与食品安全有关的标识，和(或)处理、制备及使用的说明书；

g)分销方式。

组织应确定与以上方面有关的食品安全法规要求。

上述描述应保持更新，需要时，包括按照 7.7 的要求进行的更新。

7.3.4 预期用途

应考虑终产品的预期用途和合理的预期处理，以及非预期但可能发生的错误处置和误用，并将其在文件中描述，其详略程度应足以实施危害分析(见 7.4)。

应识别每种产品的使用群体，适宜时，应识别其消费群体；并考虑对特定食品安全危

害易感的消费群体。

上述描述应保持更新，需要时，包括按照7.7要求进行的更新。

7.3.5 流程图、过程步骤和控制措施

7.3.5.1 流程图

应绘制食品安全管理体系所覆盖产品或过程类别的流程图。流程图应为评价可能出现、增加或引入的食品安全危害提供基础。

流程图应清晰、准确和足够详尽。适宜时，流程图应包括如下内容。

a)操作中所有步骤的顺序和相互关系；

b)源于外部的过程和分包工作；

c)原料、辅料和中间产品投入点；

d)返工点和循环点；

e)终产品、中间产品和副产品放行点及废弃物的排放点。

根据7.8的要求，食品安全小组应通过现场核对来验证流程图的准确性。经过验证的流程图应作为记录予以保持。

7.3.5.2 过程步骤和控制措施的描述

应描述现有的控制措施、过程参数和(或)其实施的严格程度，或影响食品安全的程序，其详略程度足以实施危害分析(见7.4)。

还应描述可能影响控制措施的选择及其严格程度的外部要求(如来自监管部门或顾客)。

上述描述应根据7.7的要求进行更新。

7.4 危害分析

7.4.1 总则

食品安全小组应实施危害分析，以确定需要控制的危害，确定为确保食品安全所要求的控制程度，并确定所要求的控制措施组合。

7.4.2 危害识别和可接受水平的确定

7.4.2.1 应识别并记录与产品类别、过程类别和实际生产设施相关的所有合理预期发生的食品安全危害。识别应基于以下方面。

a)根据7.3收集的预备信息和数据；

b)经验；

c)外部信息，尽可能包括流行病学和其他历史数据；

d)来自食品链中，可能与终产品、中间产品和消费食品的安全相关的食品安全危害信息；

应指出可能引入每一食品安全危害的步骤(从原料、加工和分销)。

7.4.2.2 在识别危害时，应考虑如下。

a)特定操作的前后步骤；

b)生产设备、设施和(或)服务和周边环境；

c)在食品链中的前后关联。

7.4.2.3 针对每个识别的食品安全危害，只要可能，应确定终产品中食品安全危害的可接受水平。确定的水平应考虑已发布的法律法规要求、顾客对食品安全的要求、顾客对产品的预期用途以及其他相关数据。确定的依据和结果应予以记录。

7.4.3 危害评估

应对每种已识别的食品安全危害(见 7.4.2)进行危害评估，以确定消除危害或将危害降至可接受水平是否为生产安全食品所必需，以及是否需要将危害控制到规定的可接受水平。

应根据食品安全危害造成不良健康后果的严重性及其发生的可能性，对每种食品安全危害进行评价。应描述所采用的方法，并记录食品安全危害评估的结果。

7.4.4 控制措施的选择和评估

基于 7.4.3 的危害评估，应选择适宜的控制措施组合，使食品安全危害得到预防、消除或降低至规定的可接受水平。

在选定的组合中，应对 7.3.5.2 中所描述的每个控制措施，评审其控制确定食品安全危害的有效性。

应按照控制措施是需要通过操作性前提方案还是通过 HACCP 计划进行管理，对所选择的控制措施进行分类。

应使用符合逻辑的方法对控制措施选择和分类，逻辑方法包括与以下方面有关的评估。

a)针对实施的严格程度，控制措施对确定的食品安全危害的控制效果；

b)对控制措施进行监视的可行性(如适时监视以便于立即纠正的能力)；

c)相对其他控制措施，该控制措施在系统中的位置；

d)控制措施作用失效的可能性或过程发生显著变异的可能性；

e)一旦控制措施的作用失效，结果的严重程度；

f)控制措施是否有针对性地建立并用于消除或显著降低危害水平；

g)协同效应(即两个或更多措施作用的组合效果优于每个措施单独效果的总和)。

属于 HACCP 计划管理的控制措施应按照 7.6 实施，其他控制措施应作为操作性前提方案按照 7.5 实施。

应在文件中描述所使用的分类方法学和参数，并记录评估的结果。

7.5 操作性前提方案的建立

操作性前提方案应形成文件，其中每个方案应包括如下信息。

a)由每个方案控制的食品安全危害(见 7.4.4)；

b)控制措施(见 7.4.4)；

c)监视程序，以证实实施了操作性前提方案；

d)当监视显示操作性前提方案失控时，所采取的纠正和纠正措施(分别见 7.10.1 和 7.10.2)

e)职责和权限；

f)监视的记录。

7.6 HACCP 计划的建立

7.6.1 HACCP 计划

应将 HACCP 计划形成文件；针对每个已确定的关键控制点，应包括如下信息。

a)该关键控制点(见 7.4.4)所控制的食品安全危害；

b)控制措施(见 7.4.4);

c)关键限值(见 7.6.3);

d)监视程序(见 7.6.4);

e)当超出关键限值时，应采取的纠正和纠正措施(见 7.6.5);

f)职责和权限;

g)监视的记录。

7.6.2 关键控制点的确定

对 HACCP 计划所要控制的每种危害，应针对确定的控制措施确定关键控制点(见 7.4.4)。

7.6.3 关键控制点的关键限值的确定

应对每个关键控制点所设定的监视确定其关键限值。

关键限值的建立应确保终产品(见 7.4.2)的安全危害不超过已知的可接受水平。关键限值应是可测量的。

关键限值选定的理由和依据应形成文件。

基于主观信息(如对产品、加工过程、处置等的视觉检验)的关键限值，应有指导书、规范和(或)教育及培训的支持。

7.6.4 关键控制点的监视系统

对每个关键控制点应建立监视系统，以证实关键控制点处于受控状态。该系统应包括所有针对关键限值的、有计划的测量或观察。

监视系统应由相关程序、指导书和表格构成，包括以下内容。

a)在适当的时间内提供结果的测量或观察;

b)所用的监视装置;

c)适用的校准方法(见 8.3);

d)监视频次;

e)与监视和评价监视结果有关的职责和权限;

f)记录的要求和方法。

监视的方法和频率应能够及时确定关键限值何时超出，以便在产品使用或消费前对产品进行隔离。

7.6.5 监视结果超出关键限值时采取的措施

应在 HACCP 计划中规定超出关键限值时所采取的策划的纠正和纠正措施。这些措施应确保查明不符合的原因，使关键控制点控制的参数恢复受控，并防止再次发生(见 7.10.2)。

为适当地处置潜在不安全产品，应建立和保持形成文件的程序，以确保对其评价后再放行(见 7.10.3)。

7.7 预备信息的更新、规定前提方案和 HACCP 计划文件的更新

制订操作性前提方案(见 7.5)和(或)HACCP 计划(见 7.6)后，必要时，组织应更新如下信息:

a)产品特性(见 7.3.3);

b)预期用途(见 7.3.3);

c)流程图(见 7.3.5.1)；

d)过程步骤(见 7.3.5.2)；

e)控制措施(见 7.3.5.2)；

必要时，要对 HACCP 计划(见 7.6.1)以及描述前提方案(见 7.2)的程序和指导书进行修改。

7.8 验证策划

验证策划应规定验证活动的目的、方法、频次和职责。验证活动应确定如下。

a)操作性前提方案得以实施(见 7.2)；

b)危害分析(见 7.3)的输入持续更新；

c)HACCP 计划(见 7.6.1)中的要素和操作性前提方案(见 7.5)得以实施且有效；

d)危害水平在确定的可接受水平之内(见 7.4.2)；

e)组织要求的其他程序得以实施，且有效。

该策划的输出应采用与组织运作方法相适宜的形式。

应记录验证的结果，且传达到食品安全小组。应提供验证的结果以进行验证活动结果的分析(见 8.4.3)。

当体系验证是基于终产品的测试，且测试的样品未满足食品安全危害的可接受水平时(见 7.4.2)，受影响批次的产品应作为潜在不安全产品，按照 7.10.3 的规定进行处置。

7.9 可追溯性系统

组织应建立且实施可追溯性系统，以确保能够识别产品批次及其与原料批次、生产和交付记录的关系。

可追溯性系统应能够识别直接供方的进料和终产品初次分销的途径。

应按规定的期限保持可追溯性记录，以便对体系进行评估，使潜在不安全产品得以处理；在产品撤回时，也应按规定的期限保持记录。可追溯性记录应符合法律法规要求、顾客要求，例如可以是基于终产品的批次标识。

7.10 不符合控制

7.10.1 纠正

当关键控制点的关键限值超出(见 7.6.5)或操作性前提方案失控时，组织应确保根据产品的用途和放行要求，识别和控制受影响的产品。

应建立和保持形成文件的程序，规定：

a)识别和评估受影响的终产品，以确定对它们进行适宜的处置(见 7.9.4)，

b)评审所实施的纠正。

超出关键限值的条件下生产的产品是潜在不安全产品，应按 7.10.3 进行处置。不符合操作性前提方案条件下生产的产品，评价时应考虑不符合原因和由此对食品安全造成的后果；必要时，按 7.10.3 进行处置。评价应予以记录。

所有纠正应由负责人批准并予以记录，记录还应包括不符合的性质及其产生原因和后果，以及不合格批次的可追溯性信息。

7.10.2 纠正措施

通过监视操作性前提方案和关键控制点所获得的数据，应由指定的、具备足够知识(见 6.2)和权限(见 5.4)的人员进行评价，以启动纠正措施。

当关键限值超出(见 7.6.5)和不符合操作性前提方案时，应采取纠正措施。

组织应建立和保持形成文件的程序，规定适宜的措施以识别和消除已发现的不符合的原因，防止其再次发生，并在不符合发生后，使相应的过程或体系恢复受控状态。这些措施包括如下。

a)评审不符合(包括顾客抱怨)；

b)评审监视结果可能向失控发展的趋势；

c)确定不符合的原因；

d)评价采取措施的需求，以确保不符合不再发生；

e)确定和实施所需的措施；

f)记录所采取纠正措施的结果；

g)评审采取的纠正措施，以确保其有效。纠正措施应予以记录。

7.10.3 潜在不安全产品的处置

7.10.3.1 总则

除非组织能确保如下情况，否则应采取措施处置所有不合格产品，以防止不合格产品进入食品链。

a)相关的食品安全危害已降至规定的可接受水平；

b)相关的食品安全危害在进入食品链前将降至确定的可接受水平(见 7.4.2)；

c)尽管不符合，但产品仍能满足相关规定的食品安全危害的可接受水平。

可能受不符合影响的所有批次产品应在评价前处于组织的控制之中。

当产品在组织的控制之外，并继而确定为不安全时，组织应通知相关方，并启动撤回(见 7.4.10)。

注：术语“撤回”包括召回。

处理潜在不安全产品的控制要求、相关响应和授权应形成文件。

7.10.3.2 放行的评价

受不符合影响的每批产品应在符合下列任一条件时，才可在分销前作为安全产品放行。

a)除监视系统外的其他证据证实控制措施有效；

b)证据表明，针对特定产品的控制措施的组合作用达到预期效果(符合 7.4.2 确定的可接受水平)；

c)抽样、分析和(或)其他验证活动的结果证实受影响批次的产品符合确定的相关食品安全危害的可接受水平。

7.10.3.3 不合格品的处理

评价后，当产品不能放行时，产品应按如下方式之一进行处理。

a)在组织内或组织外重新加工或进一步加工，以确保食品安全危害得到消除或降至可接受水平；

b)销毁和(或)按废物处理。

7.10.4 撤回

为能够并便于完全、及时地撤回确定为不安全批次的终产品。

a)最高管理者应指定有权启动撤回的人员和负责执行撤回的人员；

b)组织应建立、保持形成文件的程序，以便通知相关方(如立法和监管部门、顾客或消费者)；处置撤回产品及库存中受影响的产品；安排采取措施的顺序。

撤回的产品在被销毁、改变预期用途、确定按原有(或其他)预期用途使用是安全的、或为确保安全重新加工之前，应被封存或在监督下予以保留。

撤回的原因、范围和结果应予以记录，并向最高管理者报告，作为管理评审(见5.8.2)的输入。

组织应通过应用适宜技术验证并记录撤回方案的有效性(如模拟撤回或实际撤回)。

8 食品安全管理体系的确认、验证和改进

8.1 总则

食品安全小组应策划和实施对控制措施和(或)控制措施组合进行确认所需的过程并验证和改进食品安全管理体系。

8.2 控制措施组合的确认

实施包含在操作性前提方案中和HACCP计划中的控制措施之前以及变更(见8.5.2)，组织应确认(见3.15)：

a)所选择的控制措施能使其针对的食品安全危害实现预期控制；

b)控制措施及其组合时有效，能确保控制已确定的食品安全危害，并获得满足规定的可接受水平的终产品。

当确认结果表明不能满足一个或两个上述要素时，应对控制措施和(或)其组合进行修改和重新评估(见7.4.4)。

修改可能包括控制措施(即过程参数、严格度和(或)其组合)的变更，和(或)原料、生产技术、终产品特性、分销方式、终产品预期用途的变更。

8.3 监视和测量的控制

组织应提供证据表明采用的监视、测量方法和设备是适宜的，以确保监视和测量程序的成效。

为确保结果有效，必要时，所使用的测量设备和方法应如下。

a)对照能溯源到国际或国家标准的测量标准，在规定的时间间隔或在使用前进行校准或检定。当不存在上述标准时，校准或检定的依据应予以记录；

b)进行调整或必要时再调整；

c)得到识别，以确定其校准状态；

d)防止可能使测量结果失效的调整；

e)防止损坏和失效。

校准和检定结果记录应予以保持。

此外，当发现设备或过程不符合要求时，组织应对以往测量结果的有效性进行评估。当测量设备不符合时，组织应对该设备以及任何受影响的产品采取适当的措施。这种评估和相应措施的记录应予以保持。

当计算机软件用于规定要求的监视和测量时，应确认其满足预期用途的能力。确认应在初次使用前进行。必要时，再确认。

8.4 食品安全管理体系的验证

8.4.1 内部审核

组织应按照策划的时间间隔进行内部审核，以确定食品安全管理体系是否为如下情况。

a)符合策划的安排、组织所建立的食品安全管理体系的要求和本标准的要求；

b)得到有效实施和更新。

策划审核方案要考虑拟审核过程和区域的状况和重要性，以及以往审核(见 8.5.2 和 5.8.2)产生的更新的措施。应规定审核的准则、范围、频次和方法。审核员的选择和审核的实施应确保审核过程的客观性和公正性。审核员不应审核自己的工作。

应在形成文件的程序中规定策划、实施审核、报告结果和保持记录的职责和要求。

负责受审核区域的管理者应确保及时采取措施，以消除所发现的不符合情况及原因，不能不适当地延误。跟踪活动应包括对所采取措施的验证和验证结果的报告。

8.4.2 单项验证结果的评价

食品安全小组应系统地评价所策划验证(见 7.8)的每个结果。

当验证证实不符合策划的安排时，组织应采取措施达到规定的要求。该措施应包括但不限于评审以下方面。

a)现有的程序和沟通渠道(见 5.6 和 7.7)；

b)危害分析的结论(见 7.4)、已建立的操作性前提方案(见 7.5)和 HACCP 计划(见 7.6.1)；

c)前提方案(见 7.2)；

d)人力资源管理和培训活动(见 6.2)的有效性。

8.4.3 验证活动结果的分析

食品安全小组应分析验证活动的结果，包括内部审核(见 8.4.1)和外部审核的结果。应进行分析以便：

a)证实体系的整体运行满足策划的安排和本组织建立食品安全管理体系的要求；

b)识别食品安全管理体系改进或更新的需求；

c)识别表明潜在不安全产品高事故风险的趋势；

d)确定信息，用于策划与受审核区域状况和重要性有关的内部审核方案；

e)提供证据证明已采取纠正和纠正措施的有效性。

分析的结果和由此产生的活动应予以记录，并以相关的形式向最高管理者报告，作为管理评审(见 5.8.2)的输入，也应用作食品安全管理体系更新的输入(见 8.5.2)。

8.5 改进

8.5.1 持续改进

最高管理者应确保组织通过以下活动，持续改进食品安全管理体系的有效性：沟通(见 5.6)、管理评审(见 8.4)、内部审核(见 8.4.1)、单项验证结果的评价(见 8.4.2)、验证活动结果的分析(见 8.4.3)、控制措施组合的确认(见 8.2)、纠正措施(见 7.10.2)和食品安全管理体系更新(见 8.5.2)。

注：GB/T 19001 阐述了质量管理体系有效性的持续改进。GB/T 19004 在 GB/T 19001 基础之上提供了质量管理体系有效性和效率持续改进的指南。

8.5.2 食品安全管理体系的更新

最高管理者应确保食品安全管理体系持续更新。

为此，食品安全小组应按策划的时间间隔评价食品安全管理体系，应考虑评审危害分析(见 7.4)、已建立的操作性前提方案(见 7.5)和 HACCP 计划(见 7.6.1)的必要性。

评价和更新活动应基于如下情形。

a)5.6 中所述的内部和外部沟通信息的输入；

b)与食品安全管理体系适宜性、充分性和有效性有关的其他信息的输入；

c)验证活动结果分析(见 8.4.3)的输出；

d)管理评审的输出(见 5.8.3)。

体系更新活动应以适当的形式予以记录和报告，作为管理评审的输入(见 5.8.2)。

附录 A(资料性附录)

GB/T 22000—2006 与 GB/T 19001—2000 之间的对应关系

表 A1 GB/T 22000—2006 与 GB/T 19001—2000 之间的对应关系

GB/T 22000—2006		GB/T 19001—2000	
引言		0.1 0.2 0.3 0.4	引言 总则 过程方法 与 GB/T 19004 的关系 与其他管理体系的相容性
范围	1	1 1.1 1.2	范围 总则 应用
规范性引用文件	2	2	引用标准
术语和定义	3	3	术语和定义
食品安全管理体系	4	4	质量管理体系
总要求	4.1	4.1	总要求
文件要求 总则 文件控制 记录控制	4.2 4.2.1 4.2.2 4.2.3	4.2 4.2.1 4.2.3 4.2.4	文件要求 总则 文件控制 记录控制
管理职责	5	5	管理职责
管理承诺	5.1	5.1	管理承诺
食品安全方针	5.2	5.3	质量方针
食品安全管理体系策划	5.3	5.4.2	质量管理体系
职责和权限	5.4	5.5.1	职责、权限
食品安全小组组长	5.5	5.5.2	管理者代表
沟通 外部沟通 内部沟通	5.6 5.6.1 5.6.2	5.5 7.2.1 7.2.3 5.5.3 7.3.7	职责、权限与沟通 与产品有关要求的确定 顾客沟通 内部沟通 设计和开发变更控制
应急准备和响应	5.7	5.2 8.5.3	以顾客为关注焦点 预防措施

续表

GB/T 22000—2006		GB/T 19001—2000	
管理评审	5.8	5.6	管理评审
总则	5.8.1	5.6.1	总则
评审输入	5.8.2	5.6.2	评审输入
评审输出	5.8.3	5.6.3	评审输出
资源管理	6	6	资源管理
资源提供	6.1	6.1	资源提供
人力资源	6.2	6.2	人力资源
总则	6.2.1	6.2.1	总则
能力、意识和培训	6.2.2	6.2.2	能力、意识和培训
基础设施	6.3	6.3	基础设施
工作环境	6.4	6.4	工作环境
安全产品的策划和实现	7	7	产品实现
总则	7.1	7.1	产品实现的策划
前提方案	7.2	6.3	基础设施
	7.2.1	6.4	工作环境
	7.2.2	7.5.1	生产和服务提供的控制
	7.2.3	8.5.3	预防措施
		7.5.5	产品防护
实施危害分析的预备步骤	7.3	7.3	设计和开发
总则	7.3.1		采购信息
食品安全小组	7.3.2		与产品有关要求的确定
产品特性	7.3.3	7.4.2	与产品有关要求的确定
预期用途	7.3.4	7.2.1	
流程图、过程步骤和控制措施	7.3.5	7.2.1	
危害分析	7.4	7.3.1	设计和开发策划
总则	7.4.1		
危害识别和可接受水平的确定	7.4.2		
危害评价	7.4.3		
控制措施的选择和评价	7.4.4		
操作性前提方案的建立	7.5	7.3.2	设计和开发输入
HACCP 计划的建立	7.6	7.3.3	设计和开发输出
HACCP 计划	7.6.1	7.5.1	生产和服务提供的控制
确定关键控制点(CCPs)	7.6.2		
关键控制点的关键限值确定	7.6.3		
关键控制点的监视系统	7.6.4	8.2.3	过程的监视和测量
监视结果超出关键限值时采取的措施	7.6.5	8.3	不合格品控制

续表

GB/T 22000—2006		GB/T 19001—2000	
预备信息的更新、描述前提方案和 HACCP 计划的文件的更新	7.7	4.2.3	文件控制
验证的策划	7.8	7.3.5	设计和开发验证
可追溯性系统	7.9	7.5.3	标识和可追溯性
不符合控制 纠正 纠正措施 潜在不安全产品的处置 撤回	7.10 7.10.1 7.10.2 7.10.3 7.10.4	8.3 8.3 8.5.2 8.3 8.3	不合格品控制 不合格品控制 纠正措施 不合格品控制 不合格品控制
食品安全管理体系的确认、验证和改进	8	8	测量、分析和改进
总则	8.1	8.1	总则
控制措施组合的确认	8.2	8.4 7.3.6 7.5.2	数据分析 设计和开发确认 生产和服务提供过程的确认
监视和测量的控制	8.3	7.6	监视和测量装置的控制
食品安全管理体系的验证 内部审核 单项验证结果的评价 验证活动结果的分析	8.4 8.4.1 8.4.2 8.4.3	8.2 8.2.2 8.2.3 7.3.4 8.4	监视和测量 内部审核 过程的监视和测量 设计和开发评审 数据分析
改进 持续改进 食品安全管理体系的更新	8.5 8.5.1 8.5.2	8.5 8.5.1 7.3.4	改进 持续改进 设计和开发评审

表 A2 GB/T 19001—2000 与 GB/T 22000—2006 之间的对应关系

GB/T 19001—2000		GB/T 22000—2006	
引言 总则 过程方法 与 GB/T 19004 的关系 与其他管理体系的相容性	 0.1 0.2 0.3 0.4		引言
范围 总则 应用	1 1.1 1.2	1	范围
引用标准	2	2	规范性引用文件
术语和定义	3	3	术语和定义
质量管理体系	4	4	食品安全管理体系

续表

GB/T 19001—2000		GB/T 22000—2006	
总要求	4.1	4.1	总要求
文件要求	4.2	4.2	文件要求
总则	4.2.1	4.2.1	总则
质量手册	4.2.2	4.2.2	文件控制
文件控制	4.2.3	7.7	预备信息的更新、描述前提方案和HACCP计划的文件的更新
记录控制	4.2.4	4.2.3	记录控制
管理职责	5	5	管理职责
管理承诺	5.1	5.1	管理承诺
以顾客为关注焦点	5.2	5.7	应急准备和响应
质量方针	5.3	5.2	食品安全方针
策划	5.4		
质量目标	5.4.1		
质量管理体系策划	5.4.2	5.3	食品安全管理体系策划
		8.5.2	食品安全管理体系的更新
职责、权限与沟通	5.5	5.6	沟通
职责、权限	5.5.1	5.4	职责和权限
管理者代表	5.5.2	5.5	食品安全小组组长
内部沟通	5.5.3	5.6.2	内部沟通
管理评审	5.6	5.8	管理评审
总则	5.6.1	5.8.1	总则
评审输入	5.6.2	5.8.2	评审输入
评审输出	5.6.3	5.8.3	评审输出
资源管理	6	6	资源管理
资源提供	6.1	6.1	资源提供
人力资源	6.2	6.2	人力资源
总则	6.2.1	6.2.1	总则
能力、意识和培训	6.2.2	6.2.2	能力、意识和培训
基础设施	6.3	6.3	基础设施
		7.2	前提方案
工作环境	6.4	6.4	工作环境
		7.2	前提方案
产品实现	7	7	安全产品的策划和实现
产品实现的策划	7.1	7.1	总则

续表

GB/T 19001—2000		GB/T 22000—2006	
与顾客有关的过程	7.2		
与产品有关的要求的确定	7.2.1	7.3.4	预期用途
		7.3.5	流程图、过程步骤和控制措施
		5.6.1	外部沟通
与产品有关的要求的评审	7.2.2		
顾客沟通	7.2.3	5.6.1	外部沟通
设计和开发	7.3	7.3	实施危害分析的预备步骤
设计和开发的策划	7.3.1	7.4	危害分析
设计和开发的输入	7.3.2	7.5	操作性前提方案的建立
设计和开发的输出	7.3.3	7.6	HACCP 计划的建立
设计和开发评审	7.3.4	8.4.2	单一验证结果的评价
		8.5.2	食品安全管理体系的更新
设计和开发的验证	7.3.5	7.8	验证的策划
设计和开发的确认	7.3.6	8.2	控制措施组合的确认
设计和开发更改的控制	7.3.7	5.6.2	内部沟通
采购	7.4		
采购过程	7.4.1		
采购信息	7.4.2	7.3.3	产品特性
采购产品的验证	7.4.3		
产品和服务提供	7.5		
生产和服务提供的控制	7.5.1	7.2	前提方案
		7.6.1	HACCP 计划
生产和服务提供过程的确认	7.5.2	8.2	控制措施组合的确认
标识和可追溯性	7.5.3	7.9	可追溯性系统
顾客财产	7.5.4		
产品防护	7.5.5	7.2	前提方案
监视和测量装置的控制	7.6	8.3	监视和测量的控制
测量分析和改进	8	8	食品安全管理体系的确认、验证和改进
总则	8.1	8.1	总则
监视和测量	8.2	8.4	食品安全管理体系的验证
顾客满意	8.2.1		
内部审核	8.2.2	8.4.1	内部审核
过程的监视和测量	8.2.3	7.6.4	关键控制点的监视系统
		8.4.2	单项验证结果的评价
产品的监视和测量	8.2.4		
不合格品控制	8.3	7.6.5	监视结果超出关键限值时采取的措施
		7.10	不符合控制

续表

GB/T 19001—2000		GB/T 22000—2006	
数据分析	8.4	8.2 8.4.3	控制措施组合的确认 验证结果分析
改进 持续改进 纠正措施 预防措施	8.5 8.5.1 8.5.2 8.5.3	8.5 8.5.1 7.10.2 5.7 7.2	改进 持续改进 纠正措施 应急准备和响应 前提方案

附录 B(资料性附录)

HACCP 与 GB/T 22000—2006 的对应关系

表 B1 HACCP 与 GB/T 22000—2006 的对应关系

HACCP 原理	HACCP 实施步骤[a]		GB/T 22000—2006	
	组成 HACCP 小组	步骤 1	7.3.2	食品安全小组
	产品描述	步骤 2	7.3.3 7.3.5.2	产品特性 过程步骤和控制措施的描述
	识别预期用途	步骤 3	7.3.4	预期用途
	制作流程图 流程图的现场确认	步骤 4 步骤 5	7.3.5.1	流程图
原理 1 进行危害分析	列出所有潜在危害 进行危害分析 考虑控制措施	步骤 6	7.4 7.4.2 7.4.3 7.4.4	危害分析 危害识别和可接受水平的确定危害评价 控制措施的选择和评估
原理 2 确定关键控制点(CCPs)	确定关键控制点	步骤 7	7.6.2	关键控制点的确定
原理 3 建立关键限值	建立每个关键控制点的关键限值	步骤 8	7.6.3	关键控制点的关键限值的确定
原理 4 建立关键控制点(CCPs)的监视(监控)系统	建立每个关键控制点的监视系统	步骤 9	7.6.4	关键控制点的监视系统
原理 5 建立纠正措施，以便当监控表明某个关键控制点失控时采用	建立纠正行动	步骤 10	7.6.5	监视结果超出关键限值时采取的措施

续表

HACCP 原理	HACCP 实施步骤[a]		GB/T 22000—2006	
原理 6 建立验证程序，以确认 HACCP 有效运行	建立验证程序	步骤 11	7.8	验证策划
原理 7 建立上述原理及其应用的程序和记录文件	建立文件和记录保持	步骤 12	4.2 7.7	文件要求 预备信息的更新、描述前提方案和 HACCP 计划的文件的更新
a 见参考文献[11]				

附录 C(资料性附录)

提供控制措施实例的法典参考文献

——包括前提方案和指南及其选择和使用

C.1 法典和导则[1]

C.1.1 通用

CAC/RCP 1—1969(Rev. 4—2003)，推荐的国际操作规范—食品卫生总则；收录了 HACCP 体系及其应用指南。

食品卫生控制措施确认导则[2]

与食品检验和认证相关的可追溯性/产品追溯应用原理

商品特定法典和导则

C.1.2 饲料

CAC/RCP 45—1997，降低产奶动物饲用原料和补充饲料中黄曲霉毒素 B_1 的操作规范

CAC/RCP 54—2004，良好动物饲养操作规范

C.1.3 特殊膳食食品

CAC/RCP 21—1979，婴幼儿食品卫生操作规范[3]

CAC/GL 08—1991，较大婴幼儿配方辅助食品导则

C.1.4 特殊加工食品

CAC/RCP 8—1976(Rev. 2—1983)，速冻食品加工处理卫生操作规范

CAC/RCP 23—1979(Rev. 2—1993)，低酸及酸化低酸罐头食品卫生操作规范

CAC/RCP 46—1999，延长货架期的冷藏包装食品卫生操作规范

C.1.5 食品辅料

CAC/RCP 42—1995，香辛料和干燥香辛植物卫生操作规范

C.1.6 水果和蔬菜

CAC/RCP 22—1979，花生卫生操作规范

CAC/RCP 2—1969，罐装果蔬制品卫生操作规范

CAC/RCP 3—1969，干燥水果卫生操作规范

CAC/RCP 4—1971，脱水椰子卫生操作规范

CAC/RCP 5—1971，脱水水果和蔬菜(包括食用菌)卫生操作规范

CAC/RCP 6—1972，木本坚果卫生操作规范

CAC/RCP 53—2003，新鲜水果和蔬菜卫生操作规范

C.1.7 肉类和肉制品

CAC/RCP 41—1993，屠宰动物宰前宰后检验及屠宰动物和肉类宰前宰后的评价规范

CAC/RCP 32—1983，用于进一步加工的机械分离肉和禽的生产、储存及组分操作规范

CAC/RCP 29—1983(Rev. 1—1993)，野味卫生操作规范

CAC/RCP 30—1983，青蛙腿加工卫生操作规范

CAC/RCP 11—1976(Rev. 1—1993)，鲜肉卫生操作规范

CAC/RCP 13—1976(Rev. 1—1985)，加工肉禽产品卫生操作规范

CAC/RCP 14—1976，禽类加工卫生操作规范

CAC/GL52—2003，肉类卫生通则

肉类卫生操作规范[2]

C.1.8 奶和奶制品

CAC/RCP 57—2004，奶和奶制品卫生操作规范

食品预防兽药残留和奶和奶制品(包括奶和奶制品)药物残留监控计划导则修订版[2]

C.1.9 蛋和蛋制品

CAC/RCP 15—1976，蛋制品卫生操作规范(分别于1978和1985年进行了修订)

蛋制品卫生操作规范修订版[2]

C.1.10 鱼和渔业产品

CAC/RCP 37—1989，头足类动物操作规范

CAC/RCP 35—1985，面糊和(或)面包包裹的速冻渔业产品操作规范

CAC/RCP 28—1983，蟹类操作规范

CAC/RCP 24—1979，龙虾操作规范

CAC/RCP 25—1979，熏鱼操作规范

CAC/RCP 26—1979，盐腌鱼操作规范

CAC/RCP 17—1978，小虾或大虾操作规范

CAC/RCP 18—1978，软体鱼贝类卫生操作规范

CAC/RCP 52—2003，鱼和渔业产品操作规范

鱼和渔业产品操作规范(水产养殖)[2]

C.1.11 水

CAC/RCP 33—1985，天然矿泉水的采集、加工和销售卫生操作规范

CAC/RCP 48—2001，瓶装/包装饮用水(非天然矿泉水)卫生操作规范

C.1.12 运输

CAC/RCP 47—2001，散装和半包装食品运输卫生操作规范

CAC/RCP 36—1987(Rev. 1—1999)，散装食用油脂储存和运输操作规范

CAC/RCP 44—1995，热带新鲜水果和蔬菜包装和运输操作规范

C. 1. 13　零售

CAC/RCP 43—1997(Rev. 1—2001)，街道食品制作和销售卫生操作规范(区域性规范-拉丁美洲和加勒比海地区)

CAC/RCP 39—1993，大众餐厅中预制和已制食品卫生操作规范

CAC/GL－22—1997(Rev. 1—1999)，非洲街道贩卖食品控制措施设计导则

C. 2　食品安全危害特定法典和指南[1]

CAC/RCP 38—1993，兽药使用控制操作规范

CAC/RCP 50—2003，预防苹果汁及其他饮料中苹果汁成分棒曲霉素污染操作规范

CAC/RCP 51—2003，预防谷物中霉菌毒素污染操作规范，包括赭曲霉素 A、玉米赤霉烯酮、伏马毒素、单端孢霉烯族毒素的附录

CAC/RCP 55—2004，预防和减少花生中黄曲霉毒素污染操作规范

CAC/RCP 56—2004，预防和减少食品中铅污染操作规范

食品中单核细胞增多性李斯特菌控制导则[2]

预防和减少罐藏食品中无机锡污染操作规范[2]

抗菌抗性最小化操作规范[2]

预防和减少木本坚果中黄曲霉毒素污染操作规范[2]

C. 3　特定控制措施的法典和导则[1]

CAC/RCP 19—1979(Rev. 1—1983)，用于处理食品的辐照设施操作规范

CAC/RCP 40—1993，经防腐处理和包装的低酸食品卫生操作规范

CAC/RCP 49—2001，减少食品中化学制品污染源措施的操作规范

CAC/GL 13—1991，利用乳过氧化物酶体系保存原料奶导则

CAC/STAN 106—1983(Rev. 1—2003)，辐照食品通用标准

1)这些文件及其最新版本可从法典委员会的网址上下载：

http://www.codexalimentarius.net

2)正在制定中。

3)正在修订中。

参考文献

[1]GB/T 19001—2000　质量管理体系　要求

[2]GB/T 19004—2000　质量管理体系　业绩改进指南

[3]GB/T 19022—2003　测量管理体系　测量过程和测量设备的要求

[4]ISO 14159—2002　设备安全　设备设计的卫生要求

[5]GB/T 19080—2003　食品和饮料行业 GB/T 19001—2000 应用指南

[6]GB/T 19011—2003　质量和(或)环境管理体系审核指南

[7]ISO/TS 22004:[1]，食品安全管理体系——ISO 22000—2005 应用指南

[8]ISO/TS 22005:[2]，饲料和食品链的可追溯性——体系设计和开发的通用原理和

指南
[9]ISO/IEC 导则 51：1999，安全方面——包括在标准内的指南
[10]ISO/IEC 导则 62：1996，质量体系评审和认证/注册机构的通用要求
[11]国际食品法典卫生学基本读本. 联合国粮农组织——世界卫生组织. 罗马，2001
[12]参考网址：http://www.iso.org-http://www.codexalimentarius.net

附录8 食品安全管理体系(ISO 22000)内部审核员考试模拟试题

食品安全管理体系(ISO 22000)
内部审核员考试模拟试题(一)

题号	一	二	三	四	五	总分
得分						

一、判断题(每小题2分，共20分)

(　　)1. 食品安全与消费时食品中食源性危害的存在和水平有关，因此食品安全只与食品加工和消费阶段有关，与其他无关。

(　　)2. 酿酒厂的罐装区域、奶粉厂的接粉区罐装区域同其他区域的洁净要求相同的。

(　　)3. 现场审核的首、末次会议必须由审核组长主持。

(　　)4. 组织的食品安全方针应符合与顾客商定的食品安全要求和法律法规要求；高洁净区一般应有二次洗手消毒设施、二次更衣设施或单独更衣室。

(　　)5. 在进行危害分析时，必须同时关注食品安全问题和其他质量问题。

(　　)6. 食品安全管理体系的文件必须由手册、程序和记录组成。

(　　)7. 验证是指通过提供客观证据对特定的预期用途或应用要求已得到满足的认定。

(　　)8. 食品企业地面大面积积水只要加强清扫即可。

(　　)9. 酱牛肉熟肉制品包装区应该是洁净区。

(　　)10. 对内包装材料如聚乙烯膜应索要符合相应卫生标准的证据。

二、选择题(每小题2分，共20分)

(　　)1. ISO 22000标准不适用于________组织。

A. 添加剂　B. 运输和仓储经营者　C. 零售分包商　D. 卫生主管部门

(　　)2. 现场审核抽样的原则是________。

A. 公正性　B. 随机性　C. 代表性　D. 以上都是

(　　)3. 可能影响组织有关食品安全的潜在紧急情况和事故应由________考虑，并证实如何进行管理。

A. 最高管理者　B. HACCP组长

C. HACCP小组成员和技术专家　D. 生产部主管

(　　)4. 危害识别应基于________。

A. 预备信息和数据　B. 经验

C. 流行病学调查和其他历史数据　D. 以上全是

(　　)5. HACCP计划不包括________。

A. HACCP计划所要控制的危害

B. 已确定危害将得到被控制的关键控制点

C. 关键限值

D. 负责执行每个监视程序的人员的培训内容

(　　)6. 负责监控 CCP 人员的基本要求是________。

A. 完全理解 CCP 监控的重要性

B. 受过 CCP 监控技术的培训

C. 能够准确地报告每次的监控活动

D. 以上都是

(　　)7. 食品添加剂的使用应符合________的规定。

A. GB 2760　　B. GB 14880

C. GB 2715　　D. GB 14881

(　　)8. 被撤回产品的处置可以包括________。

A. 销毁、改变预期用途、重新加工和确定按原有预期用途使用是安全的

B. 销毁、模拟撤回、实际撤回和进一步加工

C. 缩小范围使用、改变预期用途、重新加工和确定按原有预期用途使用是安全的

D. 改变预期用途、模拟撤回、实际撤回和进一步加工

(　　)9. 洗手液的余氯浓度一般应控制在________左右。

A. 100 ppm　　B. 50 ppm

C. 200 ppm　　D. 400 ppm

(　　)10. 加工人员的人流应______。

A. 就近进入　　B. 从高洁净区向低洁净区

C. 从低洁净区向高洁净区　　D. 成品出口一致

三、简答题(每小题 5 分，共 20 分)

1. 请列出卫生标准操作程序的内容。

2. 请说明确定关键控制限值的原则。

3. 简述食品加工企业生产人员的健康控制要求。

4. 对不合格品的处理方法有哪些?

四、案例分析题(每小题 8 分，共 24 分)

1. 审核员在行政管理部查阅公司 2004 年 8 月 11 日至 13 日进行内审的资料，询问行政管理部负责人大概多长时间做一次内审，负责人说:“到现在为止，只做过一次内审。内审在每次认证监督审核前一两个月进行比较好。”审核员看见此次内审共提出 23 项不符合项，但其中 4 项没有采取纠正措施的证据，也无验证记录。行政管理部负责人说:“这 4 个不符合项是开给原料采购部和成品库的，当时我们就要求他们 1 个月内必须采取纠正措施，但他们一直说工作忙没时间解决这些问题，我们也没有办法。

2. 在审核供应部时发现，2013 年 5 月 20 日购进的白糖随批检验报告全部为英语，原料白糖进货验收人员说自己中学毕业不认识英语，但这批原料是进口的，肯定合格，审核员查阅该公司 HACCP 计划书，规定白糖进货验收是 CCP 点，由进货验收人员核对每批产品的随批检验报告中重金属是否合格。

3. 某审核员在 ABC 食品集团生产部进行审核时发现，HACCP 计划对其中一个关键

控制点设立监控程序，规定监控频次为每 2 h 巡查一次，审核员：“请您提供一下您最近一周的巡查记录，好吗?”巡查员：“我们认为监控频次过于频繁，况且也没有意义，您想想关键控制点我们公司都规定有生产现场操作人员进行随时监控，作为我们巡查员只是对关键控制点的监控是否到位进行监督，您说我们还有记录的必要吗?”请问有无不符合？若有，请编写不合格报告。

五、论述题(16 分，要求条理清楚)

在对验证记录审查时，发现蒸煮环节温度记录仪失控，如果你是企业的内部审核员，应该从哪些方面采取纠正措施?

食品安全管理体系(ISO 22000)
内部审核员考试模拟试题(二)

题号	一	二	三	四	五	总分
得分						

一、判断题(每小题 2 分，共 20 分)

(　　)1. 组织的食品安全方针应得到对其持续适宜性的评审。

(　　)2. 组织要有相关的记录来证实食品安全小组具备食品安全管理体系范围内的产品、过程、设备有关的食品危害的知识和经验。

(　　)3. 过程流程图必须标出废弃物的排放点。

(　　)4. 与加工环境和人员有关的危害多由实施 SSOP 来控制，与加工工艺和产品有关的危害通常由 CCP 来控制。

(　　)5. 从事生制品加工的工人的工作服和从事熟制品加工的工人的工作服可在一起清洗。

(　　)6. HACCP 计划应得到食品安全小组的批准，前提方案可不得到食品安全小组的批准。

(　　)7. 操作性前提方案不应包括对污水排水系统的管理。

(　　)8. 交叉污染都可以用 HACCP 计划来控制。

(　　)9. 生产企业对使用的食品原料、辅料的卫生指标，如重金属等必须本企业进行检验控制。

(　　)10. 微生物检测手段常用于验证而不用于 CCP 点的监控，除非有快速的检测手段能及时发现关键限值是否被逾越。

二、选择题(每小题 2 分，共 20 分)

(　　)1. 通常微生物生长繁殖危险温度范围是________。

A. 0～40.4℃　　B. 20～65℃

C. 4.4～60℃　　D. 37 ～75℃

(　　)2. 食品安全管理体系的范围包括________。

A. 产品或产品类别

B. 产品和加工

C. 产品、加工和场地

D. 体系中涉及的产品或产品类别、加工和生产场地

(　　)3. ________人员不能从事直接的食品加工。

A. 肝炎　　B. 细菌性痢疾

C. 受外伤　　D. 以上都是

(　　)4. 在加工过程中消除金属危害时，加工线上的________可以作为CCP。

A. 磁铁　　B. 筛选机

C. 金属探测器　　D. 以上都是

(　　)5. HACCP的特点是________。

A. 预防性的　　B. 不是反应性的

C. 不是一个零风险体系　　D. 以上全部

(　　)6. 下列________中不可能产生化学危害。

A. 环境中的有机废物　　B. 兽用药品残留

C. 诺沃克病毒　　D. 生长在谷物上的霉菌

(　　)7. 经检验检疫确定为不适合人类食用或不符合兽医卫生要求的动物、屠体、胴体、内脏或动物的其他部分进行无害化处理的方法包括________。

A. 高温　　B. 焚烧

C. 深埋　　D. 以上都对

(　　)8. 食品安全管理体系标准适用于________。

A. 食品链的某个环节的组织　　B. 食品链多个环节的组织

C. 与食品链相关的组织　　D. 以上都是

(　　)9. ________任命有权限启动召回的人员和负责执行召回的人员。

A. 最高管理者　　B. HACCP小组长

C. HACCP小组　　D. 技术质量部门

(　　)10. 农药、兽药的残留是由________产生的。

A. 加工过程　　B. 储藏

C. 运输　　D. 初级生产

三、简答题(每小题5分，共20分)

1. 简述建立HACCP体系的步骤。

2. 描述洗手消毒程序。

3. 请说明审核发现、审核准则、审核结论之间的关系。

4. 外部沟通的对象及沟通的主要目的是什么?

四、案例分析题(每小题8分，共24分)

1. 审核员对某企业审核监视和测量时，发现某些食品安全特性是通过感官进行检查的，审核员询问了检查员有无发现问题后就结束了审核，这位审核员的做法是否全面，你遇到这种情况应如何做?并叙述理由。

2. 审核员在审核培训部培训工作时，张部长提到最近公司出现几件工作上的差错问题，如仓库保管员下班时忘了关窗、锁门、仓库保管员丢失了工具：仓库保管员找不到文件等都是由于工作人员工作责任心不强，缺乏敬业精神造成的，但我们的培训计划中，一

般只考虑技能和知识的培训，这方面从未想到要列入培训计划。

3. 审核员在对某肉制品的加工车间审核时发现，在该车间人员通道处摆放了5个货架，上面摆放着出炉不久待冷却的香肠，通道处人来人往，香肠上方不时有苍蝇飞舞。车间主任对此回答是生产旺季，冷却间不够用，临时利用通道，至于苍蝇，他认为加工车间处于消毒过的环境，苍蝇并不带菌。

五、论述题(16分，要求条理清楚)

如果你是某企业的内部审核员，请根据你所在的企业的产品工艺，画出工艺流程，并进行危害分析(该工艺可以是你熟悉的产品工艺)。

附录9 食品生产许可证申请书

食品生产许可申请书

许可类别：□食品

□食品添加剂

申请事项：□首次申请

□许可变更

□许可延续

申请人名称：______（签字或盖章）______

申请日期：______年____月____日

声 明

按照《中华人民共和国食品安全法》及《食品生产许可管理办法》要求，本申请人提出食品生产许可申请。所填写申请书及其他申请材料内容真实、有效（复印件或者扫描件与原件相符）。

特此声明。

一、申请人基本情况

申请人名称			
法定代表人（负责人）			
食品生产许可证编号	（变更、延续申请时填写）		
统一社会信用代码			
住　所			
生产地址			
联 系 人		联系电话	
传　真		电子邮件	
变更事项	（变更、延续申请时填写）		
备　注			

二、产品信息表

序号	食品、食品添加剂类别	类别编号	类别名称	品种明细	备注

注：1. 填写时请参照《食品、食品添加剂分类目录》。

2. 申请食品添加剂生产许可的，食品添加剂生产许可审查细则对产品明细有要求的，填入“备注”列。

3. 生产保健食品、特殊医学用途配方食品、婴幼儿配方食品的，在“备注”列中载明产品或者产品配方的注册号或者备案登记号；接受委托生产保健食品的，还应当载明委托企业名称及住所等相关信息。生产保健食品原料提取物的，应在“品种明细”列中标注原料提取物名称，并在备注列载明该保健食品名称、注册号或备案号等信息；生产复配营养素的，应在“品种明细”列中标注维生素或矿物质预混料，并在“备注”列载明该保健食品名称、注册号或备案号等信息。

三、食品生产主要设备、设施

设备、设施				
序号	名称	规格/型号	数量	使用场所
检验仪器				
序号	检验仪器名称	精度等级	数量	使用场所

四、食品安全专业技术人员及食品安全管理人员

序号	姓名	身份证号	职务	文化程度与专业	人员类别	专职/兼职情况
					□专业技术人员 □管理人员	□专职人员 □兼职人员
					□专业技术人员 □管理人员	□专职人员 □兼职人员
					□专业技术人员 □管理人员	□专职人员 □兼职人员
					□专业技术人员 □管理人员	□专职人员 □兼职人员
					□专业技术人员 □管理人员	□专职人员 □兼职人员
					□专业技术人员 □管理人员	□专职人员 □兼职人员
					□专业技术人员 □管理人员	□专职人员 □兼职人员
					□专业技术人员 □管理人员	□专职人员 □兼职人员
					□专业技术人员 □管理人员	□专职人员 □兼职人员
					□专业技术人员 □管理人员	□专职人员 □兼职人员
					□专业技术人员 □管理人员	□专职人员 □兼职人员
					□专业技术人员 □管理人员	□专职人员 □兼职人员
					□专业技术人员 □管理人员	□专职人员 □兼职人员
					□专业技术人员 □管理人员	□专职人员 □兼职人员

说明：1. 人员可以在内部兼任职务。

2. 同一人员可以是专业技术人员和管理人员双重身份，请据实填写。

五、食品安全管理制度清单

序号	管理制度名称	文件编号

注：只需要填报食品安全管理制度清单，无需提交制度文本。

六、食品生产许可其他申请材料清单

根据《食品生产许可管理办法》，申请食品、食品添加剂生产许可，申请人需要提交以下材料：

1. 食品(食品添加剂)生产设备布局图(附后)；

2. 食品(食品添加剂)生产工艺流程图(附后)；

申请特殊食品生产许可，申请人还需要提交以下材料：

1. 特殊食品的生产质量管理体系文件(附后)；

2. 特殊食品的相关注册和备案文件(附后)。

注：1. 特殊食品包括：保健食品、特殊医学用途配方食品、婴幼儿配方食品。

2. 保健食品申请材料可结合《保健食品生产许可审查细则》和监管需要，由各省决定提交全部材料或目录清单。

附录 10 食品生产许可(SC)审查记录表

食品生产许可审查记录表

食品生产企业名称：________________________

申证食品品种类别：________________________

申证单元：______________________________

生产场所地址：___________________________

审查日期：______年_____月_____日

使用说明

1. 本审查记录表适用于食品生产许可的现场审查，使用时应结合实施细则要求，实施细则中有特殊规定的从其规定。

2. 审查组应按照每一项审查内容和评判标准，填写审查结论和审查记录。

3. 本审查记录表分为：管理职责(20分)、人员要求(50分)、生产场所(55分)、设备设施(60分)、标准及工艺文件(35分)、采购管理(40分)、生产管理及产品防护(70分)、食品检验(20分)八个部分，共45个条款，其中关键条款8个(序号前标注“*”为关键条款，分别为条款2、4、9、10、12、19、32、44)，一般条款37个。

4. 判定原则：关键条款审查结论分为合格和不合格；一般条款实行评分制，总分350分，一般条款单项评判标准均分为4个级别，评分时应按照级别评分，例如单项总分为10分项，评分可为：10分、7分、3分和0分，不得给出其他分数。关键条款不适用情况，视为合格；一般条款不适用情况视为最高分。当关键条款全部合格，一般条款得分无零分且总得分大于等于300分时，判定为通过现场审查；当出现以下三种情况之一时，判定为未通过现场审查：(1)关键条款有一项及以上为不合格；(2)一般条款有一项及以上得分为零；(3)一般条款总得分小于300分。

5. 评判标准中所描述的内容为扣分项，未描述的内容均为“符合规定要求”。

一、管理职责(20分)

审查项目	条款	审查内容	评判标准		审查结论	审查记录
组织领导及岗位职责	1	企业管理层中有全面负责质量安全工作的人员，并以文件形式授权。 企业设置质量管理机构或人员负责质量管理体系的建立、实施和保持工作。 企业合理设置与食品安全相关的部门或人员，其职责、权限明确。	符合规定要求。	10分		
			企业管理层中有全面负责质量安全工作的人员，但未以文件形式授权。	7分		
			部门或人员的设置欠合理，或职责、权限不太明确，或质量管理工作有欠缺。	3分		
			无质量管理机构或人员负责质量管理体系的建立、实施和保持工作，或企业管理层无人员全面负责质量安全工作，或未设置部门、人员职责及权限。	0分		
管理制度	*2	企业建立食品安全管理制度，包括但不限于以下内容：人员培训制度、从业人员健康检查制度和健康档案制度、采购验收及进货查验记录制度、生产过程安全管理制度、贮运管理制度、卫生管理制度、设备管理制度、检验管理制度、产品留样制度、不合格品管理制度、食品召回及追溯制度、食品添加剂管理制度、记录及文件管理制度。	制度齐全。	合格		
			制度不齐全。	不合格		
不合格品及产品召回	3	企业按不合格品管理制度的规定建立和保存不合格食品原料、食品添加剂、食品相关产品、半成品和成品的处理记录。 企业按照食品召回制度对被召回的食品进行追溯，查找原因，并进行无害化处理或者予以销毁。召回记录包括发生召回的食品名称、批次、规格、数量、发生召回的原因及后续整改方案等内容。	符合规定要求。	10分		
			记录略有欠缺。	7分		
			不合格品及召回管理有欠缺。	3分		
			未按制度要求执行。	0分		

二、人员要求(50分)

审查项目	条款	审查内容	评判标准		审查结论	审查记录
资质能力	*4	法人熟悉食品安全有关法律法规。食品质量安全管理者具有大专以上学历或三年以上相关工作经验，并熟练掌握食品质量安全有关法律法规和标准。	符合规定要求。	合格		
			不符合规定要求。	不合格		
	5	生产管理者应具有与生产岗位相适应的资质和相关工作经验，熟练掌握食品质量安全有关法律法规和标准，了解应依法承担的责任和义务。生产人员熟练掌握设备操作规程，具备实际操作技能，熟悉食品质量安全知识。检验人员具有相应检验资格和能力，熟悉相关产品检验方法标准，熟练掌握相关检验技术。	符合规定要求。	20分		
			生产人员质量安全知识不太熟悉。	14分		
			生产管理者对有关法律法规及相关标准不太熟悉，或生产及检验人员相应技能有欠缺。	6分		
			人员资质及相应岗位技能不符合要求。	0分		
健康要求	6	食品加工人员(指直接接触包装或未包装的食品、食品设备和器具、食品接触面的人员)持年度有效的健康证明，并建立健康档案。	符合规定要求。	10分		
			未建立健康档案。	7分		
			缺个别人员有效的健康证明。	3分		
			缺若干人员有效的健康证明。	0分		
卫生要求	7	进入作业区人员按要求穿着洁净的工作服、洗手、消毒；头发藏于工作帽内或使用发网约束；不配戴饰物、手表；不化妆、不携带个人物品；并做好检查。	符合规定要求。	10分		
			检查工作未落实	7分		
			个别人员未按要求执行。	3分		
			若干人员未按要求执行。	0分		
培训要求	8	企业根据不同岗位的实际需求，制定年度培训计划，对管理、生产、检验等相关人员进行相应的专业技术和食品质量安全知识培训考核，做好培训记录。	符合规定要求。	10分		
			记录有欠缺。	7分		
			个别培训计划执行不到位。	3分		
			未进行年度培训。	0分		

三、生产场所(55分)

审查项目	条款	审查内容	评判标准		审查结论	审查记录
厂区要求	*9	企业必须具备符合《中华人民共和国食品安全法》规定的与生产相适应的生产场所，并提交有权合法使用证明。	符合规定要求。	合格		
			不符合规定要求。	不合格		
	*10	厂区周围无有害废弃物以及粉尘、有害气体、放射性物质和其他扩散性等污染源。厂区周围不宜有虫害大量孳生的潜在场所，难以避开时设计必要的防范措施。	符合规定要求。	合格		
			不符合规定要求。	不合格		
	11	厂区布局合理，各功能区域划分明显，宿舍、食堂、职工娱乐设施等生活区与生产区保持适当距离或分隔。厂区内保持环境清洁，垃圾密闭式存放，远离生产区，排污沟渠为密闭式，不得散发出异味，不得有各种杂物堆放。	符合规定要求。	10分		
			厂区稍有异味，或堆放少许杂物。	7分		
			厂区内环境卫生较差。	3分		
			厂区内环境卫生差或生活区与生产区未保持适当距离或分隔。	0分		
厂房和车间	*12	食品生产不得与非食品产品生产共用车间和生产线。	符合规定要求。	合格		
			不符合规定要求。	不合格		
	13	厂房、车间的面积和空间与生产能力相适应，其内部设计和布局根据生产工艺合理布局，满足各类细则的要求。厂房、车间根据产品特点、生产工艺、生产特性以及生产过程的要求对原料处理、半成品处理和加工、包装材料和容器的清洗消毒、成品包装和检验、成品贮存等工序进行合理划分作业区，并采取有效分离或分隔。通常可划分为清洁作业区、准清洁作业区和一般作业区；或清洁作业区和一般作业区等。一般作业区应与其他作业区域分隔。厂房内设置的检验室与生产车间分隔。	符合规定要求。	20分		
			作业区的分离或分隔略有缺陷。	14分		
			布局不太合理，或厂房、车间的面积和空间与生产能力不太匹配。	6分		
			布局不合理，存在交叉污染，或厂房、车间的面积和空间与生产能力不匹配。	0分		

续表

审查项目	条款	审查内容	评判标准		审查结论	审查记录
厂房和车间	14	顶棚使用无毒、无味、与生产需求相适应、易于观察清洁状况的材料建造；直接在屋顶内层喷涂涂料的顶棚使用无毒、无味、防霉、不易脱落、易于清洁的涂料；顶棚易于清洁、消毒，在结构上不利于冷凝水垂直滴下；蒸汽、水、电等配件管路不得设置于暴露食品的上方，或有能防止灰尘散落及水滴掉落的装置或措施。	符合规定要求。	5分		
			顶棚卫生状况略有不足，或有细微裂缝。	4分		
			顶棚卫生状况不足，或有破损，或脱落，或防止水滴掉落措施不足。	2分		
			顶棚卫生状况差，或顶棚结构不合理，或使用的材料不符合卫生要求。	0分		
	15	墙面、隔断使用无毒、无味的防渗透材料建造，在操作高度范围内的墙面光滑、不易积累污垢且易于清洁；使用的涂料无毒、无味、防霉、不易脱落、易于清洁。墙壁、隔断和地面交界处结构合理、易于清洁，能有效避免污垢积存。	符合规定要求。	5分		
			墙面、隔断卫生状况略有不足，或有细微裂缝。	4分		
			墙面、隔断卫生状况不足，或有破损，或脱落。	2分		
			墙面、隔断卫生状况差，或墙面、隔断结构不合理，或使用的材料不符合卫生要求。	0分		
	16	门窗闭合严密，表面平滑、防吸附、不渗透，并易于清洁、消毒，使用不透水、坚固、不变形的材料制成。清洁作业区和准清洁作业区与其他区域之间的门能及时关闭。窗台能避免灰尘积存且易于清洁。	符合规定要求。	5分		
			窗台有积尘但易清洁。	4分		
			门窗闭合不严密，或清洁作业区和准清洁作业区与其他区域之间的门不能及时关闭，或个别门窗材料不符合卫生要求。	2分		
			门窗材料不符合卫生要求，窗台易积灰尘且不易于清洁。	0分		

续表

审查项目	条款	审查内容	评判标准		审查结论	审查记录
厂房和车间	17	地面使用无毒、无味、不渗透、耐腐蚀的材料建造，结构有利于排污和清洗的需要、平坦防滑、无裂缝、易于清洁、消毒，有防止积水的适当措施。	符合规定要求。	5分		
			地面有细微裂缝。	4分		
			地面有破损，不易于清洁。	2分		
			地面严重破损，难以清洁，无防止积水的措施，或使用的材料不符合要求。	0分		
	18	企业提交的厂区平面图与申请人的厂区布局一致，且标示清楚(如生活区、生产区、办公区、楼层数、面积、用途等)。 企业提交的厂房和车间平面图与申请人的厂房和车间布局一致，且标示清楚(如各功能间面积、用途、人流物流走向等)。	符合规定要求。	5分		
			厂区平面图及厂房和车间平面图与实际一致，标示不清楚。	4分		
			厂区平面图或厂房和车间平面图与实际略有出入。	2分		
			厂区平面图或厂房和车间平面图与实际差异较大。	0分		

四、设备设施(60分)

审查项目	条款	审查内容	评判标准		审查结论	审查记录
生产设备	*19	配备与生产经营的食品品种、数量相适应的生产设备，现场审查时处于正常运行状态。	符合规定要求。	合格		
			不符合规定要求。	不合格		
	20	与原料、半成品、成品接触的设备与用具，使用光滑、无吸收性、无毒、无味、抗腐蚀、不易脱落的材料制成，且易于清洁保养和消毒。 生产设备不留空隙地固定在墙壁或地板上，或在安装时与地面和墙壁间保留足够空间，便于清洁和维护。 用于监测、控制、计量、记录的设备，定期维护，并做好相应的记录。国家强制检定计量器具应定期检定。 企业提交的设备布局图应与现场设备布局相一致。	符合规定要求。	10分		
			个别设备未校准和维护，或记录不齐全。	7分		
			设备安装存在欠缺，或设备与用具不易于清洁保养和消毒。	3分		
			设备安装不合理，或设备未校准、维护，且无维护记录，或设备与用具的材料不符合要求，或设备布局图与现场布局不一致。	0分		
供水和排水设施	21	具有与生产需求相适应的供水和排水设施。 食品加工用水与其他不与食品接触用水的管路系统应明确标识以便区分。排水系统入口安装有带水封的地漏等装置，排水出口采取适当措施防止虫害滋生。 室内排水的流向由清洁程度要求高的区域流向清洁程度要求低的区域，且有防止逆流的设计。	符合规定要求。	5分		
			用水管路系统未明确标示。	4分		
			排水系统出入口的设计欠缺。	2分		
			未配备供水和排水设施，或排水的流向不合理。	0分		
清洗消毒设施	22	配备足够的食品、工器具和设备的专用清洗设施，配备与生产需求相适宜的消毒设施。车间内有设置洗消间的，需与加工区域分隔，洗消间的门便于闭合。	符合规定要求。	5分		
			洗消间的门不便于闭合。	4分		
			清洗消毒设施数量不足或性能欠缺，或洗消间未与加工区域分隔，略有交叉污染。	2分		
			未配备清洗消毒设施，或性能严重不足。	0分		

续表

审查项目	条款	审查内容	评判标准		审查结论	审查记录
废弃物存放设施	23	配备设计合理、防止渗漏、易于清洁的存放废弃物的专用设施；车间内存放废弃物的设施和容器标识清晰，不得与盛装产品或原料的容器混用。车间外废弃物放置场所与食品加工场所隔离，防止污染，防止不良气味或有害有毒气体溢出，防止虫害孳生。	符合规定要求。	5分		
			废弃物存放设施未标识。	4分		
			废弃物存放设施略有渗漏现象、不易于清洁，或车间外废弃物放置场所未与食品加工场所隔离。	2分		
			未配备废弃物存放设施，或废弃物存放设施与盛装产品或原料的容器混用。	0分		
个人卫生设施	24	生产场所或生产车间入口处设置更衣室；特定的作业区入口处可按需要设置更衣室。更衣室保证工作服与个人服装及其他物品分开放置。更衣室配备穿衣镜。 清洁作业区入口设置洗手、干手和消毒设施；如有需要，在作业区内适当位置加设洗手和(或)消毒设施；与消毒设施配套的水龙头其开关为非手动式。洗手设施的水龙头数量与同班次食品加工人员数量相匹配，必要时设置冷热水混合器。洗手池采用光滑、不透水、易清洁的材质制成，其设计及构造应易于清洁消毒。在临近洗手设施的显著位置标示简明易懂的洗手消毒方法。 生产车间入口及车间内必要处，按需设置换鞋(穿戴鞋套)设施或工作鞋靴消毒设施(其规格尺寸应使工作人员必须通过消毒池才能进入)。 根据对食品加工人员清洁程度的要求，必要时设置风淋室、淋浴室等设施。 卫生间不得与食品生产、包装或贮存等区域直接连通。	符合规定要求。	10分		
			个别卫生设施性能不足，或更衣室未配备穿衣镜、未标示洗手消毒方法。	7分		
			个人卫生设施设计略有缺陷。	3分		
			个人卫生设施设计不合理或存在严重欠缺，或卫生间与食品生产、包装或贮存区域直接连通。	0分		

续表

审查项目	条款	审查内容	评判标准		审查结论	审查记录
通风设施	25	具有适宜的自然通风或人工通风设施，避免空气从清洁度要求低的作业区域流向清洁度要求高的作业区域。通风设施的进气口与排气口和户外垃圾存放装置等污染源保持适宜的距离和角度。进、排气口装有防止虫害侵入的网罩等设施。通风排气设施易于清洁、维修或更换。若生产过程需要对空气进行过滤净化处理，加装空气过滤装置并定期清洁，空气洁净度应满足不同食品的生产加工要求。根据生产需要，必要时安装除尘设施。	符合规定要求。	5分		
			通风排气设施不易于清洁、维修或更换。	4分		
			通风设施(包括空气过滤设施和除尘设施)性能不足或进、排气口无防止虫害的设施。	2分		
			车间通风设计不合理，空气从清洁度要求低的作业区流向清洁度高的作业区，空气洁净度不能满足生产加工的要求。	0分		
照明设施	26	厂房内有充足的自然采光或人工照明，光泽和亮度能满足生产和操作需要；暴露食品和原料正上方的照明设施，使用安全型照明设施或采取防护措施。	符合规定要求。	5分		
			光泽和亮度略有不足。	4分		
			个别照明设施防护不足。	2分		
			光泽和亮度不能满足生产和操作的需要，或照明设施无防护。	0分		
仓储设施	27	具有与所生产产品的数量、贮存要求相适应的仓储设施。仓库的设计易于维护和清洁。仓库设有与物品贮存条件相适应的温、湿度控制设施。	符合规定要求。	5分		
			仓库的维护和清洁略有不足。	4分		
			仓储设施与所生产产品的数量和贮存的要求不太匹配。	2分		
			无仓储设施或其不能满足所生产产品的数量和贮存的要求。	0分		

续表

审查项目	条款	审查内容	评判标准		审查结论	审查记录
温控设施	28	根据食品生产的特点，配备适宜的加热、冷却、冷冻等设施，以及用于监测温度的设施。根据生产需要，设置控制室温的设施。	符合规定要求。	5分		
			监测温度的设施有缺陷。	4分		
			温控设施数量不足或性能有欠缺。	2分		
			未配备与生产相适宜的温控设施。	0分		
虫害控制设施	29	生产车间及仓库设置纱帘、纱网、防鼠板、防蝇灯、风幕等虫害控制设施。准确绘制虫害控制平面图，标明捕鼠器、粘鼠板、灭蝇灯、室外诱饵投放点、生化信息素捕杀装置等放置的位置。	符合规定要求。	5分		
			未绘制虫害控制平面图。	4分		
			虫害控制设施存在缺陷。	2分		
			无有效的虫害控制设施。	0分		

五、标准及工艺文件(35 分)

审查项目	条款	审查内容	评判标准		审查结论	审查记录
标准文件	30	企业具备与生产产品相关的现行有效的标准，包括产品及产品相关的原辅料、食品添加剂、包装材料的食品安全标准、卫生标准、质量标准等。 企业食品质量安全标准经卫生行政部门备案。	符合规定要求。	15 分		
			缺个别标准文本。	10 分		
			缺若干标准文本。	5 分		
			无标准文本，或企业标准未经备案，或产品标准不适用。	0 分		
工艺文件	31	企业具备生产过程中所需的各种产品配方、工艺规程、作业指导书等工艺文件。	工艺文件齐全、内容合理。	20 分		
			部分文件内容欠合理。	14 分		
			工艺文件不完整。	6 分		
			无工艺文件或工艺文件不合理。	0 分		
	* 32	产品配方中使用的食品添加剂、药食同源物质及新食品原料符合《食品添加剂使用标准》(GB 2760)、《食品营养强化剂使用标准》(GB 14880)及国家卫生计生委发布的相关公告；禁止使用非食品原料、食品添加剂以外的化学物质和其他可能危害人体健康的物质，或者用回收食品作为原料。	符合规定要求。	合格		
			不符合规定要求。	不合格		

六、采购管理(40分)

审查项目	条款	审查内容	评判标准		审查结论	审查记录
供应商评价	33	企业对食品原料、食品添加剂和食品相关产品的供应商进行评价，收集供应商资质证明文件，并做好相关记录。	符合规定要求。	10分		
			供应商评价记录不规范。	7分		
			供应商评价有缺陷，或供应商资质文件收集不齐全。	3分		
			供应商评价存在严重缺陷，或未收集供应商资质文件。	0分		
采购文件	34	企业按采购制度要求制定采购文件，如采购验收规范、采购计划、采购清单或采购合同等，做好采购记录。	符合规定要求。	10分		
			采购记录欠规范。	7分		
			采购文件不规范或缺个别采购记录。	3分		
			无采购文件，或缺若干采购记录。	0分		
采购验证	35	企业按采购验收制度对采购的食品原料、食品添加剂和食品相关产品进行验收，查验与购进批次相适应的产品合格证明文件，采购的进口食品原料、食品添加剂以及食品相关产品需向供货者索取有效的检验检疫证明，验收合格后方可使用。对无法提供合格证明文件的食品原料，企业应依照食品安全标准进行自行检验或委托检验，并保存检验记录。 企业按进货查验记录制度建立食品原料、食品添加剂、食品相关产品的进货查验记录，如实记录食品原料、食品添加剂、食品相关产品的名称、规格、数量、供货者名称及联系方式、进货日期等内容，并与原始记录凭证相对应。 进货查验记录应当真实，保留载有相关信息的进货票据，记录、票据的保存期限不得少于2年。	符合规定要求。	20分		
			进货查验记录不规范。	14分		
			缺个别批次产品的合格证明文件或验收记录。	6分		
			缺若干批次产品的合格证明文件或验收记录，或记录存在严重错漏。	0分		

七、生产管理及产品防护(70分)

审查项目	条款	审查内容	评判标准		审查结论	审查记录
生产管理	36	企业按生产过程安全管理制度的要求合理划分生产批次，建立和保存食品原料、食品添加剂和食品相关产品的贮存、保管、领用记录，生产投料记录和过程检验记录。生产投料记录包括生产产品品名、生产数量、生产日期或批号、投料种类、使用数量、原辅料批号等。各项记录保存不得少于2年，实现采购、生产、检验和销售各环节的可追溯。	符合规定要求。	20分		
			批次记录齐全可追溯，但内容略有不规范。	14分		
			缺个别批次记录。	6分		
			缺若干批次记录或记录存在严重错漏，无法追溯。	0分		
	37	企业根据食品质量安全要求确定生产过程中的关键控制环节，制定关键控制点的控制程序或作业指导书，并做好相关记录。	符合规定要求。	10分		
			关键控制点记录不规范。	7分		
			控制程序或作业指导书内容欠合理。	3分		
			无控制程序或作业指导书，或无记录。	0分		
	38	企业保持生产车间环境、设备设施清洁，对生产、包装、贮存等设备及工器具、生产用管道进行维护和保养，并定期检修；制定防止生物污染、物理污染、化学污染的控制计划和控制程序；并做好相关记录。	符合规定要求。	10分		
			记录不规范。	7分		
			生产车间环境、设备设施未能保持清洁，或控制程序的内容欠合理。	3分		
			生产车间环境、设备设施卫生较差，或无控制程序，或控制程序不合理，或无记录。	0分		

续表

审查项目	条款	审查内容	评判标准		审查结论	审查记录
产品防护	39	有毒有害物质有安全的独立包装，明确标识，并与原料、半成品、成品、包装材料等分隔放置。除清洁消毒必需和工艺需要，不应在生产场所使用和存放可能污染食品化学制剂。使用的清洗消毒剂符合国家相关规定，建立和保存使用记录。	符合规定要求。	10分		
			有毒有害物质标识不规范。	7分		
			使用记录不完整。	3分		
			有毒有害物管理存在严重缺陷，或无使用记录。	0分		
	40	食品原料、食品添加剂、食品相关产品仓库设专人管理，定期检查质量和卫生情况，及时清理变质或超过保质期的食品原料并做好相关记录，仓库出货顺序应遵循先进先出的原则。	符合规定要求。	10分		
			记录不规范。	7分		
			仓库管理有缺陷。	3分		
			仓库管理存在严重缺陷，或无记录。	0分		
	41	原料、半成品、成品、包装材料等依据性质的不同分设贮存场所、或分区域码放，并有明确标识；贮存物品应与墙壁、地面保持适当距离；不得将食品与有毒、有害、或有异味的物品一同贮存。	符合规定要求。	10分		
			标识不明确，或未离墙离地存放。	7分		
			贮存管理存在缺陷。	3分		
			原料、半成品、成品、包装材料与有毒、有害、或有异味的物品一同贮存。	0分		

八、食品检验(20 分)

审查项目	条款	审查内容	评判标准		审查结论	审查记录
自行检验	43	自行检验的企业具备与所检项目相适应的检验室及检验设备。检验室整体布局合理，温湿度、光线等环境条件满足仪器的使用要求。检验仪器状态良好，对国家规定需强制检验的仪器能提供有效的检定或校准证书。	符合规定要求。	5 分		
			个别仪器未提供检定或校准证书，或检验室环境条件略不满足要求。	4 分		
			检验室布局欠合理，或若干仪器未提供检定或校准证书。	2 分		
			检验室布局严重不合理，或环境条件不满足仪器使用要求，或仪器未能正常工作，或无检定、校准证书。	0 分		
委托检验	＊44	出厂检验实施委托检验的企业，建立完善有效的委托检验管理制度，保证按要求实施委托检验，经检验合格的产品方可出厂销售； 实施委托检验的企业需提供与有资质的检验机构签订有效的委托合同或协议；委托合同或协议应明确委托双方责任，对出厂产品逐批出厂检验。	符合规定要求。	合格		
			不符合规定要求。	不合格		
检验记录	42	企业建立和保存出厂检验原始记录和检验报告，保存期限不得少于 2 年。 检验记录应如实完整记录产品的名称、检验批号、检验日期、检验人员、检验方法、检验结果、审核人员复核签名等内容。 企业建立食品出厂查验记录，查验出厂食品的检验合格证和安全状况，并如实记录食品的名称、规格、数量、生产日期、生产批号、检验合格证号、购货者名称及联系方式、销售日期等内容，检验合格证号可追溯到相应的出厂检验报告。	符合规定要求。	10 分		
			个别批次的检验记录不规范。	7 分		
			未能提供个别批次的检验记录或检验报告。	3 分		
			未能提供若干批次的检验记录、检验报告，或记录存在严重错漏。	0 分		

续表

审查项目	条款	审查内容	评判标准		审查结论	审查记录
产品留样	45	企业配备与贮存条件相适应的留样区域或留样室，其大小应与留样量相匹配；企业对出厂食品的检验样品留样，并建立留样记录。	符合规定要求。	5分		
			个别留样记录有欠缺。	4分		
			贮存条件有欠缺。	2分		
			贮存条件不满足留样要求，或无留样记录。	0分		

审查结论汇总

1	不合格关键条款号								
2	得零分项条款号								
3	一般条款总得分	一		二		三		四	
		五		六		七		八	
		合计							